连续管检测评价及疲劳寿命预测

宋生印　郑新权　等著

石油工业出版社

内 容 提 要

本书系统介绍了连续管检测评价、管柱力学分析以及疲劳寿命预测技术。主要内容包括连续管检测评价的相关内容以及连续管在线检测装备开发的成果；对全尺寸连续管疲劳寿命进行了试验分析；作业、测试、酸化压裂等工况条件下连续管管柱的力学分析；疲劳寿命预测软件开发及应用、连续管失效及延长使用寿命的建议等。

本书适于从事连续管研究、开发以及检测的工程技术人员以及现场操作人员阅读参考。

图书在版编目（CIP）数据

连续管检测评价及疲劳寿命预测／宋生印等著. —
北京：石油工业出版社，2021.11
ISBN 978-7-5183-4884-8

Ⅰ.①连… Ⅱ.①宋… Ⅲ.①连续油管–检测–评价
②连续油管–疲劳寿命–预测 Ⅳ.①TE931

中国版本图书馆 CIP 数据核字（2021）第 196695 号

出版发行：石油工业出版社
　　　　（北京安定门外安华里 2 区 1 号　　100011）
　　　　网　　址：www. petropub. com
　　　　编辑部：（010）64523583　图书营销中心：（010）64523633
经　　销：全国新华书店
印　　刷：北京中石油彩色印刷有限责任公司

2021 年 11 月第 1 版　2021 年 11 月第 1 次印刷
787×1092 毫米　开本：1/16　印张：13
字数：330 千字

定价：80.00 元
（如出现印装质量问题，我社图书营销中心负责调换）

《连续管检测评价及疲劳寿命预测》
编写组

主　编　宋生印　郑新权

副主编　周理志　张华礼　张娟涛　王眉山

成　员　尹成先　汪蓬勃　申昭熙　戚东涛　高　霞　张　华　上官丰收

　　　　刘　强　佘伟军　方　伟　张　智　刘养勤　林元华　覃成锦

　　　　范　磊　韩新利　卫尊义　刘文红　季　昕　冯　春　刘永刚

　　　　李东风　祝国川　徐　欣　吴立中

前　言

连续管（Coiled Tubing），又称为连续油管、挠性油管、盘管等，因其应用广泛，通常把连续管作业车称为万能作业机。前些年连续管主要用于冲砂、洗井、解堵、除蜡及修井作业等，随着高性能、大直径连续管的成功开发，近年来已经比较广泛地用于钻井、水平井分段压裂、水平井测井等油气工程作业中，在油气田勘探与开发中发挥越来越重要的作用。

但是，大量的连续管失效事故，使得其安全可靠性，特别是其力学行为及疲劳性能成为大家广泛关注的焦点。本书旨在通过相关技术手段解决这些技术问题，帮助钻井完井工程技术人员用好连续管。本书基于笔者承担的国家和中国石油天然气集团有限公司相关科研项目和成果提炼而成。

第1章根据 API 5ST 标准，介绍了连续管产品检测评价程序及评价内容，以及检测报告提交要求；第2章介绍了一套连续管在役无损检测系统，可以掌握连续管每次下井时的损伤情况，确保下井连续管没有超限缺陷；第3章介绍了研制的疲劳实验装备的功能、技术参数、测试能力等；第4章利用自行研制的疲劳寿命实验装备，在不同内压条件下，对直径为 1½in 的连续管进行实物疲劳寿命实验，通过实验数据分析，阐明了连续管循环次数（或疲劳寿命）与内压、涨径、椭圆度、壁厚等参数之间的关系，分析了连续管裂纹的位置等；第5章针对测试、酸化压裂等作业工况，通过分析连续管的力学行为，建立了连续管的屈曲行为、弯曲性能、抗内压强度、抗挤毁强度、周向力、径向力、直径增长、卡点分析等力学分析模式，并对这些模式进行了温度影响因素修正；第6章主要介绍连续管在垂直井、斜直井、造斜井等井眼中钻井时的管柱屈曲行为，连续管在二维/三维井眼中钻井时的摩阻/扭矩预测分析，连续管钻井水力特性分析，连续管钻井延伸极限预测模型研究建立，以及连续管钻井底部钻具组合分析研究；第7章在综合分析国内外疲劳寿命预测技术现状的基础上，根据 Coffin-Mansion 理论，建立了连续管低周疲劳寿命预测模型，并对工作环境、可靠性水平、壁厚、内压、卷轴半径、导向器半径、应力集中、最终强度校正因子等影响因素进行了详细分析；第8章通过分析连续管的失效类型及失效原因，提出了一些延长连续管使用寿命的推荐做法，简单介绍了连续管的现场接续技术和方法。

本书在编写过程中，得到了中国石油集团石油管工程技术研究院、西南石油大学、中国石油宝鸡石油钢管有限责任公司、吉林油田公司勘探开发研究院等单位相关领导和同志的帮助与支持，在此表示衷心的感谢！由于笔者水平有限，书中难免存在疏漏和错误之处，敬请读者批评指正！

目　　录

第1章　连续管检测评价

1.1　连续管尺寸、重量和公差

所提供的连续管的成品，其外径、壁厚和重量应符合表 1.1 的规定。对于在生产应用中所需的一些特殊尺寸和重量的连续管，应符合制造厂和买方双方的协议。

表 1.1　连续管标准要求和性能特性

规定直径 D/mm	平端重量[b]/(kg/m)	钢级	壁厚 t/mm 规定	壁厚 t/mm 最小	内径 D/mm	水压试验压力[c]/MPa	D/t_min 比[d]	管体屈服载荷 L_Y[e]/kgf	管体内部屈服压力 p_R[e]/MPa	扭转屈服强度 T[f]/(kgf/m)
19.05	0.88	CT55	2.11	1.98	14.83	63.43	9.62	4113	78.88	205.6
25.40	1.21	CT55	2.11	1.98	21.18	47.57	12.82	5643	59.16	399.3
25.40	1.10	CT70	1.91	1.78	21.59	53.78	14.29	6501	67.57	470.8
25.40	1.18	CT70	2.03	1.90	21.34	57.92	13.33	6928	72.40	494.7
25.40	1.27	CT70	2.21	2.08	20.98	63.43	12.20	7514	79.15	526.0
25.40	1.37	CT70	2.41	2.29	20.57	68.95	11.11	8177	86.87	560.2
25.40	1.46	CT70	2.59	2.46	20.22	68.95	10.31	8744	93.63	588.6
25.40	1.55	CT70	2.77	2.64	19.86	68.95	9.62	9302	100.39	616.9
25.40	1.74	CT70	3.18	2.97	19.05	68.95	8.55	10315	112.94	673.5
25.40	1.10	CT80	1.90	1.78	21.59	62.05	14.29	7427	77.22	537.9
25.40	1.18	CT80	2.03	1.90	21.34	66.19	13.33	7918	82.74	564.7
25.40	1.27	CT80	2.21	2.08	20.98	68.95	12.20	8590	90.46	600.5
25.40	1.37	CT80	2.41	2.29	20.57	68.95	11.11	9343	99.29	640.7
25.40	1.46	CT80	2.59	2.46	20.22	68.95	10.31	9993	107.01	673.5
25.40	1.55	CT80	2.77	2.64	19.86	68.95	9.62	10633	114.72	704.8
25.40	1.74	CT80	3.18	2.97	19.05	68.95	8.55	11786	129.07	768.8
25.40	1.10	CT90	1.90	1.78	21.59	68.95	14.29	3818	86.87	604.9
25.40	1.18	CT90	2.03	1.90	21.34	68.95	13.33	8907	93.08	634.7
25.40	1.27	CT90	2.21	2.08	20.98	68.95	12.20	9661	101.77	676.5
25.40	1.37	CT90	2.41	2.29	20.57	68.95	11.11	10515	111.70	721.2
25.40	1.46	CT90	2.59	2.46	20.22	68.95	10.31	11246	120.38	756.9
25.40	1.55	CT90	2.77	2.64	19.86	68.95	9.62	11963	129.07	792.7

续表

| 规定直径 D/mm | 平端重量[b]/(kg/m) | 钢级 | 壁厚 t/mm | | 内径 D/mm | 水压试验压力[c]/MPa | D/t[min]比[d] | 管体屈服载荷 L[Y][e]/kgf | 管体内部屈服压力 p[R][e]/MPa | 扭转屈服强度 T[f]/(kgf/m) |
			规定	最小						
25.40	1.74	CT90	3.18	2.97	19.05	68.95	8.55	13261	145.20	865.7
31.75	1.53	CT55	2.11	1.98	27.53	37.92	16.03	7173	47.30	655.6
31.75	1.40	CT70	1.90	1.78	27.94	43.44	17.86	8245	54.06	770.3
31.75	1.49	CT70	2.03	1.90	27.69	46.19	16.67	8799	57.91	810.6
31.75	1.61	CT70	2.21	2.08	27.33	50.33	15.24	9561	63.29	867.2
31.75	1.74	CT70	2.41	2.29	26.92	55.85	13.89	10424	69.50	928.3
31.75	1.86	CT70	2.59	2.46	26.57	59.98	12.89	11168	74.88	980.4
31.75	1.98	CT70	2.77	2.64	26.21	64.12	12.02	11899	80.32	1029.6
31.75	2.24	CT70	3.18	2.97	25.40	68.95	10.68	13234	90.32	1135.4
31.75	2.38	CT70	3.40	3.20	24.94	68.95	9.92	14138	97.29	1190.5
31.75	2.71	CT70	3.96	3.76	23.82	68.95	8.45	16285	114.32	1314.2
31.75	2.99	CT70	4.44	4.24	22.86	68.95	7.49	18056	128.93	1406.6
31.75	1.40	CT80	1.90	1.78	27.94	49.64	17.86	9425	61.78	879.1
31.75	1.49	CT80	2.03	1.90	27.69	7700	16.67	10056	66.19	926.8
31.75	1.61	CT80	2.21	2.08	27.33	57.92	15.24	10928	72.40	990.9
31.75	1.74	CT80	2.41	2.29	26.92	63.43	13.89	11913	79.43	1060.9
31.75	1.86	CT80	2.59	2.46	26.57	68.26	12.89	12762	85.63	1120.5
31.75	1.98	CT80	2.77	2.64	26.21	68.95	12.02	13597	91.77	1177.1
31.75	2.24	CT80	3.18	2.97	25.40	68.95	10.68	15127	103.28	1297.8
31.75	2.38	CT80	3.40	3.20	24.94	68.95	9.92	16158	111.21	1360.4
31.75	2.71	CT80	3.96	3.76	23.82	68.95	8.45	18609	130.59	1501.9
31.75	2.99	CT80	4.44	4.24	22.86	68.95	7.49	20639	147.41	1607.7
31.75	1.40	CT90	1.90	1.78	27.94	55.85	17.86	10601	69.50	989.4
31.75	1.49	CT90	2.03	1.90	27.69	59.30	16.67	11314	74.46	1043.0
31.75	1.61	CT90	2.21	2.08	27.33	64.81	15.24	12294	81.43	1114.5
31.75	1.74	CT90	2.41	2.29	26.92	68.95	13.89	13402	89.36	1193.5
31.75	1.86	CT90	2.59	2.46	26.57	68.95	12.89	14355	96.32	1260.5
31.75	1.98	CT90	2.77	2.64	26.21	68.95	12.02	15300	103.28	1324.6
31.75	2.24	CT90	3.18	2.97	25.40	68.95	10.68	17016	116.18	1460.2
31.75	2.38	CT90	3.40	3.20	24.94	68.95	9.92	18178	125.07	1531.7
31.75	2.71	CT90	3.96	3.76	23.82	68.95	8.45	20934	146.93	1689.7
31.75	2.99	CT90	4.44	4.24	22.86	68.95	7.49	23218	165.82	1808.9

标准要求 / 计算性能特性[a]

续表

标准要求						计算性能特性^a			
规定直径 D/mm	平端重量^b/(kg/m)	钢级	壁厚 t/mm		内径 D/mm	水压试验压力^c/MPa	D/t_{min} 比^d	管体屈服载荷 L_Y^e/kgf	管体内部屈服压力 p_R^e/MPa	扭转屈服强度 T^f/(kgf·m)
			规定	最小						
38.10	2.13	CT55	2.41	2.29	33.27	36.54	16.67	9956	45.51	1092.2
38.10	2.13	CT70	2.41	2.29	33.27	46.19	16.67	12671	57.92	1390.2
38.10	2.26	CT70	2.59	2.46	32.92	49.64	15.46	13588	62.40	1472.1
38.10	2.41	CT70	2.77	2.64	32.56	53.78	14.42	14496	66.95	1551.1
38.10	2.74	CT70	3.18	2.97	31.75	59.98	12.82	16153	75.29	1721.0
38.10	2.91	CT70	3.40	3.20	31.29	64.81	11.90	17284	81.08	1811.8
38.10	3.34	CT70	3.96	3.76	30.18	68.95	10.14	19976	95.22	2016.0
38.10	3.70	CT70	4.44	4.24	29.21	68.95	8.98	22223	107.49	2175.4
38.10	2.13	CT80	2.41	2.29	33.27	53.09	16.67	14478	66.19	1588.3
38.10	2.26	CT80	2.59	2.46	32.92	57.23	15.46	15527	71.36	1682.2
38.10	2.41	CT80	2.77	2.64	32.56	61.36	14.42	16566	76.46	1771.6
38.10	2.74	CT80	3.18	2.97	31.75	68.95	12.82	18464	86.05	1966.8
38.10	2.91	CT80	3.40	3.20	31.29	68.95	11.90	19754	92.67	2069.6
38.10	3.34	CT80	3.96	3.76	30.18	68.95	10.14	22832	108.87	2305.0
38.10	3.70	CT80	4.44	4.24	29.21	68.95	8.98	25401	122.80	2486.8
38.10	0.64	CT90	2.41	2.29	33.27	59.30	16.67	16290	74.46	1788.0
38.10	2.26	CT90	2.59	2.46	32.92	64.12	15.46	17470	80.26	1892.3
38.10	2.41	CT90	2.77	2.64	32.56	68.95	14.42	18637	86.05	1993.6
38.10	2.74	CT90	3.18	2.97	31.75	68.95	12.82	20771	96.80	2212.7
38.10	2.91	CT90	3.40	3.20	31.29	68.95	11.90	22223	104.25	2328.9
38.10	3.34	CT90	3.96	3.76	30.18	68.95	10.14	25687	122.45	2592.6
38.10	3.70	CT90	4.44	4.24	29.21	68.95	8.98	28575	138.17	2798.2
44.45	2.50	CT55	2.41	2.29	39.62	31.03	19.44	11718	39.02	1528.7
44.45	2.85	CT70	2.77	2.64	38.91	46.19	16.83	17093	57.36	2178.4
44.45	3.23	CT70	3.18	2.97	38.10	51.71	14.96	19077	64.54	2430.2
44.45	3.44	CT70	3.40	3.20	37.64	55.85	13.89	20430	69.50	2564.3
44.45	3.96	CT70	3.96	3.76	36.53	65.50	11.82	23672	81.63	2872.7
44.45	4.38	CT70	4.44	4.24	35.56	68.95	10.48	26396	92.11	3117.1
44.45	4.68	CT70	4.78	4.57	34.90	68.95	9.72	28216	99.29	3273.5
44.45	2.85	CT80	2.77	2.64	38.91	52.40	16.83	19531	65.57	2489.8
44.45	3.23	CT80	3.18	2.97	38.10	52.30	14.96	21801	73.77	2777.4
44.45	3.44	CT80	3.40	3.20	37.64	63.43	13.89	23349	79.43	2930.8
44.45	3.96	CT80	3.96	3.76	36.53	68.95	11.82	27054	93.29	3282.5
44.45	4.38	CT80	4.44	4.24	35.56	68.95	10.48	30164	105.28	3562.6

续表

标准要求							计算性能特性a		
规定直径 D/mm	平端重量[b]/(kg/m)	钢级	壁厚 t/mm		内径 D/mm	水压试验压力[c]/MPa	D/t_{min} 比[d]	管体屈服载荷 $L_Y^{[e]}$/kgf	管体内部屈服压力 $p_R^{[e]}$/MPa	扭转屈服强度 $T^{[f]}$/(kgf/m)
			规定	最小						
44.45	4.68	CT80	4.78	4.57	34.90	68.95	9.72	32248	113.49	3741.4
44.45	2.68	CT90	2.59	2.46	39.27	55.16	18.04	20584	68.12	2653.7
44.45	2.85	CT90	2.77	2.64	38.91	59.30	16.83	21974	77.37	2801.2
44.45	3.23	CT90	3.18	2.97	38.10	66.19	14.96	24525	82.94	3124.5
44.45	3.44	CT90	3.40	3.20	37.64	68.95	13.89	26268	89.36	3297.4
44.45	3.96	CT90	3.96	3.76	36.53	68.95	11.82	30436	104.94	3720.5
44.45	4.38	CT90	4.44	4.24	35.56	68.95	10.48	33936	118.45	4008.1
44.45	4.68	CT90	4.78	4.57	34.90	68.95	9.72	36275	127.62	4209.2
50.80	3.28	CT70	2.77	2.64	45.26	39.99	19.23	19685	50.19	2914.4
50.80	3.72	CT70	3.18	2.97	44.45	45.51	17.09	21996	56.47	3261.6
50.80	2.67	CT70	3.40	3.20	43.99	48.95	15.87	23576	60.81	3447.9
50.80	4.57	CT70	3.96	3.76	42.88	57.23	13.51	27367	71.43	3881.4
50.80	5.08	CT70	4.44	4.24	41.91	64.81	11.98	30563	80.60	4230.1
50.80	5.42	CT70	4.78	4.57	41.25	68.95	11.11	32706	86.87	4455.1
50.80	3.28	CT80	2.77	2.64	45.26	46.19	19.23	22500	57.36	3330.2
50.80	3.72	CT80	3.18	2.97	44.45	51.71	17.09	25138	64.54	3728.0
70.03	8.05	CT80	4.78	4.57	63.47	55.16	15.97	55352	69.09	11483.4
70.03	8.63	CT80	5.16	4.96	62.71	59.98	14.74	59628	74.81	12204.6
70.03	5.47	CT90	3.18	2.97	66.68	40.68	25.47	41423	50.54	9182.9
70.03	5.84	CT90	3.40	3.20	66.22	43.44	22.82	44465	54.40	9750.6
70.03	6.75	CT90	3.96	3.76	65.10	51.02	19.43	51806	63.91	11090.1
70.03	7.52	CT90	4.44	4.24	64.14	57.92	17.22	58053	72.12	12192.7
70.03	8.05	CT90	4.78	4.57	63.47	62.05	15.97	62271	77.70	12919.8
70.03	8.63	CT90	5.16	4.96	62.71	67.57	14.74	67083	84.19	13730.4
88.90	7.18	CT70	3.40	3.20	82.09	27.58	27.78	42444	34.75	11526.6
88.90	8.30	CT70	3.96	3.76	80.98	32.41	23.65	49531	40.82	13165.6
88.90	9.25	CT70	4.44	4.24	80.01	36.54	20.96	55574	46.06	14527.5
88.90	9.91	CT70	4.78	4.57	79.35	39.99	19.44	59665	49.64	15431.9
88.90	10.65	CT70	5.16	4.96	78.59	42.75	17.95	64345	53.78	16446.6
88.90	7.18	CT80	3.40	3.20	82.09	31.72	27.78	48510	39.71	13174.6
88.90	8.30	CT80	3.96	3.76	80.98	37.23	23.65	56605	46.68	15047.5
88.90	9.25	CT80	4.44	4.24	80.01	42.06	20.96	63510	52.61	16603.1
88.90	9.91	CT80	4.78	4.57	79.35	45.51	19.44	68186	56.74	17637.1
88.90	10.65	CT80	5.16	4.96	78.59	48.95	17.95	73534	61.43	18796.4

标准要求						计算性能特性[a]			
规定直径 D/mm	平端重量[b]/(kg/m)	钢级	壁厚 t/mm		内径 D/mm	水压试验压力[c]/MPa	D/t_{min} 比[d]	管体屈服载荷 L_Y[e]/kgf	管体内部屈服压力 p_R[e]/MPa	扭转屈服强度 T^f/(kgf/m)
			规定	最小						
88.90	7.18	CT90	3.40	3.20	82.09	35.85	27.78	54571	44.68	14821.0
88.90	8.30	CT90	3.96	3.76	80.98	42.06	23.65	63583	52.47	16927.9
88.90	9.25	CT90	4.44	4.24	80.01	47.57	20.96	71451	59.23	18678.6
88.90	9.91	CT90	4.78	4.57	79.35	51.02	19.44	76712	63.85	19840.8
88.90	10.65	CT90	5.16	4.96	78.59	55.16	17.95	82728	69.15	21146.1

注: [a] 性能特性和静水压试验压力仅适用于新管子, 并且还不能有因成卷或作业循环造成的变形、轴向载荷、残余应力或椭圆形。

[b] 以 kg/m 表示的重量是以管的指定尺寸为基础的。

[c] Barlow 公式用来计算内屈服压力和静水压试验压力。最小壁厚、规定的最小屈服强度和规定的外径在计算中使用。内屈服压力引起的轴向载荷不在计算中使用。

[d] D/t_{min} 比是以连续管的规定外径和最小壁厚为基础计算的。

[e] 管体屈服载荷是以规定外径、最小壁厚和最小规定屈服强度为基础的。

[f] 工作压力和工作载荷是以适当的安全系数等为基础的。

1.1.1　直径

外径可用卡钳之类的工具来测量。公差一般规定为: 在成卷前为 ±0.254mm(0.010in)。由于连续管是在制造的同时进行成卷的, 在成卷的过程中油管会产生变形, 可能会影响到外径的尺寸, 并使管子成为椭圆形。在连续管的设计和使用时, 买方应考虑到这些因素。

1.1.2　壁厚

每一段连续管都应进行测量, 以确定壁厚是否符合要求。每一处的壁厚都应符合标准的要求, 不能超出表 1.2 所列的允许公差。

表 1.2　连续管壁厚测量允许公差

壁厚	允许公差
<2.794mm(0.110in)	-0.127mm(-0.005in) ~ 0.254mm(0.010in)
≥2.794mm(0.110in)	-5.16mm(-0.008in) ~ 0.305mm(0.012in)

1.1.3　重量

重量是通过钢的理论密度、规定的油管的壁厚和外径计算得来的。参看公式(1.1)。

$$W = 4626 \times (D - t) \times t \qquad (1.1)$$

式中　W——平端管重量, kg/m;

　　　D——规定的外径, mm;

t——规定的壁厚，mm。

1.1.4　长度

长度在制造时进行测量。制造时所使用的测量仪器的精度应达到±1%。

1.1.5　焊缝毛刺

应清除掉连续管的外焊缝毛刺。是否清除连续管的内焊缝毛刺，要由制造厂的设备能力和买方的订货单来决定。假如不清除内焊缝毛刺，则内焊缝毛刺的最大高度不能超过油管壁厚的最小值。

1.1.6　通径球

当用户的订货单上有规定时，制造厂应对和买方协商好规格的连续管进行通径球实验。

1.2　新连续管的特性

1.2.1　挤毁压力(没有轴向应力的圆管)

挤毁压力(在没有轴向应力和内压时)，在连续管制造中，是采用 API Bull 5C3 中适用的公式来计算屈服强度、塑性或临界挤毁压力。如果连续管的 D/t_{min} 小于 API Bull 5C3 中的 D/t_{min}，则挤毁压力作为 D/t_{min} 和最小屈服强度 Y 的函数用图 1.1 来评定。

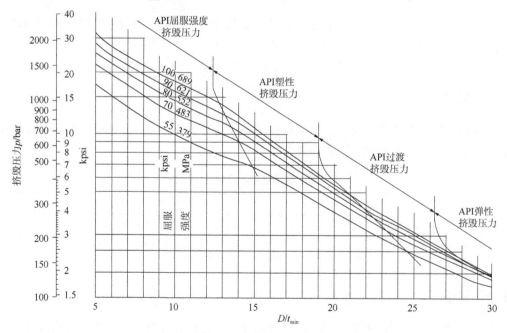

图 1.1　用于连续管制造的各种 D/t_{min} 的计算挤毁压力比例

注：不代表连续油管作业情况

1.2.2　管体屈服载荷

管体屈服载荷被定义为轴向拉伸载荷(在没有压力和扭矩时)在油管产生一个应力,此应力等于在拉伸里规定的最小屈服强度 Y 值。参看公式(1.2)。

$$L_Y = 3.1416 \times (D - t_{min}) \times t_{min} \times Y \tag{1.2}$$

式中　L_Y——管体屈服载荷,N;

　　　Y——规定的最小屈服强度,MPa;

　　　D——规定的外径,mm;

　　　t_{min}——最小壁厚,mm。

1.2.3　内部屈服压力

内部屈服压力被定义为内部压力,等于在拉伸时规定的最小屈服强度 Y 值。它和规定的外径及最小壁厚有关,利用 API Bull 5C3 中的公式来计算,参看公式(1.3)。

$$p_t = \frac{2 \times Y t_{min}}{D} \tag{1.3}$$

式中　p_t——内部屈服压力,MPa;

　　　Y——规定的最小屈服强度,MPa;

　　　t_{min}——成卷油管中管壁最薄的一段的规定的最小壁厚,mm;

　　　D——规定的外径,mm。

1.2.4　扭转屈服强度

扭转屈服强度被定义为连续管(在没有轴向应力时)的扭转对屈服的需要,用公式(1.4)来计算。

$$T_f = \frac{Y \times [D^4 - (D - 2t_{min})^4]}{1.396 \times D} \tag{1.4}$$

式中　T_f——扭转屈服强度,kgf/m;

　　　Y——规定的最小屈服强度,MPa;

　　　D——规定的外径,mm;

　　　t_{min}——成卷油管中管壁最薄的一段的规定的最小壁厚,mm。

1.3　变径连续管管柱

1.3.1　用途

变径连续管管柱是一种常用的结构形式,这种结构形式具有相同的外径但内径不同,它可以起增强作用,可在一些单壁厚连续管受限制的作业中应用。用于变径连续管管柱的三种构思叙述如下。

1.3.1.1　增大作业深度

变径连续管构思可以增加管柱的最大作业深度。通过在深井中利用较薄壁厚的油管,在浅井中利用较厚壁厚的油管，相同材料强度的变径连续管工作的深度要大于相同材料强度的单一壁厚油管工作的深度。

1.3.1.2 增强刚度

变径连续管管柱另一个构思是在管柱的引导部位使用较厚壁厚的油管段，在带有高表面压力的井里起下作业时，能增强刚度和弯曲抗力。此外，这种类型的变径构思在用于作业时，需要进行井下工具的输送和机械操作。

1.3.1.3 油井特殊设计

许多变径油管管柱都要求井眼具有特殊设计标准(如水平井井眼作业)，此处，沿着长度方向特定部位的强度是需要通过在不同的油管段采用不同的壁厚来提供的。

1.3.2 变径连续管管柱结构

变径连续管管柱结构应符合下列要求：

(1)变径连续管管柱的特殊部位同其他部位一样，应采用化学成分和力学性能都相同的钢级材料。

(2)在相邻的连续管部位之间的规定壁厚 t 的变化值不应超过下列规定的值：

① 0.203mm(0.008in)，相邻部位规定壁厚较厚的壁厚小于2.794mm(0.110in)时。

② 0.559mm(0.022in)，相邻部位规定壁厚较厚的壁厚不小于2.794mm(0.110in)时。

(3)相邻连续管部位之间的焊缝可以是板–板斜焊缝(在油管成型之前)或油管–油管环接焊缝(油管成型过程之后)。

1.4 连续管的无损检验

1.4.1 一般要求

(1)买方要求。

当代表买方的检验员要求检验管子或进行验证实验时，制造商应事先通知何时管子将具备受检条件。

(2)新油管管体的无损检测。

全部管体都要用无损检测的方法来确定材料的均匀性。无损检测可采用超声波和电磁方法或其他具有相同灵敏度的方法。设备的安放位置由制造厂来确定。无论如何，在生产线成型过程之后至少要采用一种无损检测方法。

(3)板—板斜线焊缝的无损检测。

连接两条钢带的焊缝的检测，绝大多数都采用射线检测方法。

(4)电焊(EW)焊缝的无损检测。

连续管的焊缝的全长都要经过无损检测，检测方法可采用超声波或电磁。设备的安放位置由制造厂来确定。无论如何，在焊接之后至少要采用一种无损检测方法。假如有毛刺存在，则影响无损检测的结果。

(5)油管—油管环接焊缝的无损检测。

两个油管端部环接的焊缝的检测，绝大多数都采用射线检测方法。

　　板—板斜线焊缝、电焊(EW)焊缝和油管—油管环接焊缝，其焊缝区域，包括热影响区的两侧，都要全部进行检验。

　　(6) 焊缝位置记录。

　　制造厂应给买方提供斜线焊缝和环接焊缝的焊缝位置记录。这个位置记录可通过视觉的、机械的方法或无损检测的方法找到。

　　(7) 油管修补记录。

　　制造厂应给买方提供成品管中所有的修补位置的记录，包括焊缝修补和缺陷、缺欠的切除的位置。

1.4.2　无损检测的对比试样

1.4.2.1　油管管体检查

　　对于所要检验的连续管，应制备一个相同直径、壁厚和钢级的对比试样。此对比试样用于在生产前验证检测仪器的有效性。对比试样的长度由制造厂来确定，对比试样应包含一个$\phi 0.794$mm($\frac{1}{32}$in)通孔的实验缺欠。此通孔应垂直于对比试样的表面。

　　作为一个选项，当买方和制造厂达成协议时，附加对比试样所包含的下列人工机械缺陷也可加工在相同的对比试样上，并用于连续管的检查。

　　(1) 在参考标样的外表面加工一个刻槽，其尺寸如下：

　　① 长度：最大切削深度的长度为 12.7mm(0.5in)；

　　② 深度：产品规定壁厚的 10%(公差±15%)；

　　③ 宽度：不宽于 0.508mm(0.020in)；

　　④ 方向：纵向或制造厂或买方的选择，在这个方向上能很好地检测到预先存在的缺欠。

　　(2) 在对比试样的内表面，也可加工一个刻槽，其尺寸应符合上文的要求。

　　(3) 在面积25.4mm×25.4mm(1.0in×1.0in)，深度为规定壁厚的10%的正方形刻槽的附近，加工一个竖通孔，两者之间的距离，应能使检测仪器充分地产生两个分离的、可识别的信号。

　　当用对比试样进行检测仪器的校准时，仪器应调节到能产生一个明确的指示信号。

　　在一个对比试样上刻有多个人工缺欠的情况下，来自参考缺欠的信号在检测仪器的显示屏上能清楚地分开。各个参考缺欠的信号不应该互相重叠。

1.4.2.2　板—板斜线焊接检查

　　用于确定照相胶片灵敏度的对比试样应符合 ASTM E94 的 ASTM 透度计的 2T 孔标准。在检验中，透度计将用于每一条焊缝，其目的是验证灵敏度的有效性。

　　通过让 X 射线直接穿过焊缝材料照射到相适配的照相胶片上，继而观察照相胶片的影像，用这种方法可以检查焊缝的均匀性。

　　焊缝和热影响区应进行硬度的测试，最大硬度应不大于 HRC22。

1.4.2.3　油管—油管环焊

　　上述对比试样，同样可以用来验证检测仪器和油管—油管环焊工序检查的有效性。

1.4.2.4　油管电阻焊(EW)

　　上述对比试样，同样可以用来验证检测仪器和油管电阻焊(EW)工序检查的有效性。假如有毛刺存在，则影响无损检测的结果。

1.4.3　管体的无损检测评定

1.4.3.1　检查

应按照检测程序，在用对比试样校准检测设备之后，对连续管的管体100%地进行缺陷检查。仪器在检查油管管体时，应具有连续的和不受干扰的能力。当检测设备以模拟产品检验的方式在对比试样上进行扫描时，仪器应被调节到能产生一个令人满意的信号的状态。

被怀疑有缺陷的区域，应用自动喷漆装置或其他标记方法进行标记，以备进一步的评定使用。

1.4.3.2　通径

按照买方和制造厂的协议，在连续管发运前，可将一个通径球泵入整卷连续管进行通径检验。这一过程应按制造厂的书面程序及买方提供的文件的要求完成。

1.4.3.3　电焊(EW)焊缝的无损检测评定

应按照检测程序，在用对比试样校准检测设备之后，对连续管的(EW)焊缝全长100%地进行检查。仪器在检查油管管体时，除应具有连续的和不受干扰的能力外，还应具有检测焊缝两边1/8in区域的能力。当检测设备以模拟产品检验的方式在对比试样上进行扫描时，仪器应被调节到能产生一个令人满意的信号的状态。

被怀疑有缺陷的区域，应用油漆或其他标记方法进行标记，以备进一步的评定使用。

1.4.4　成品油管的缺欠和缺陷

1.4.4.1　缺欠

缺欠是产品中材料无规则的不连续，它可用本标准中叙述的方法或目视发现。

1.4.4.2　缺陷

缺陷是一种数量和大小超出规定范围的缺欠，它可以导致产品的拒收。

1.4.4.3　缺欠和缺陷的处理

如果任一缺欠产生的信号等于或大于对比试样的信号，则被认为是缺陷。连续管的缺欠和缺陷，连同推荐的处理意见，分类如下：

（1）外表面的缺欠可通过磨光或机械的方法除去，剩余的壁厚应不小于最小壁厚 t_{min}。当磨去的壁厚超过规定壁厚 t 的10%时，剩余的壁厚须用校准好的纵波(压缩波)超声波测厚仪去进一步验证。磨削应有足够大的圆角半径，以防壁厚突变，磨削的技巧应很高，磨削过的表面纹理不应有横向擦伤。

对除去缺陷的区域应按相关的无损检测方法重新检验，以确定缺陷已被完全除去。

（2）连续管的内表面或外表面上，根部的壁厚小于最小壁厚 t_{min}，但是大于规定壁厚 t 的87.5%的任一缺欠，应由制造厂来鉴定。连续管的内表面或外表面上，根部的壁厚小于最小壁厚 t_{min}，但是大于规定壁厚 t 的87.5%的所有缺欠的位置，应由制造厂来确定，制造厂还应记录连续管管卷上缺欠的位置，并提交给买方。

（3）连续管的内表面或外表面上，根部的壁厚小于规定壁厚 t 的87.5%的任一缺欠，都被认定为缺陷，按下列一种方法进行处理：

①应将带缺陷的管段切除，切除后的管子长度和焊缝应符合订单的要求；

②在制造厂和买方都同意的情况下，才允许采用焊接的方法对缺陷进行修理；

③ 拒收。

1.4.5　验证缺欠和缺陷消除的无损检测方法

除去缺陷或缺欠的区域，应按下列一种技术重新检验：液体渗透探伤和磁粉探伤。

1.4.6　不在外表面生成的无损检测信号

有时，有些无损检测信号可因管壁中间的缺欠、内表面缺欠和焊缝熔滴而生成。这些缺欠可以被 X-射线胶片法、纵波(压缩波)超声波检验或横波(剪切波)超声波检验的检验程序所证实。

1.4.7　证明和文件

对于每一卷的连续管，应提供下面所列的证明和文件：

（1）化学成分；

（2）熔炼炉号；

（3）力学性能：硬度、抗拉强度和屈服强度；

（4）连续管中，壁厚不同的各段的标识和位置(变径管柱)；

（5）焊接记录，包括板—板斜线焊接和油管—油管环接焊接；

（6）连续管的钢级和系列号；

（7）静水压试验压力，包括持续时间、最大压力、最小压力、试验温度和试验液体；

（8）使用氮气将连续管里的液体吹出的干燥工艺程序(如有)；

（9）检验连续管管卷及其焊缝时，所用的无损检测实验方法和检验结果；

（10）油管修补记录；

（11）通径球泵入程序的详细资料；

（12）其他记录，包括连续管成卷时间和数量，未成卷时的制造和实验程序。

第 2 章　连续管在线检测装备开发

连续管在作业工程中会经历大量的弯曲过程，由此引起的疲劳或损伤限制了连续管的有效使用寿命。对连续油管的疲劳寿命预测模型进行大量研究，取得较好应用效果，也考虑了材质影响，并研究了基于连续油管实测几何尺寸数据进行寿命预测，使得寿命预测更加准确可靠。为了能实时检测连续油管的外径和壁厚，已经进行了很多的调研和研究，部分成果获得推广应用。其中连续油管在线检测主要有漏磁检测技术和磁记忆检测技术。为了掌握连续管每次下井时其相关的损伤情况，确保下井安全，研制开发了一套连续管在役无损检测系统。在连续管使用过程中实时检测壁厚、外径等，及时发现壁厚缺失、机械损伤、腐蚀等类型的缺陷并进行处理，确保下入井中的连续管是安全可靠的，从而提高连续管作业安全和效率，也为深入探求连续管的早期失效影响因素提供基础。该检测系统由连续管在役无损检测探头、计算机信号处理系统、报警标示打印报告系统、检测探头定位辅助机构等组成。

2.1　连续管纵横向损伤检测实验设计

本书采用漏磁法无损检测对连续管进行纵横向损伤的全面检测，漏磁无损检测类似于磁粉探伤，对铁磁性构件有着良好的探伤能力，但是漏磁法有着对于细长铁磁性构件如钢管等的相对高效的检测能力，所以广泛应用于铁磁性的管状构件的快速自动检测。

漏磁法无损检测是通过检测被磁化的金属表面溢出的漏磁通，来判断缺陷是否存在，漏

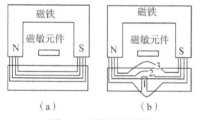

图 2.1　漏磁原理图

磁法检测原理示意图如图 2.1 所示。一块表面光滑无裂纹，内部无缺陷或夹杂物的铁磁性材料磁化后，其磁力线在理论上全部通过由铁磁材料构成的磁路，如图 2.1 (a) 所示；若存在缺陷，由于铁磁材料与缺陷处介质的磁导率不同，缺陷处的磁阻大，在磁路中可以视为障碍物，则磁通会在缺陷处发生畸变，如图 2.1(b) 所示。

畸变磁通分为三部分：第一部分穿过缺陷，第二部分经过裂纹周围的铁磁材料绕过裂纹，第三部分则离开铁磁材料表面，经过空气或其他介质绕过裂纹。三部分畸变磁通即所谓的漏磁通，也就是探头能检测到的部分。

但是，常规的永磁磁化只能对连续管中的横向伤有较好的检测效果，对于平行于管轴线方向的损伤，即纵向损伤，无法精确检测，主要原因是对于连续管的磁化强度不够，在《基于单一轴向磁化的钢管高速漏磁检测方法》一文中提出一种单一轴向磁化的漏磁方法可以将横向与纵向损伤一并检出，此时需对管件进行高能磁化，可以使纵向损伤的漏磁通大于背景噪声磁场，通过特殊排布的磁敏元件检出。

图 2.2　漏磁检测探头

连续管纵横向损伤检测，采用成熟的高能磁化器进行磁化检测或叫漏磁检测，其实验装置如图 2.2 所示。

对标准试样(已预制标准缺陷的试样)进行纵横向损伤检测，获得的纵横向损伤检测信号分别如图 2.3、图 2.4 所示。对标准试样最小缺陷的检测精度比较高。

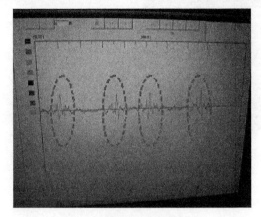

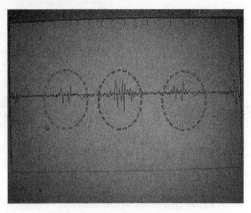

图 2.3　横向损伤检测信号　　　　　　　图 2.4　纵向损伤检测信号

2.2　连续管测厚实验设计

对连续管的壁厚检测，采用成熟的 EMAT 传感器进行，EMAT 是一种电磁超声技术，是一种非接触式的超声检测，不使用耦合剂，可以应用在带有覆层、油漆、油垢、表面不平整、表面带腐蚀坑的具有铁磁性和导电性的金属构件的检测。EMAT 技术测厚的原理：在永磁场中，一个强大脉冲电压在线圈中产生一定的脉冲电流，并在周围产生很强的电磁场，辐射到被测体(铁磁材料)的表面的电磁场会在被测体的表面产生涡流，涡流受到洛仑兹力，洛仑兹力的方向与涡流垂直，并指向涡流的中心。因磁致伸缩现象，被测体的表面会产生电磁超声波，简称电磁声。电磁声是剪切波，反射回来到达被测体表面，回波信号被线圈所接收。由于电磁声在铁磁材料表面的透射比较低，所以被测体中的电磁声可以多次在被测体内来回反射，收集到的两个回波信号的时间差即为超声波往返在被测体中传播的时间 T_n。由 $T_n = 2d/C$(其中，d 为待测距离，C 为电磁声在被测体中的声速)可求出 d 值。探头原理如图 2.5 所示。壁厚检测装置和检测过程如图 2.6 所示。

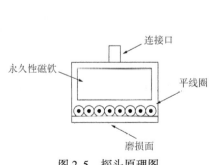

图 2.5　探头原理图

图 2.6　壁厚检测实验

利用 EMAT 传感器检测 0.13mm 壁厚变化，获得的检测信号如图 2.7 所示。

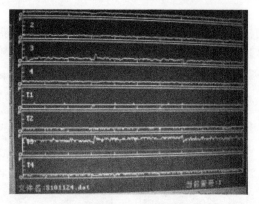

图 2.7　壁厚检测结果曲线

2.3　连续管椭圆度检测实验设计

连续管检测仪的 4 个检测物理量中的前 3 个，也即纵横向损伤、壁厚及距离检测都已通过采用现有标准检测探头，并通过实验分析评价，达到了预期检测效果。现在就剩下最后一个要检测的物理量验证实验：椭圆度检测实验。

我们利用三种技术方案进行椭圆度检测实验研究，以探讨各种方案的可行性。椭圆度的检测，最关键的物理量是连续管径向的位移变化量，所以要求检测装置在对位移检测时有着较好的线性度和灵敏度。

采用方形贴片电感，如图 2.8 所示。

检测位移与输出电压的变化关系如图 2.9 所示。

图 2.8　椭圆度检测实验

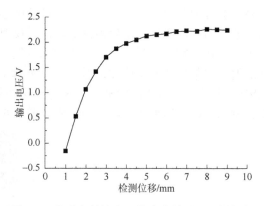

图 2.9　位移与输出电压的变化关系(电感检测)

从图 2.9 的曲线可以发现，在 2.5~10mm 的位移检测范围内为非线性的。因此，这种方法不可行。

对此，改用定制线圈(中间无铁芯)，如图 2.10 所示。

所获得的检测位移与输出电压的变化关系如图 2.11 所示。

图 2.10　定制线圈检测探头

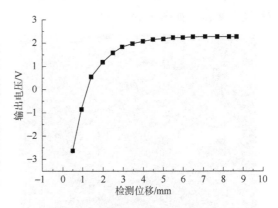

图 2.11　位移与输出电压的变化关系
（线圈检测）

从图 2.11 的曲线可以发现，在大概 2.10mm 的位移检测为非线性的。分析认为可能是线圈过小，激励功率强度不够，位移深度较大的区域空间电磁场较弱，无法形成有效的回波信号，由实验结果可以看出检测位移量程只能在 2mm 以内，而在后续的检测空间位移范围内由于信号衰减成非线性。显然，这种方法也不可行。最终，采用成熟的涡流位移检测探头。

根据法拉第电磁感应原理，块状金属导体置于变化的磁场中或在磁场中作切割磁力线运动时，导体内将产生呈涡旋状的感应电流，此电流叫电涡流，以上现象称为电涡流效应。而根据电涡流效应制成的传感器称为电涡流式传感器。

前置器中高频振荡电流通过延伸电缆流入探头线圈，在探头头部的线圈中产生交变的磁场。当被测金属体靠近这一磁场，则在此金属表面产生感应电流，与此同时该电涡流场也产生一个方向与头部线圈方向相反的交变磁场，由于其反作用，使头部线圈高频电流的幅度和相位得到改变（线圈的有效阻抗），这一变化与金属体磁导率、电导率、线圈的几何形状、几何尺寸、电流频率以及头部线圈到金属导体表面的距离等参数有关。

通常假定金属导体材质均匀且性能是线性和各向同性的，则线圈和金属导体系统的物理性质可由金属导体的电导率 σ、磁导率 ξ、尺寸因子 τ、头部体线圈与金属导体表面的距离 D、电流强度 I 和频率 ω 参数来描述。则线圈特征阻抗可用 $Z=F(\tau, \xi, \sigma, D, I, \omega)$ 函数来表示。通常我们能做到控制 τ、ξ、σ、I、ω 这几个参数在一定范围内不变，则线圈的特征阻抗 Z 就成为距离 D 的单值函数，虽然它整个函数是一非线性的，其函数特征为"S"形曲线，但可以选取它近似为线性的一段。于此，通过前置器电子线路的处理，将线圈阻抗 Z 的变化，即头部体线圈与金属导体的距离 D 的变化转化成电压或电流的变化。

最后，采用成熟的涡流位移检测探头，其位移探测范围为 10mm，如图 2.12 所示。

所获得的检测位移与输出电压之间的关系如图 2.13 所示。

从图 2.13 的曲线可以发现，在 0~10mm 的位移检测范围内都为线性的。这种方案比较好，可以采用。

而实际检测时，设计探头提离距离为 3.5mm，因此，在剩下的 5mm 位移检测范围内也仍然是线性的。涡流位移传感器的灵敏度为 1V/mm，检测精度可以得到保证。

为了进一步测试其位移检测精度（连续管椭圆度精度 0.13mm），进行了 0.2mm 量程的位移变化测试,如图 2.14 所示。

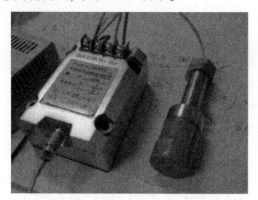

图 2.12　涡流位移检测探头(涡磁检测)

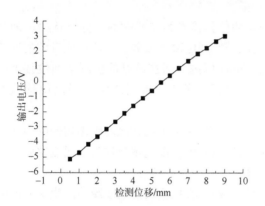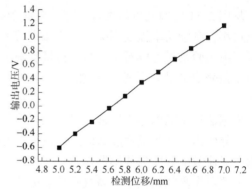

图 2.13　涡流位移检测位移与输出　　　　图 2.14　涡流位移检测位移与输出电压的
　　　　　电压的变化关系　　　　　　　　　　　　变化关系(0.2mm 量程)

从图 2.14 的曲线中可以发现,在设计的检测精度范围内,位移与输出电压呈很好的线性关系。

这样,连续管检测仪中的椭圆度检测可以用 4 个电涡流位移传感器完成,纵横向损伤检测采用非接触式设计,壁厚测量采用 hall 元件主磁通进行,距离检测采用编码器完成。

2.4　整体功能及结构设计

依据上述检测原理实验,对整体功能及结构进行了设计,如图 2.15 所示,主要包括检测探头、计算机信号处理系统、报警标示打印报告系统及检测探头定位辅助机构。其中,检测探头由 4 个检测单元构成,也即纵横向缺陷检测单元、壁厚测量单元、椭圆度测量单元及位置测定单元。计算机信号处理系统由数据采集处理器、计算机数据分析处理软(硬)件系统构成。4 个检测单元组合成的检测探头所检测到各自相应的检测物理量后,由数据采集处理器进行放大滤波预处理后再将该物理量进行 A/D 转换为数字量,再经过计算机数据分析处理软件系统分析处理,最后在所形成的判断基础上进行报警标示及检测报告处理。

在检测探头中,纵横向缺陷检测单元检测精度可达纵向损伤 3mm(长)×0.2mm(深)、横向损伤 1mm（长）×0.2mm（深）；壁厚检测单元可实现壁厚测量范围为 2~8mm，误差 ±0.13mm；椭圆度测量单元可实现外径测量范围为 30~100mm，误差±0.13mm；位置测定精度可达 10mm。最终整个检测系统的检测运行速度可达大于 50m/min，且误报警率小于 2%。

检测系统得到与缺陷相关的电信号以后，经过前置信号调理以后得到良好的信号，再将其转化成计算机系统可以处理的数字信号，利用系统配套的分析软件自动对缺陷进行定性、定量及波形显示、打印等，系统结构原理如图 2.16 所示。

在设计时，尽可能地采用结构优化设计模式，以确保其体重不超过 20kg，形成移动式现场井下探伤作业。安装位置确定后，直接采用即插即用的快接头将电控及信号线与数据采集处理器及计算机分析软件系统相连，即可开始连续管的检测工作。在现场井下探伤的作业安装方式如图 2.17 所示。

为了减小检测探头的体积与重量，对检测探头的机构进行了优化设计，形成一单一整体结构形式(体重小于 20kg)，如图 2.18 所示。

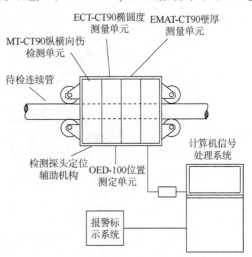

图 2.15   移动式连续管在役无损
检测系统整体功能框图

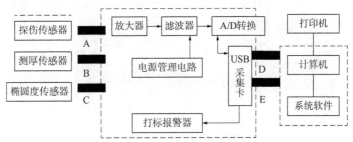

图 2.16   检测系统原理图
A、B、C—信号线；D、E—连接线

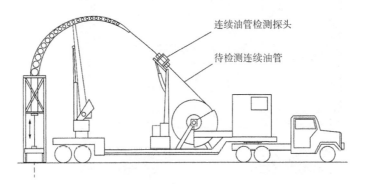

图 2.17   移动式连续管在役无损检测系统井下作业安装形式

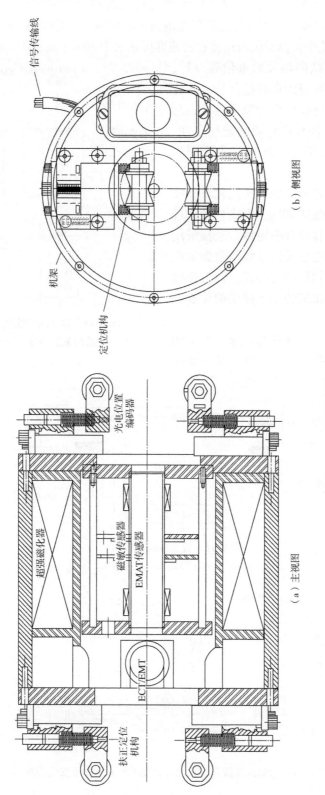

（a）主视图

（b）侧视图

图 2-18　连续管检测探头结构

对于连续管的纵横向缺陷检测、壁厚检测、椭圆度检测及位置测量数据，分别进行放大、滤波及 A/D 转换，然后进入计算机分析处理软件系统，形成各自的检测观察及分析评判模式，形成直观的检测结果观察分析模块，如图 2.19 所示。

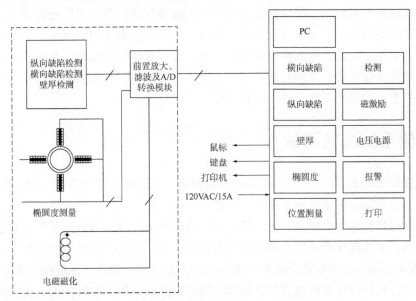

图 2.19　连续管检测系统工作模块图

为了保证连续管上缺陷或者其他测量物理量全方位无遗漏地探测到，特别是全圆周范围内的纵横向缺陷的无遗漏检测，采用大于 360° 覆盖范围的检测探靴进行扫描检测，所形成的信号电气图如图 2.20 所示。

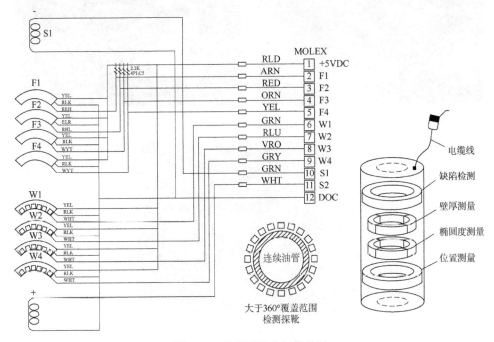

图 2.20　检测系统电气信号图

　　上述连续管检测系统具有以下优良特性：不同规格钢管探伤灵敏度的确定，利用样管进行标定来实现；采用高强电磁复合磁化技术，综合了漏磁通和主磁通检测方法，实现裂纹、孔洞、锈蚀的综合检测，探伤灵敏，运行可靠；采用检测线圈和霍尔元件测量磁场信号，结合独创的聚磁检测专利技术，用少量的元件实现无漏检探伤；在检测探靴设计上，采用弧状探靴，围绕钻杆圆周均匀布置，实现全方位检测；探头摩擦面采用高强耐磨陶瓷喷涂，增强了使用寿命；采用定量化数据分析专利技术，对于裂纹和锈蚀的检测，采用多通道独立滤波放大处理，避免产生单通道处理时缺陷类型无法区分的现象，实现缺陷的精确分类，减小了误判率和漏判率；检测效率高，检测装置可以适应速度的变化。

2.5　检测系统及其测试

　　检测装置如图 2.21 所示，它主要包括检测探头、数据采集处理器、计算机数据分析处理软件系统、报警标示打印报告系统及检测探头辅助机构。其中，检测探头由 4 个检测单元组成，即纵横向损伤或裂纹检测单元、椭圆度检测单元、壁厚检测单元及位置测定单元，它们组合在一起，形成连续管在役无损检测探头系统。4 个检测单元组合成检测探头检测到各自相应的检测物理量后，由数据采集处理器进行放大滤波预处理后，再将该物理量进行 A/D 转换为数字量，并经过计算机数据分析处理软件系统分析处理，最后在所形成的判断基础上进行报警标示及检测报告处理。

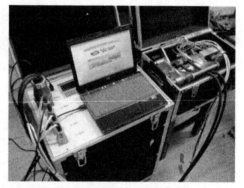

（a）检测探头　　　　　　　　　　　　　　（b）检测系统

（c）检测探头与检测系统功能箱

图 2.21　连续管在役检测系统设备

上述检测设备的具体配置见表 2.1。

表 2.1　检测设备配置表

	名称	配置	数量	单位
1	MT-CT90 纵横向裂纹检测单元	磁化器	1	套
		纵向伤 MFL 传感器	1	套
		横向伤 MFL 传感器	1	套
2	ECT-CT90 椭圆度检测单元	椭圆度 ECT 传感器	16	套
		ECT 测量浮动跟踪机构(大小各一套)	2	套
3	EMAT-CT90 壁厚检测单元	壁厚 EMAT 传感器	8	套
		EMAT 测量浮动跟踪机构	1	套
4	OED-100 位置测定单元	OED 光电位置编码器	1	套
5	报警标示打印报告系统	报警器、标示器、标定器	1	套
6	计算机信号处理系统	信号前置预处理器	1	套
		64 通道 USB 数据采集卡	1	块
		15 英寸笔记本电脑	1	台
		软件	1	套
		移动电控柜	1	台
7	检测探头定位辅助机构	检测探头扶正设施和支架	1	套
8	配套维护工具	常用五金工具	1	套

对所设计出的连续管检测装置进行样管测试，样管通过电火花加工制作了人工缺陷，如图 2.22 所示。外表面：纵向缺陷 3mm(长)×0.2mm(深)、横向缺陷 1mm(长)×0.2mm(深)；内表面：纵向缺陷 3mm(长)×0.4mm(深)、横向缺陷 1mm(长)×0.4mm(深)。

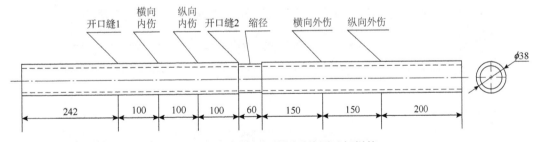

图 2.22　连续管在役检测系统测试标样管

测试现场如图 2.23 所示，将标样管通过检测探头，进行反复直线扫查，获得如图 2.24 所示的标样管人工缺陷的检测信号。

经过上述测试，最终表明该检测系统的主要技术指标为：①装置检测的连续管尺寸范围。外径范围：30~100mm；壁厚范围：2~8mm。②设备检测的连续管物理量及其精度。外表面：纵向缺陷 3mm(长)×0.2mm(深)、横向缺陷 1mm(长)×0.2mm(深)；内表面：纵向缺陷 3mm(长)×0.4mm(深)、横向缺陷 1mm(长)×0.4mm(深)；直径测量误差：±0.13mm；

（a）测试现场

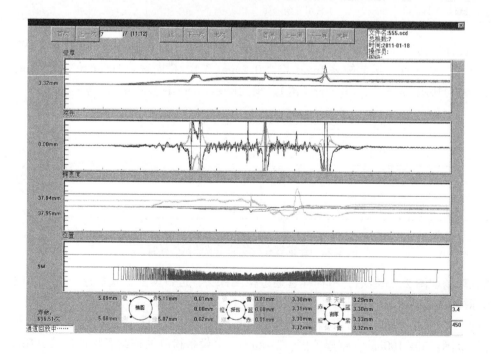

（b）现场测试图

图 2.23 测试现场图

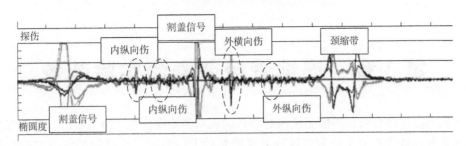

图 2.24 现场数据细化图

壁厚测量误差：±0.13mm；缺陷位置检测误差：10mm。③设备检测效率：钢管轴向运行速度大于 50m/min，检测装置可适应速度的变化；误报警率小于 2%。④设备其他参数。单件设备重量小于 20kg；设备使用现场工作环境温度：−25~60℃。⑤软件功能。可给出钢管运行速度；探头检测到的信号数值应由专门的文件储存，并可用 Matlab 等软件打开；实时自动保存数据，以后可随时读取、调用、打印数据；给出指定检测数据（包括不同期、不同连续管的外径、壁厚等检测结果）的统计分析。

第3章 连续管疲劳寿命实验装备

了解和预测连续管管柱的疲劳性能对操作的成功和安全性是十分重要的。本章在分析对比了国外几种连续管疲劳实验装置设计方案的基础上，确定了要研制的疲劳实验装备的功能、技术参数、测试能力等，并通过严格的设计与校核，研制出一套具有自主知识产权的连续管实物疲劳实验装置。该装置由机械系统、液压系统、增压系统、电气控制系统、测量和数据采集系统、软件系统等六部分组成，可以对直径小于 5in 的连续管进行全尺寸实物疲劳实验。与国外同类实验装置相比，该实验装置自动化程度较高，相关参数的测量和控制精度较高，易于操作，控制方便。

3.1 连续管疲劳实验装置整体方案选择

3.1.1 设计要求及技术难点

3.1.1.1 设计要求

（1）功能。

连续管的损伤发生在每次向卷筒上缠绕或从卷筒上缠开及通过连续管作业机的导向架时，随着每次循环，这种疲劳损耗会累积起来直到连续管最终失效。为了准确评价连续管疲劳性能，我们开发出一种通过电液伺服控制的连续管疲劳实验系统，通过寿命预测来追踪疲劳累积损伤量，并准确获得连续管失效的弯-直循环周次。

连续管疲劳实验装置主要用于连续管等管状部件弯曲疲劳实验，应保证连续管在一定的内压力状态下进行实验。

该装置必须实现的功能主要有：

① 在纯弯曲应力条件下的重复弯曲及相应校直；

② 在不同内压力下的涨径实验；

③ 测量数据的采集、处理、再现、存储等。

（2）特点。

该实验装置的设计原则是可实现弯应力条件下的全尺寸模拟实验，以及和单轴应力或复合应力条件下的连续管性能实验功能。除具有自动化程度高、可靠性高、控制精确、易操作和维护的优点外，还应有下述特点：

① 闭环控制：通过液压比例伺服阀与油缸位移传感器闭环，实现对弯曲的精确控制，从而对弯曲工艺所要求的位移、拉力进行动态加载控制。

② 系统具备保护功能：避免由于管子弯曲变形过度或爆裂而弯曲力突然释放，带来液压系统冲击和装置自身冲击。

③ 工控机程序控制：采用工控机程序控制实现手动控制及自动连续控制，实现内压、弯曲、弯曲-内压组合的控制，以及数据的测量、采集、存储的控制。

④液压系统的液位和油温监测报警：如液压系统的液位或油温超过要求时，系统发出声光报警提示等。

（3）技术指标。

由于目前国内最常用的连续管规格是外径为 25.4mm、31.75mm、38.1mm，因此设计该装置应适用于连续管外径 25.4~88.90mm；由于连续管价格较高，装置占地面积要小，所以连续管实验长度不宜过长，应在 1500mm 以内；根据连续管卷筒和导向架尺寸，该装置对连续管的弯曲半径设计为 1219mm 和 1829mm 两种尺寸；由于在钻井作业中受到较大的内压，因此该装置设计的连续管最大内压力为 70MPa。

3.1.1.2　技术难点

装备研制的技术难点主要在于：

（1）如何设计该装置使其不仅仅适用于一种规格的连续管，同时还能对外径为 25.4mm、31.75mm、38.1mm 等不同规格的连续管进行疲劳实验。

（2）70MPa 的连续管最大内压力是相当高的压力，如何设计该装置使其能达到这一高内压。

3.1.2　设计方案

国外研究人员共提出了三种设计，主要有美国西南管材公司方案、塔尔萨(Tulsa)大学方案及 Stewart & Stevenson 公司方案。

3.1.2.1　美国西南管材公司方案

美国西南管材公司的连续管模拟实验装置原理如图 3.1 所示，两个液压油缸来回运动，拉动缠绕在转轮上的被测连续管，并在其上施加一个恒定的拉伸应力，与正常井下作业的拉力大小相同，且在被测连续管内由液压缸提供恒定压力。连续管绕转轮弯曲和拉直一次被认为是一个循环，6 个循环即认为等效于连续管的一次起、下作业。随着管子实验的进行，由于内压和循环弯曲的影响，管子外径将逐渐涨粗，并出现鼓泡和裂纹，循环实验直至管材裂纹扩大至贯穿壁厚，且内压泄去为止。

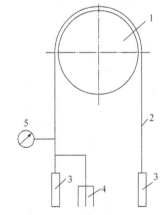

图 3.1　美国西南管材公司连续管模拟实验装置原理图

1—转轮；2—连续管试样；3—液压油缸；4—空压机；5—压力表

3.1.2.2　美国 Tulsa 大学方案

美国 Tulsa 大学设计了卧式和立式两种连续管疲劳实验装置。

美国 Tulsa 大学连续管卧式疲劳实验装置原理如图 3.2 所示。在该方案中，油缸 2 作用，推动与之连接的弯曲模板、矫直模板，完成连续管试样的弯曲与矫直运动。通过油缸 1、油缸 3 对试样产生内压与拉伸作用。通过油缸 1、油缸 2、油缸 3 单独或组合作用，可以单独或组合加载拉伸、弯曲与内压作用力。

美国 Tulsa 大学设计制造的立式连续管低周疲劳实验装置原理如图 3.3 所示。在该方案中，连续管试样上端固定，油缸 1 从底部油箱提取液压油，为试样提供内压，油缸 2 通过导轨对连续管试样提供弯曲作用力，通过油缸 1、油缸 2 的单独或组合作用，实现试样模拟连

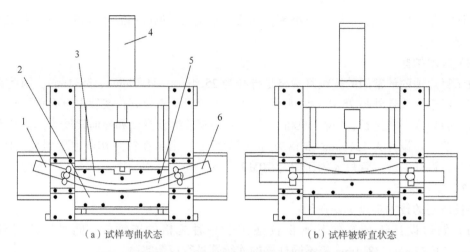

（a）试样弯曲状态　　　　　　　　　　　（b）试样被矫直状态

图 3.2　美国 Tulsa 大学卧式连续管疲劳实验装置原理图

1—油缸 1；2—矫直模板；3—弯曲模板；4—油缸 2；5—连续管试样；6—油缸 3

续管在实际工况下的弯曲、内压单独作用或组合作用。

3.1.2.3　美国 Stewart & Stevenson 公司方案

美国 Stewart & Stevenson 公司的连续管疲劳实验装置原理如图 3.4 所示。在该方案中，连续管试样绕已知半径的弯曲模板弯曲，而后被矫直模板矫直，油缸提供双向力使连续管试样弯曲、伸直，滚轮将油缸的活塞杆和连续管试样连起来，并使油缸工作时没有轴向力加载到连续管试样上，通过更换不同曲率的弯曲模板，实现连续管在不同曲率下的弯曲实验。

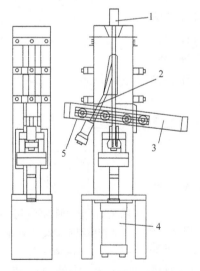

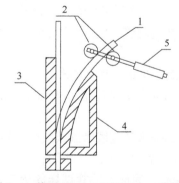

图 3.3　美国 Tulsa 大学立式连续管
疲劳实验装置原理图

1—油缸 1；2—连续管试样；
3—油缸 2；4—油箱；5—导轨

图 3.4　美国 Stewart & Stevenson 公司的
连续管疲劳实验装置原理

1—连续管试样；2—滚轮；3—矫直模板；
4—弯曲模板；5—油缸

3.1.3　方案对比与确定

3.1.3.1　方案对比

美国西南管材公司的连续管模拟实验装置的优点：该方案能够较好地对连续管的立式工况加以模拟，通过更换不同尺寸的转轮，完成对不同管径试样的测试工作。同时，可在连续管的两端加载不同的拉伸力，对试样的性能加以校核。该实验装置可完成对同一种材料、管径、加工及热处理工艺在不同的壁厚和内压下的疲劳实验。具有结构简单、制造方便、操作控制简单及装置布局方便的优点，适用于连续管制造过程中对产品质量的检测。该方案的缺点：需要对管子做特殊模型处理，无法对连续管在实际工作中受到的三种作用力单独校核，只能同时加载拉伸—弯曲或拉伸—弯曲—内压的组合条件。

美国 Tulsa 大学设计的卧式连续管疲劳实验装置的优点：该方案结构简单、加工方便，可实现对试样拉伸、弯曲、内压单独或组合作用的不同状态性能研究。该方案的缺点：该实验装置方案较为复杂，油缸 2、油缸 3 在工作状态下处于运动状态，对油缸的装夹、定位有着较为严格的要求，油缸的平稳运动是该设计方案实现的难点。

美国 Tulsa 大学设计的立式连续管疲劳实验装置的优点：体积小，控制简单，易于制造，能模拟连续管在工作中受到的弯曲和内压作用，适用于在较低成本下对连续管低周疲劳寿命的研究。该方案缺点：无法模拟实际工况中的拉伸载荷。

美国 Stewart & Stevenson 公司的连续管疲劳实验装置的优点：该方案的立式结构与连续管的现场应用相近，且易于实现，能进行连续管在工作中受到单一弯曲或内压作用下的实验，以及在弯曲和内压组合作用下对实际工况的模拟实验。该方案缺点：没有考虑连续管损伤的次要原因，导向架上辊子和辊子间距的影响，以及卷筒和注入头间张力的影响。

3.1.3.2　方案确定

通过对美国西南管材公司、Tulsa 大学及 Stewart & Stevenson 三家公司的四种连续管疲劳实验装置方案的比较分析，可以看出各种方案各有优缺点。每种方案的主要设计思想均在于以实验条件模拟连续管在工作状态下的受力状况，在尽量贴近实际工况下对其疲劳寿命加以考察，即使用有限长度的连续管试样，在承受拉伸、弯曲、内压单独或组合载荷工作条件下对其疲劳寿命加以研究和检验，且均以液压系统为动力源，对试样施加拉伸、弯曲及内压载荷。美国西南管材公司实验装置不能对连续管在实际工作中所受到的三种作用力单独校核，适用于连续管制造过程中对产品质量的检测；美国 Tulsa 大学卧式连续管低周疲劳实验装置可完成对试样单独或组合拉伸、弯曲、内压作用等不同状态下性能的研究，但油缸的装夹、定位较难实现；Tulsa 大学倒立式连续管疲劳实验装置无法模拟实际工况中的拉伸载荷；美国 Stewart & Stevenson 公司实验装置和 Tulsa 大学立式连续管疲劳实验装置工作原理相似，但其正立式结构与现场应用更相近，且能进行连续管在工作中受到单一弯曲或内压作用下的实验，以及在弯曲和内压组合作用下对实际工况的模拟实验，适用于科研单位对连续管低周疲劳寿命的研究。

从过去对连续管的疲劳研究工作可以知道，实验装置只需对连续管弯曲时造成损伤的主要原因进行模拟实验。这些损伤的主要原因：连续管绕固定的半径弯曲和伸直；连续管在弯曲和伸直的过程中施加内压。致使连续管损伤的次要原因：导向架上辊子和辊子间距的影响；连续管在卷筒和注入头间的张力的影响。故综合考虑认为美国 Stewart & Stevenson 公司方案是较理想的方案。因此，本书设计的连续管疲劳实验装置采用美国 Stewart & Stevenson 公司连续管疲劳实验装置的方案。

根据连续管疲劳实验装置的方案原理，确定连续管疲劳实验装置主要由机械系统、液压系统、增压系统、电气控制系统、实验软件系统和测量系统六部分组成。机械系统是该装置的重要组成部分，是连续管的工作台，主要由矫直模板、弯曲模板、大板、线性导轨、滑座、滚轮、滚轮架、夹持器、轴向作动器和防护罩组成。液压系统由伺服液压源和电液伺服增压系统组成。液压源用于向实验台输送高压油，由液压泵、送油管路、回油管路、间隙油回油管路、蓄能器和滤油器，以及手动高、低压球阀组、液压传感器、阀组件等组成。为了使装置达到 70MPa 高压，设计了 1：3.5 的电液伺服增压系统，其主要由电液伺服增压缸、伺服阀、压力传感器等组成。电气控制系统对连续管疲劳实验装置进行计算机控制，通过内置于作动器的位移传感器控制作动器，通过负荷传感器控制负荷，通过压力传感器控制连续管内压，同时记录负荷、时间、位移等参数。实验软件系统是计算机控制电液伺服动态实验软件，在 Windows XP 多种环境下运行能完成实验条件、试样参数设置、实验数据处理，实验数据能以多种文件格式保存，以及实验结束后可再现实验历程、回放实验数据。由于受测量空间的限制，该装置的测量系统只能采用手工测量连续管载实验中的各项参数，如直径、壁厚、周长。

3.2　连续管疲劳实验装置设计制造

连续管疲劳实验装置是为完成精确测量连续管在各种外力作用下的疲劳周次，检测出各相应疲劳参数而设计制造的专用实验设备。与普通的疲劳实验装置区别最大的就是其机械系统部分，要根据连续管在现场作业的特点进行严格设计。

3.2.1　受力计算

连续管在实验中发生塑性变形，材料受力后的受力状态和变形特征可用应力—应变曲线来表示，假定连续管应力—应变曲线如图 3.5 所示，计算力矩时的积分示意图如图 3.6 所示。

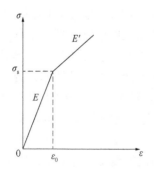　　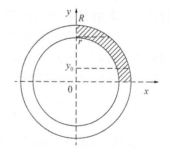

图 3.5　应力—应变曲线图　　　　　图 3.6　积分示意图

当 $\varepsilon \leqslant \varepsilon_0$ 时，　　　　　　　　　　$\sigma = E\varepsilon$　　　　　　　　　　　　(3.1)

当 $\varepsilon \geqslant \varepsilon_0$ 时，　　　　　　　　$\sigma = \sigma_s + (\varepsilon - \varepsilon_0)E'$　　　　　　　　(3.2)

$$\varepsilon = y/(2R)$$　　　　　　　　　　　(3.3)

$$r_0 = 2R\varepsilon_0 \tag{3.4}$$

$$M = \iint \sigma r \mathrm{d}x\mathrm{d}y \tag{3.5}$$

$$M = M_1 + M_2$$

$$M_1 = \iint rE\varepsilon \mathrm{d}x\mathrm{d}y = \iint rE\frac{r}{2R}\mathrm{d}x\mathrm{d}y = 4\int_0^{r_0}\frac{r^2 E}{2R}\mathrm{d}y\int_{\sqrt{r_2^2 - r^2}}^{\sqrt{r_1^2 - r^2}}\mathrm{d}x$$

$$M_2 = \iint y\left[\sigma_s + (\varepsilon - \varepsilon_0)E'\right]\mathrm{d}x\mathrm{d}y$$

$$M_2 = 4\left\{\int_{r_0}^{r_2} r\left[\sigma_s + \left(\frac{r}{2R} - \varepsilon_0\right)E'\right]\mathrm{d}r\int_{\sqrt{r_2^2 - r^2}}^{\sqrt{r_1^2 - r^2}}\mathrm{d}x + \int_{r_0}^{r_1} r\left[\sigma_s + \left(\frac{r}{2R} - \varepsilon_0\right)E'\right]\mathrm{d}y\int_0^{\sqrt{r_1^2 - r^2}}\mathrm{d}x\right\}$$

式中　ε——应变；

σ_s——产生塑性变形的最小应力即屈服极限或屈服强度，MPa；

E——杨氏弹性模量，Pa；

R——连续管弯曲的曲率半径，m；

r_1——连续管外壁半径，m；

r_2——连续管内壁半径，m。

连续管材料为 80kpsi（552MPa）钢级时，$\sigma_s = 5.52 \times 10^8\ \mathrm{Pa}$，$E = 2.1 \times 10^{11}\ \mathrm{Pa}$，$\varepsilon_0 = 0.003105$，$E' = E/5 = 4.2 \times 10^{10}\ \mathrm{Pa}$，曲率半径为 1.219m，即 $R = 1.219\mathrm{m}$，曲率半径为 1.829m，即 $R = 1.829\mathrm{m}$。从连续管固定端到15°、22.5°、30°测量处和滚轮夹持端距离分别为 316mm、466mm、610mm、840mm。利用上述公式，计算出的 1219mm 和 1829mm 曲率半径时不同管径的连续管受力分别见表 3.1 和表 3.2。由表 3.1 和表 3.2 可知，不同管径连续管在 1219mm 和 1829mm 曲率半径下 840mm 处的受力，随着连续管外径的增大推动连续管所需的力增大，且 1219mm 比 1829mm 曲率半径下所需的力大。对于外径 88.90mm、内径 80.98mm 的连续管在 1219mm 和 1829mm 曲率半径下 840mm 处所需的推力分别为 21189N 和 21056N。若设计安全系数为 2.0，则油缸推动外径 88.90mm、内径 80.98mm 的连续管至少需要 42378N，因此，本书设计油缸的最大输出力 50kN。

表 3.1　1219mm 曲率半径时不同管径的连续管受力

外径/mm	内径/mm	力矩/N·m	力臂/mm	力/N
25.40	20.22	781	316	2472
			466	1676
			610	1280
			840	930
31.75	26.57	1315	316	4161
			466	2822
			610	2156
			840	1565

外径/mm	内径/mm	力矩/N·m	力臂/mm	力/N
38.10	31.86	2313	316	7320
			466	4964
			610	3792
			840	2754
44.45	37.64	3505	316	11092
			466	7521
			610	5746
			840	4173
50.80	42.88	5339	316	16896
			466	11457
			610	8752
			840	6356
60.33	52.40	7782	316	24627
			466	16700
			610	12757
			840	9264
73.03	65.10	11737	316	37142
			466	25186
			610	19241
			840	13973
88.90	80.98	17799	316	56326
			466	38195
			610	29179
			840	21189
114.30	102.92	42008	316	132937
			466	90146
			610	68866
			840	50010
127.00	114.28	58041	316	183674
			466	124552
			610	95149
			840	69096

表 3.2 1829mm 曲率半径时不同管径的连续管受力

外径/m	内径/m	力矩/N·m	力臂/m	力/N
25.40	20.22	738	316	2335
			466	1584
			610	1210
			840	879
31.75	26.57	1273	316	4028
			466	2732
			610	2087
			840	1515
38.10	31.86	2270	316	7184
			466	4871
			610	3721
			840	2702
44.45	37.64	3449	316	10915
			466	7401
			610	5654
			840	4106
50.80	42.88	5271	316	16680
			466	11311
			610	8641
			840	6275
60.33	52.40	7708	316	24392
			466	16541
			610	12636
			840	9176
73.03	65.10	11650	316	36867
			466	25000
			610	19098
			840	13869
88.90	80.98	17687	316	55972
			466	37955
			610	28995
			840	21056
114.30	102.92	41762	316	132158
			466	89618
			610	68462
			840	49717

外径/m	内径/m	力矩/N·m	力臂/m	力/N
127.00	114.28	57697	316	182585
			466	123813
			610	94585
			840	68687

3.2.2　机械系统设计

连续管疲劳实验装置的机械系统长 1300mm、高 1500mm，采用立式框架支撑结构，如图 3.7 所示。机械系统上有供固定安装连续管的"V"形槽夹具，它由矫直模板和弯曲模板组成，通过更换 1219mm 和 1829mm 弯曲模板可测量不同弯曲半径下连续管寿命，由于弯曲模板厚重且移动困难，故设计了法兰部分来推动弯曲模板使其在水平方向上平移，法兰部分由法兰、螺杆、螺孔座和手轮组成。连续管"V"弯曲轨道下部的左、右夹持器限制连续管在弯曲时的受力支撑点，保证连续管固定处不受弯曲剪切力，提高实验数据的可靠性。连续管

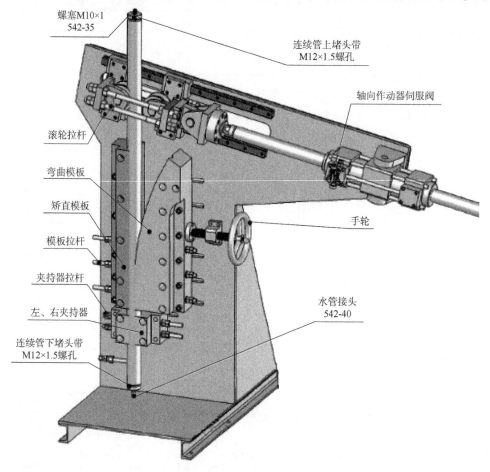

图 3.7　机械系统组成示意图

"V"弯曲轨道上部的轴向作动器通过铰轴连接安装在框架上，框架由大板、大板肋、底板和底座梁组成，轴向作动器的活塞杆上装有位移传感器、液压缸，液压缸通过液压缸双耳环连接在框架的立式大板上。根据连续管安装要求，调整铰轴连接的位置，保证作动器活塞杆运动时始终与线性导轨在同一直线上。活塞杆端头与滚轮架间安装有负荷传感器和连接轴。轴向作动器通过推动与线性导轨上的滑座相连的滚轮对连续管施加载荷，专门设计了滚轮架，便于实现连续管的弯曲。

3.2.2.1　矫直模板和弯曲模板设计

矫直模板和弯曲模板是构成连续管机械系统的关键部件。矫直模板和弯曲模板夹紧连续管，并使其在弯曲模板的曲率半径内进行循环实验。如图 3.8 所示，直径为 88.9mm 的连续管"V"形槽的长度是 44.23mm，选择大于这一数值的长度均可，故设计的 50.5mm 的"V"形槽的长度可用于外径为 88.9mm 的连续管实验。

实验用的连续管样品长 1525mm，其中部的 610mm 长测试段绕弯曲模板的固定曲率半径弯曲，然后再伸直到矫直模板，从而完成一个循环。因此，矫直模板高度为 610mm，弯曲模板的圆弧长度 1 等于直模板的高度。该疲劳实验设计的曲率半径 R 为 1219mm 和 1829mm，因此可根据弧长公式计算出弧度 θ。由于连续管在实验中下端被左、右夹持器的"V"形槽加持固定，为使连续管在实验中完全靠在矫直模板和弯曲模板的"V"形槽上，达到设定的曲率半径，弯曲模板的"V"形槽外边界圆半径 R_1 和槽底圆半径 R_2 之差应略小于实验管的半径，由设计的最小实验连续管的半径为 25.4mm，可取这一差值为 7mm。弯曲模板的尺寸示意图如图 3.9 所示，计算公式如下。

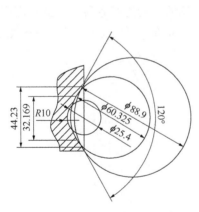 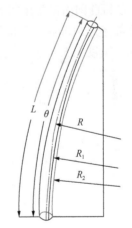

图 3.8　"V"形槽适用范围示意图　　　　图 3.9　弯曲模板尺寸示意图

$$\theta = L/R \qquad (3.6)$$
$$R_1 = R - 7 \qquad (3.7)$$
$$R_2 = R - D/2 \qquad (3.8)$$

式中　θ ——弯曲模板的弧度；

　　　L——弯曲模板的弧长，mm；

　　　D——连续管外径，mm；

　　　R——弯曲模板的曲率半径，mm；

R_1——弯曲模板的"V"形槽外边界圆半径，mm；

R_2——弯曲模板的"V"形槽槽底圆半径，mm。

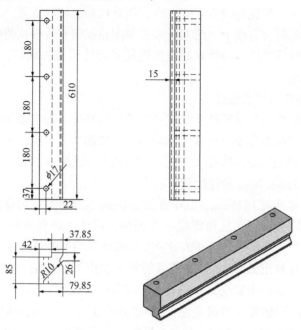

图 3.10　矫直模板

因此，以目前国内最常用的 38.10mm 连续管为计算对象。矫直模板尺寸图如图 3.10 所示，实验段高度为 610mm，下部又添加了 85mm 长的夹持连续管段，因此总高度为 695mm，长度 120mm，宽度 135.5mm。当曲率半径为 1219mm 时，弯曲模板尺寸图如图 3.11 所示，

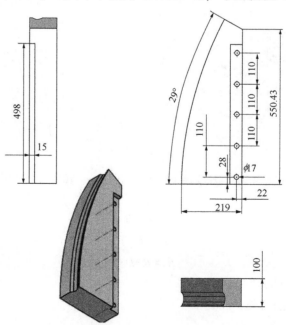

图 3.11　1219mm 弯曲模板

由式(3.6)得 θ 为 30°，由式(3.7)得 R_1 为 1212mm，由式(3.8)得 R_2 为 1200.5mm。同理，当曲率半径为 1829mm 时，弯曲模板尺寸图如图 3.12 所示，θ 为 19°，R_1 为 1822mm，R_2 为 1809.5mm。

矫直模板和弯曲模板的厚度较大，因为推动连续管左右运动的滚轮需安装在滑块上，为了保证连续管实验中在同一竖直面内运动，矫直模板和弯曲模板的厚度应该与滑块和导轨的厚度相匹配。

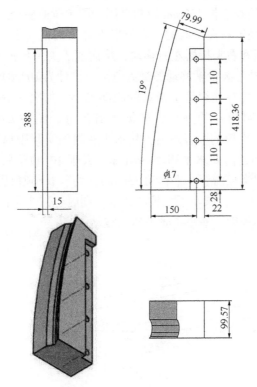

图 3.12　1829mm 弯曲模板

为了将连续管紧固在矫直模板和弯曲模板之间，在横向上设计了三个 M16×400 自制螺栓。由于弯曲模板厚且重移动困难，故设计了法兰部分，如图 3.13 所示，来推动弯曲模板使其在水平方向上平移，法兰部分由法兰、螺杆、螺孔座和手轮组成。将矫直模板和弯曲模

图 3.13　法兰和手轮

板分别用 10 个和 12 个 M16×160 螺栓固定在大板上。

矫直模板和弯曲模板均为 A3 钢材料，制造好后表面需氧化发黑处理。

3.2.2.2　大板设计

大板如图 3.14 所示，长 1542mm，厚 10mm，高 1491.6mm。在大板的背后焊接有两块对称的加强筋，如图 3.15 所示，长 480mm，厚 10mm，高 1000mm。距板左端 103mm 处有两列共 14 个 φ17 通孔，其中上面 10 个是用于固定矫直模板的，下面 4 个是用于固定左夹持器的。距板右端 164mm 的 6 个长 133mm 通槽是用于固定弯曲模板的。距板右端 269mm 的 4 个长 105mm 通槽是用于固定右夹持器的。之所以设计为通槽而不是通孔，是因为通槽可以使固定在其上的弯曲模板和右夹持器左右移动，从而便于夹持更换不同管径的实验连续管。大板上方长 754mm 的通槽是滚轮轴移动的最大范围，设计为 10° 倾角是因为便于在小距离内推动实验的连续管，且滚轮在连续管上滑动的距离也小，如图 3.16 所示。以 1219mm 曲率半径的弯曲模板为例说明倾角的好处，根据现有尺寸，图中 610mm 为实验弯曲长度，840mm 是弯曲起点至滚轮滑道的竖直距离，从图中测量的实际距离可以看出，在 610mm 处推动连续管绕固定曲率半径需要水平移动 164mm，大于 10° 倾角后的 151mm；而在 840mm 处推动连续管绕固定曲率半径需要水平移动 336mm，大于 10° 倾角后的 294mm。因此，设计倾角后缩短滚轮轴行程 42mm，减小了大板的长度，同时也减小了滚轮在连续管上滚动的距离，降低了连续管的损伤程度，减小了管内压的波动。

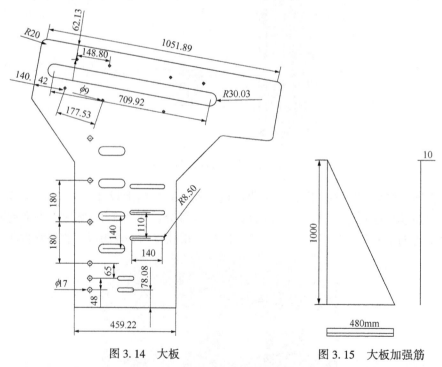

图 3.14　大板　　　　　　　　　　图 3.15　大板加强筋

3.2.2.3　线性导轨和滑座设计

上、下两个线性导轨分别被 10 个 M8×45 的螺钉安装在大板上部。如图 3.17 所示，线性导轨长 800mm，厚 30mm，高 34mm，60° "V" 形槽宽 14mm，深 8mm。线性导轨上的滑座，如图 3.18 所示，尺寸须与导轨相匹配，长 120mm，厚 64mm，高 70mm。

3.2.2.4　滚轮部分设计

滚轮设计如图 3.19 所示，夹持连续管并推动连续管在固定曲率半径下弯曲，采用 120°"V"形槽设计，槽宽为 43mm，槽底用半径为 10mm 的圆弧过渡，外径为 116mm，高度为 55mm。两侧的直径为 80mm、高度为 21.5mm 的圆柱形凹坑用来安装轴承。本书选用 GB/T 276—1994 型号为 6307 的深沟球轴承，因为它可承受径向载荷，也可承受一定的轴向载荷，深沟球轴承装在轴上后，在轴承的轴向游隙范围内，可限制轴或外壳两个方向的轴向位移，可在双向作轴向定位，而且该类轴承还具有一定的调心能力。滚轮材料为 45 钢，表面氧化发黑处理。滚轮架是用于支撑滚轮的，如图 3.20 所示，滚轮轴如图 3.21 所示。

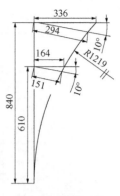

图 3.16　大板 10° 倾角示意图

3.2.2.5　夹持器设计

左、右夹持器尺寸形状完全相同，如图 3.22 所示。长 120mm，宽 135.5mm，高 125mm，材料均为 A3，钢表面氧化发黑处理。与连续管相接处的面采用 120°"V"形槽设计，槽宽 50mm，槽底用半径为 10mm 的圆弧过渡，厚度与矫直模板相同，均是 135.5mm，横向设计了 3 个 M16×360 自制螺栓用于夹紧连续管，被 4 个 M16 螺栓固定在大板上。

图 3.17　线性导轨

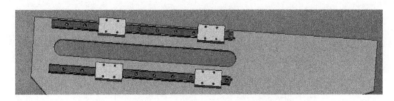

图 3.18　线性导轨上的滑座

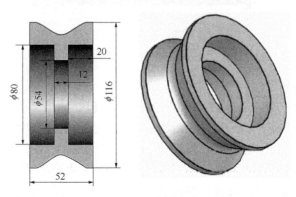

图 3.19　滚轮设计

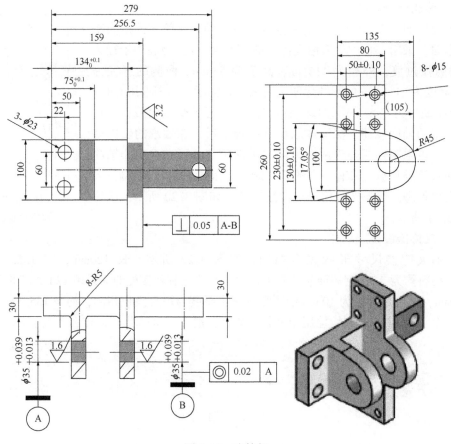

图 3.20　滚轮架

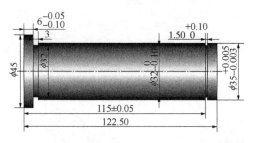

图 3.21　滚轮轴

3. 2. 2. 6　轴向作动器设计

轴向作动器是电液伺服作动器，如图 3.23 所示，包括缸体、运动活塞、油缸端盖、液压分配器集成阀组、高压油管接头、高精度高灵敏度伺服阀、高精度负荷传感器和位移传感器、作动器悬挂构件等，它是实验系统进行加载、接受控制命令的动作执行部分。

轴向作动器的工作原理：液压源提供的系统压力油由进油管路经高压蓄能器、小于 5μm 的精密滤油器和电液伺服阀进入油缸的进油腔。回油腔的液压油经电液伺服阀、回油管、冷却器、回油滤油器回到油箱。在进、回油管路上安装蓄能器，可消除压力波动，起到稳定系统压力的作用，提高系统控制精度。精密滤油器可保证伺服阀正常工作的油路清洁

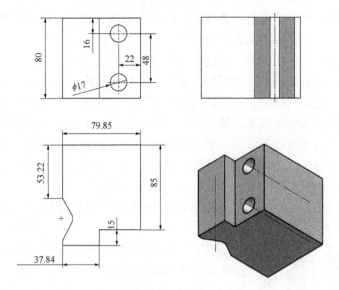

图 3.22　夹持器

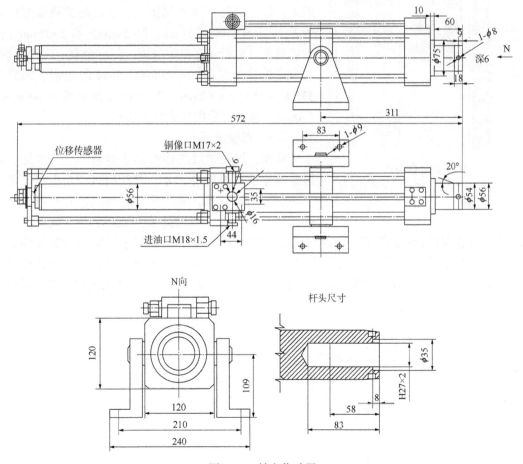

图 3.23　轴向作动器

度。由安装在作动器上的高精度位移传感器，测量作动器活塞的位置和行程，实现电液伺服作动器的位置控制。在作动器运动过程中，连接在其活塞杆端头的负荷传感器可以实时测量作动器作用在实验件上的作用负荷，通过电气控制系统实现负荷控制。

该轴向作动器的油缸与活塞之间采用先进的军工航空喷涂工艺技术加工而成，活塞采用高强度合金钢制成，表面镀硬铬，作动器内设计了液压缓冲垫，在活塞突然失控冲击下起保护作用。作动器采用了填充聚四氟乙烯与"O"形密封圈组合而成的复合密封，其配合紧密，密封效果好，可用于高速运动。活塞杆导向部分喷涂有工业塑料，增强了抗侧向负荷能力。在油缸与活塞之间的密封面上喷涂特质材料，精密加工后确保作动器进程和回程摩擦力小而且近似相等、惯性小、密封性能好、耐磨持久、工作寿命长。

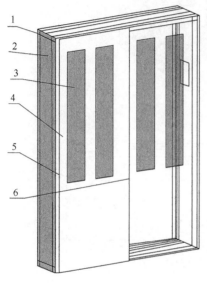

图 3.24　防护罩

1—防护罩架；2—钢板；3—有机玻璃板；
4—门；5—合页；6—门锁

我们选用的作动器最大输出力 50kN，活塞直径 $\phi80$，活塞杆直径 $\phi56$，采用行程为 350mm 的双杆双作用缸，内装位移传感器量程为±200mm。

3.2.2.7　防护罩设计

由于该装置是高压实验装置，若在实验中连续管起裂则其内的压力水会喷射出来，具有一定的危险性，因此，设计了防护罩来保护实验者。防护罩装配体如图 3.24 所示，长 1237mm，厚 24mm，高 1600mm。由防护罩架、钢板、有机玻璃板、门、合页、门锁构成，其中防护罩架是 30mm×30mm×3mm 的角钢，钢板是 232mm×1592mm×2mm，四块有机玻璃板是 940mm×190mm，制造好后内外表面须喷塑。

3.2.2.8　螺栓设计

螺栓连接是螺纹连接的基本类型之一。常见的普通螺栓连接如图 3.25 所示，其结构特点是在被连接件上不必切制螺纹孔，螺栓杆和通孔间留有间隙，故通孔的加工精度低、结构简单、装拆方便、成本低，使用时不受被连接件材料的限制。因此它是最常用的一种连接形式。图 3.26 为铰制孔用螺栓连接，孔与螺栓杆多采用基孔制过渡配合(H7/m6、H7/n6)。这种连接能精确固定被连接件的相对位置，并能承受横向载荷，但对孔的加工精度要求较高。本书使用的螺栓全部采用标准六角头普通螺栓连接。

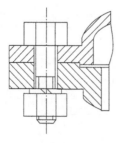

图 3.25　普通螺栓连接

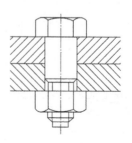

图 3.26　铰制孔用螺栓连接

3.2.2.9　滚轮轴校核

滚轮轴是连续管疲劳实验装置中的一个主要受力部件，因此必须校核其强度。滚轮轴的受力可简化为如图 3.27(a)所示，剪力图和弯矩图分别如图 3.27(b)、图 3.27(c)所示。

由静力平衡方程：

$$\sum m_{\mathrm{B}} = 0, \quad Fl/2 - R_{\mathrm{A}} l = 0$$

$$\sum m_{\mathrm{A}} = 0, \quad F_{\mathrm{B}} l - Fl/2 = 0$$

得支反力为：

$$R_{\mathrm{A}} = F/2, \quad R_{\mathrm{B}} = F/2$$

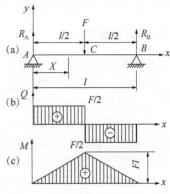

图 3.27　滚轮轴受力简化图

以梁的左端为坐标原点，选取坐标系如图 3.27(a)所示。集中力 F 作用于 C 点，AC 和 CB 两段内的剪力或弯矩可用同一方程来表示。在 AC 段内取距原点为 x 的任意截面，截面以左只有外力 R_{A}，根据剪力和弯矩的计算方法和符号规则，求得这一截面上的 Q 和 M 分别为：

$$Q(x) = F/2 \quad (0 < x < a) \tag{3.9}$$

$$M(x) = Fx/2 \quad (0 \leqslant x \leqslant a) \tag{3.10}$$

这就是 AC 段内的剪力方程和弯矩方程。如在 CB 段取距左端为 x 的任意截面，则截面以左有 R_{A} 和 F 两个力，截面上的剪力和弯矩为：

$$Q(x) = -F/2 \quad (0 < x < a) \tag{3.11}$$

$$M(x) = F(l-x)/2 \quad (0 \leqslant x \leqslant a) \tag{3.12}$$

由式(3.9)可知，在 AC 段内梁的任意横截面上的剪力皆为常数 $F/2$，且符号为正，所以在 AC 段内，剪切力图是在 x 轴上方且平行于 x 轴的直线。同理，可以根据式(3.11)作 CB 段的剪切力图。从剪切力图看出，最大剪切力为 $|Q|_{\max} = F/2$。

由式(3.10)可知，在 AC 段内弯矩是 x 的一次函数，所以弯矩图是一条斜直线。只要确定线上的两点。例如，$x = 0$ 处，$M = 0$；$x = l/2$ 处，$M = Fl$。连线这两点就得到 AC 段内的弯矩图。同理，可以根据式(3.12)作 CB 段内的弯矩图。从弯矩图看出，最大弯矩产生于截面 C 上，且 $M_{\max} = Fl$。

因此，剪应力为：

$$\tau = \frac{Q}{\dfrac{\pi}{4} d^2} \leqslant [\tau] \tag{3.13}$$

弯应力为：

$$\sigma = \frac{M}{\dfrac{\pi}{32} d^3} \leqslant [\sigma] \tag{3.14}$$

由于实验滚轮轴受到的最大力 F 与推动外径为 88.9mm 连续管的最大力 21189N 相同，故 $F = 21189$N，轴的长度为 115mm，因此 $l = 0.115$m。因此，最大剪切力 $Q = 21189/2 = 10595$ N，最大弯矩 $M = 21189 × 0.115 = 2437$N·m。又滚轮材料选用 45 钢，取安全系数为 2.0，因此，$[\tau]=168\text{MPa}$，$[\sigma]=300\text{MPa}$。由式（3.13）得：$d\geqslant9\text{mm}$，由式（3.14）得：$d\geqslant5\text{mm}$。所以，我们设计的滚轮轴直径应大于 9mm，实际上，我们选择的滚轮轴直径为 32mm，因此，滚轮轴在正常受力情况下是安全可靠的。

3.2.3 液压系统

液压源的额定压力为 21MPa，额定流量为 25L/min。主要由一套油泵电机组、油箱、冷却器、控制箱、液压阀组等组成。液压原理图如图 3.28 所示。油箱的总容积为 60L，实验用油为 N46 抗磨液压油，油箱采用下置结构，具有一定刚度，可承受热变形。

通常，液压系统的故障 85%以上是由液压杂质的污染引起的，为防止液压系统因污染而引起系统功能故障，液压源在污染控制方面主要采取以下措施：

（1）主泵的出口高压管路安装精密滤油器，过滤精度 5μm；

（2）伺服阀前置级阀控制油路安装精密滤油器，过滤精度 5μm；

（3）系统回油箱的回油管路安装滤油器，过滤精度 20μm；

（4）油箱的通气孔安装空气滤清器，过滤精度 100μm。

管路系统用于液压源向机械系统输送高压油，其由送油管路、回油管路、间隙油回油管路、蓄能器和滤油器，以及手动高、低压球阀组、液压传感器、阀组件等组成。主送、回油管路采用高压胶管连接。压力传感器用于监控系统的工作压力，蓄能器、滤油器和阀组件作用分别是吸收液压油的脉动和液压油中杂质的过滤。

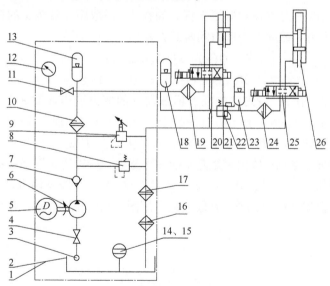

图 3.28 液压原理图

1—液压源；2—油箱；3—吸油滤油器；4—油路开关；5—电动机；6—油泵；7—单向阀；8—溢流阀；
9—电磁溢流阀；10—压力油滤油器；11—压力表开关；12—压力表；13—蓄能器；14—液位计；
15—温度计；16—回油滤油器；17—冷却器；18—蓄能器；19—滤油器；20—电液伺服阀；
21—轴向作动器；22—减压阀；23—蓄能器；24—滤油器；25—电液伺服阀；26—内压作动器

3.2.4 增压系统

增压系统是电液伺服增压系统。主要由电液伺服增压缸、伺服阀、压力传感器等组成。增压缸使用伺服液压源的压力油，通过 1：3.5 的增压，使增压缸输出压力达到 70MPa。为满足连续管内高水压的要求，增压缸采用不锈钢制作。压力传感器随时检测连续管内压力的变化情况，通过伺服阀控制增压缸，保证连续管内的压力在实验过程中一直保持在设定值。当连续管破坏，压力突降时，能自动停止实验，快速降低增压缸内压力。增压缸的控制部分采用油压进行控制，保证控制的稳定和可靠性。被增压部分采用水，使用成本低，工作环境干净，操作方便。为避免连续管突然破裂喷出高压水而危及实验人员的安全，在该疲劳装置四周安装有安全防护罩，在固定试样时打开，实验开始前必须关上安全防护罩，然后再进行实验。

3.2.5　电液伺服测量控制系统

全数字式微机控制电液伺服控制系统（DSP Trier 6202 系统），如图 3.29 所示是工程技术人员多年精心研发的全数字式微机控制电液伺服多通道实验控制系统（DSP Trier 6200 系统）系列产品之一。

图 3.29　DSP Trier 6202 系统集成控制中枢

DSP Trier 6202 系统由传感器前置放大器、模拟滤波器、工频滤波陷波器、波形发生器、反馈运算、功率调节单元、功率放大器等组成。

DSP Trier 6202 系统为集散式全数字闭环微机控制系统，主要功能为：

（1）自动调零：实验开始时，负荷、压力复零。

（2）智能函数发生器：正弦波、三角波、方波、梯形波、斜波等。

（3）采用数字 PID 调节各参量，方便、直观。

（4）可实时显示多通道独立的实时波形。

（5）采用增量式数据记录技术，只有当数据变化超过预定值时才记录。

（6）自诊断系统：能定时对测量系统、驱动系统、实验机状态进行巡回自检。

（7）实现负荷、压力、位移的准确度自动标定。

（8）实验报告可自由布局设计格式、实验数据可在 Excel、Word 等环境下调用、编辑。

3.2.6　微机控制电液伺服疲劳实验系统实验控制软件

微机控制电液伺服动态实验控制软件，在 Windows XP 多种环境下运行，界面友好，操作简单，能完成实验条件、试样参数等设置、实验数据处理，实验数据能以多种文件格式保存，实验结束后可再现实验历程、回放实验数据，实验数据可导入 Word、Excel、Access 等多种软件下，进行统计、编辑、分类、拟合实验曲线等操作，实验完成后，可打印实验报告。

　　本实验装置可以在无人监控状态下自动开展实验，完成预先设定的疲劳次数或连续管破坏后，自动存储实验结果、实验历程并安全停机。

　　实验系统控制程序界面如图 3.30~图 3.35 所示。可进行系统参数、试样参数、疲劳参数、控制方式、保护参数的设置。

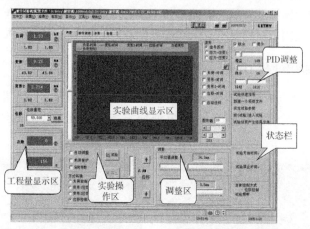

图 3.30　实验操作界面

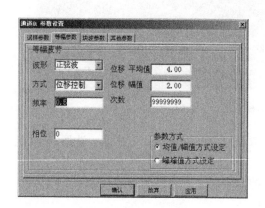

图 3.31　等幅参数设定

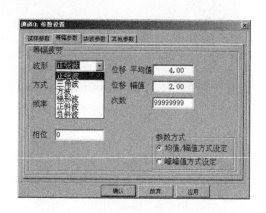

图 3.32　设置等幅疲劳的实验波形

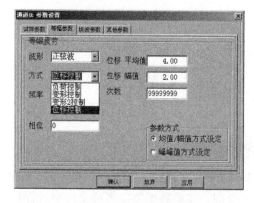

图 3.33　设置等幅疲劳实验的控制方式

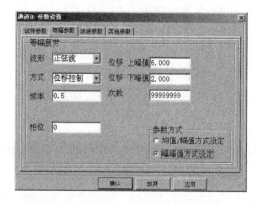

图 3.34　设置等幅疲劳实验的峰峰值参数方式

3.2.7　控制方式

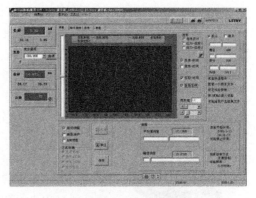

　　疲劳加载通过计算机控制伺服阀进行，通过内置于作动器的位移传感器可控制作动器行程，可通过负荷传感器控制负荷大小，通过压力传感器可控制连续管内压力大小，计算机可显示水压与时间曲线，负荷与时间曲线及位移与时间曲线，可设定疲劳次数，具有自动停机和自动输出实验结果的功能。控制原理图如图 3.36 所示。

图 3.35　实验曲线界面

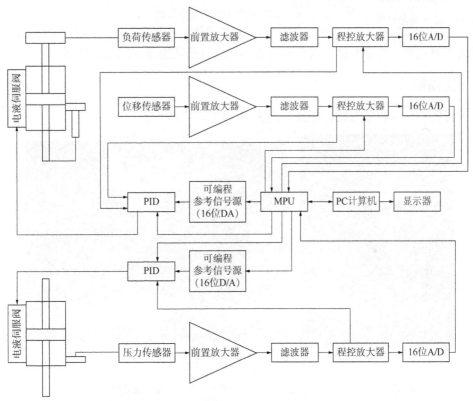

图 3.36　控制原理图

3.2.8　测量系统

　　由于连续管疲劳实验装置是特制装置，受测量空间的限制，只能采用手工测量连续管的直径、壁厚、周长。用游标卡尺测量直径，用超声波测厚仪测量壁厚，用测量绳测量周长。

　　本书使用的是声华科技的 SW4 高精度超声波测厚仪，如图 3.37 所示。测厚仪基本原理：SW4 超声波测厚是通过探头发射超声波脉冲，通过耦合剂进入被测物体，一部分超声波脉冲在物体的前表面被反射回来，其余脉冲在物体中传播到达物体后表面被反射回来，这样在探头上接收到一个来自后表面的回波（用脉冲 B 表示），前表面反射回来的脉冲（用零点

图 3.37　超声波测厚仪

脉冲表示），便可计算零点脉冲与回波脉冲 B 的时间间隔，即通过精确测量超声波在材料中传播的时间来确定被测材料的厚度。

测厚仪的一般测量方法：

（1）单点测量方式：测量被测物体一点的厚度。

（2）双点测量方式：在同一点处用探头进行两次测厚，在两次测量中探头的分割面要互为 90°，取较小值为被测工件的厚度值。

（3）多点测量方式：在面积较大时，为了更接近真实值就要采用多点测量方式，测量点数是根据被测物体面积的大小决定的。测量的过程中，测量的点数应平均分布在被测物体的面积上。测量后，应以最小读数为材料厚度值。

由于进行实验的连续管面积较小，无须选择多点测量法，双点测量法比单点测量法更准确，因此本书选择双点测量法测量连续管的壁厚。

3.2.9　实物照片

连续管实物评价装置的实物装置如图 3.38~图 3.41 所示。

图 3.38　实物评价装置主机

图 3.39　实物评价装置泵站　　　　图 3.40　实物评价装置增压器

图 3.41 实物评价装置控制部分

3.3 小结

（1）所研制的全尺寸连续管实物疲劳实验装置的适应范围为直径不大于 5in 的连续管。

（2）所研制出的连续管疲劳实验装置具有自主知识产权，已经取得了多项授权专利。

（3）所研制出的连续管疲劳实验装置与国外同类产品比较，其自动化程度高，相关参数的测量和控制精度高，易于操作，控制方便。

第4章 连续管疲劳寿命实验

利用我们自行研制的连续管疲劳实验装置(参见本书第3章),在不同内压条件下,对直径为1½in的连续管进行实物疲劳寿命实验,获得了一系列实验数据,通过实验数据分析,阐明了连续管循环次数(或疲劳寿命)与内压、涨径、椭圆度、壁厚等参数之间的关系,分析了连续管裂纹的位置等。

4.1 实物疲劳实验方案

得到直径为1½in的连续管,在0MPa、10MPa、20MPa、30MPa、40MPa内压条件下(图4.1),在不同循环次数间隔内,分别在弯曲模板15°、22.5°、30°下测量连续管的直径、壁厚和周长(图4.2)。

具体情况为,实验材料:连续管;实验规格:1½in(38.1mm);实验数量:10根;测量直径:受测量空间限制只能测量15°处直径 B,22.5°、30°处直径 A、B;测量壁厚:每一测量处(测点1、测点2、测点3、测点4处)壁厚;测量周长:15°、22.5°、30°处周长。

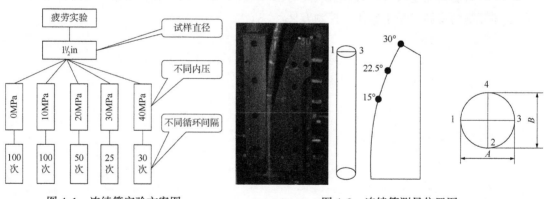

图4.1 连续管实验方案图　　　　图4.2 连续管测量位置图

4.2 实验步骤

实验前,须明确连续管的内外径尺寸,准备好相应规格的实验管堵头及确认实验管的最大承受内压。

4.2.1 实验前加工连续管

(1)先将实验管两端切平,使管内孔无毛边。

(2)准备上、下堵头,均加工成螺纹 M12×1.5,孔口端面粗糙度 Ra1.6。

(3)把上、下两堵头分别套入实验管两端,露出焊接坡口,并与实验管两端面作可靠焊接，焊接前上、下堵头上不许装有螺塞和管接头，因为焊接热会破坏其上的密封。

（4）把油源的溢流阀逆时针转动至极限，合上电源开关，按下启动按钮，油源启动。

4.2.2　连续管的安装

（1）把弯曲模板和右夹持器的固定螺钉松开(矫直模板的固定螺钉不能松开)，并松开模板拉杆和夹持器拉杆螺母，转动手轮，使弯曲模板右移，并右移右夹持器，移开位置以能装入连续管为好。

（2）松开滚轮拉杆螺母，顺时针转动溢流阀，调定压力至 8MPa 左右，拖动显示界面上轴向作动器控标，使作动器带动右滚轮右移，使连续管的自然弯曲状态与弯曲模板相对应，从上端装入，注意上、下端管堵螺孔均 M12×1.5，且下端管堵头距工作台面约 100mm。

4.2.3　连续管夹紧部位的校直与夹紧

（1）初步拧紧 3 个滚轮拉杆、2 个模板拉杆及 2 个夹持器拉杆螺母，注意预紧的过程中要配合手轮转动，否则会拉坏手轮的丝杠螺母副。

（2）拖动显示界面上轴向作动器控标，使作动器左移，并通过滚轮推动连续管左移而校直。

（3）再松开手轮，重复第(2)步，直至夹紧连续管。

（4）把弯曲模板和右夹持器背面的固定螺钉拧紧。

4.2.4　增压缸注水

把与增压缸相连的高压水管的另一端浸入水中，拖动控制界面上的围压位移控标，使得增压器活塞上下运动，反复多次，直至高压水管接头排水无气泡，拖动增压缸位移控标，使得其活塞移至下端位置，然后把高压水管接头拧紧在连续管下端的堵头上。

4.2.5　连续管注水

从连续管上端堵头螺孔注满水，拖动增压器位移控标，使其活塞上下运动多次，直至完全排气。再把活塞拖动至最下端，管上端注满水后，拧紧螺塞 M10×1。

4.2.6　参数设置

首先，设定连续管左、右极限位移保护，拖动控标，使作动器到达左、右两极限位置，记下位移值，填入参数设置的上峰值和下峰值，并设定频率和循环次数，然后确认。

4.2.7　围压(水压)调整

拖动增压缸位移控标，使活塞向上运动，直至达到实验管实验内压。

4.3　实验结果及分析

4.3.1　实验结果

所做的 10 根连续管实物疲劳实验数据如表 4.1、表 4.2。

表 4.1　实物连续管疲劳结果

编号	内压/MPa	循环次数/次	裂纹位置/mm	具体情况
1#	10	445	675	肉眼观察不到形变
2#	10	845	273	220~310mm 间发现 3 个可观察到的鼓泡
3#	30	152	288	250~380mm 间发现 4 个明显鼓泡
4#	0	1149	438	肉眼观察不到形变
5#	0	1031	195	肉眼观察不到形变
6#	20	337	288	250~370mm 间发现 4 个可观察到的鼓泡
7#	40	77	290	270~390mm 间发现 4 个可观察到的鼓泡
8#	10	377	200	200mm 处观察不到明显裂纹
9#	20	308	280	240~360mm 间发现 5 个可观察到的鼓泡
10#	30	148	290	230~380mm 间发现 4 个可观察到的鼓泡

表 4.2　连续管测量数据

分类	循环次数	测量位置	直径/mm		厚度/mm				周长/mm
			A	B	1	2	3	4	
1#10MPa（445）	1~100	15°		38.50	3.12	2.97	2.97	2.97	121.5
		22.5°	38.10	38.46	2.97	3.12	3.12	2.97	121.0
		30°	38.00	39.34	2.97	2.97	2.97	2.97	121.0
	101~200	15°		38.42	3.12	3.12	2.97	2.97	122.0
		22.5°	38.00	38.68	3.12	3.12	3.12	2.97	122.0
		30°	38.00	39.44	2.97	2.97	2.97	2.97	121.0
	201~300	15°		38.94	3.12	3.12	3.12	2.97	122.0
		22.5°	38.06	38.98	3.12	3.12	3.12	2.97	122.0
		30°	38.16	39.54	2.97	2.97	2.97	2.97	121.0
	301~400	15°		39.32	3.12	3.12	2.97	2.97	122.0
		22.5°	37.96	39.10	2.97	3.12	3.12	2.97	122.0
		30°	37.92	39.32	2.97	2.97	2.97	2.97	121.0
	401~445	15°		39.20	2.97	2.97			122.0
		22.5°	38.10	40.50	2.97	3.12.		2.97	122.0
		30°	37.92	40.52	2.97	3.12.	3.12	3.12	121.0
2#10MPa（845）	0	15°		38.30	3.12	2.97	3.12	3.12	121
		22.5°	38.00	38.32	3.12	2.97	3.12	2.97	121
		30°	38.00	38.20	3.12	2.97	2.97	2.97	121
	1~100	15°		38.30	3.12	2.97	3.12	2.97	121
		22.5°	38.04	38.34	3.12	2.97	3.12	2.97	121
		30°	38.04	38.28	3.12	2.97	2.97	2.97	121

分类	循环次数	测量位置	直径/mm		厚度/mm				周长/mm
			A	B	1	2	3	4	
2#10MPa（845）	101～200	15°		38.46	3.12	2.97	3.12	2.97	121
		22.5°	38.04	38.34	3.12	2.97	3.12	2.97	121
		30°	38.04	38.30	3.12	2.97	2.97	2.97	121
	201～300	15°		38.78	3.12	2.97	2.97	2.97	121
		22.5°	38.10	38.34	3.12	2.97	3.12	2.97	121
		30°	38.06	38.44	3.12	2.97	3.12	2.97	121
	301～400	15°		38.80	3.12	2.97	2.97	2.97	122
		22.5°	38.10	38.34	3.12	2.97	3.12	2.97	121
		30°	38.04	38.22	3.12	2.97	3.12	2.97	121
	401～500	15°		39.38	2.97	2.97	2.85	2.97	122
		22.5°	38.12	38.50	3.12	2.97	2.97	2.97	121
		30°	38.10	38.40	3.12	2.82	2.97	2.97	121
	501～600	15°		39.16	2.97	2.97	2.82	2.97	122
		22.5°	38.10	38.50	3.12	2.82	2.97	2.97	121
		30°	38.12	38.50	3.12	2.82	3.02	2.97	121
	601～700	15°		39.30	2.97	2.82	2.82	2.97	122.5
		22.5°	38.14	38.32	3.12	2.97	2.97	2.97	121
		30°	38.10	38.40	3.12	2.82	2.97	2.97	121
	701～800	15°		39.36	2.82	2.82	2.82	2.97	123
		22.5°	38.14	38.34	3.12	2.82	2.97	2.97	121
		30°	38.10	38.40	2.97	2.82	2.97	2.97	121
	801～845	15°		39.58	2.97	2.82	2.97	2.97	123
		22.5°	38.10	38.26	2.97	2.97	2.97	2.97	121
		30°	38.00	38.24	2.97	2.82	2.97	2.97	121
3#30MPa（152）	1～100	15°		39.78	2.82	2.82	2.82	2.97	123
		22.5°	38.10	38.24	3.12	2.97	3.12	2.97	121
		30°	38.04	38.24	3.12	2.97	3.12	2.97	121
	101～150	15°			2.68	2.82	2.68	2.97	127
		22.5°	38.06	38.22	3.12	2.97	3.12	2.97	122
		30°	38.04	38.24	3.12	2.82	2.97	2.97	122
	151～152	15°			2.68	2.82	2.68	2.97	127
		22.5°	38.18	38.38	2.97	2.82	2.97	2.97	122
		30°	38.00	38.34	3.12	2.82	2.97	2.82	122

分类	循环次数	测量位置	直径/mm		厚度/mm				周长/mm
			A	B	1	2	3	4	
4#无压(1149)	1~50	15°		38.58	3.12	3.56	3.12	2.97	120
		22.5°	38.50	38.30	3.27	3.12	3.12	2.82	120
		30°	38.10	38.28	3.41	3.27	3.56	2.97	120
	51~100	15°		38.48	3.12	3.12	3.12	2.97	120
		22.5°	38.10	38.62	3.12	3.12	3.12	3.27	120
		30°	38.16	38.24	3.27	3.12	3.12	2.97	120
	101~150	15°		38.20	3.12	2.97	3.09	3.12	120
		22.5°	38.06	38.30	3.27	3.12	3.27	2.82	120
		30°	38.10	38.14	3.41	2.97	3.41	3.12	120
	151~200	15°		38.20	3.12	2.97	3.09	3.12	120
		22.5°	38.00	38.54	2.97	3.12	3.12	3.12	120
		30°	38.12	38.30	3.27	3.12	3.12	2.97	120
	201~250	15°		38.42	3.12	3.12	3.12	3.12	120
		22.5°	38.08	38.54	3.12	2.97	3.12	3.12	120
		30°	38.34	38.44	3.41	2.97	3.12	2.97	120
	251~300	15°		38.40	3.12	2.97	2.97	2.97	120
		22.5°	37.94	38.36	3.12	2.97	3.12	2.82	120
		30°	38.14	38.24	3.27	2.97	3.12	2.97	120
	301~350	15°		38.28	3.12	3.12	3.12	2.97	120
		22.5°	37.94	38.30	3.27	2.97	3.12	2.97	120
		30°	38.04	38.38	3.27	2.97	3.12	3.12	120
	351~400	15°		38.24	3.12	2.97	2.97	2.97	120
		22.5°	38.02	38.26	3.12	3.12	3.12	2.97	120
		30°	38.16	38.20	3.27	3.12	3.12	3.12	120
	401~450	15°		38.28	3.12	3.12	2.97	2.97	120
		22.5°	38.14	38.26	3.12	3.12	3.12	2.97	120
		30°	38.20	38.22	3.12	2.97	3.12	2.97	120
	451~500	15°		38.10	3.12	3.12	2.97	2.97	120
		22.5°	38.16	38.32	3.12	2.97	3.12	3.12	120
		30°	38.14	38.20	3.12	3.12	3.12	2.97	120
	501~550	15°		37.94	3.12	3.12	2.97	2.97	120
		22.5°	37.96	38.20	3.12	2.97	3.12	3.12	120
		30°	38.00	38.16	2.97	2.97	3.12	2.97	120
	551~600	15°		38.18	3.12	2.97	2.97	3.12	120
		22.5°	37.60	38.40	3.12	2.97	3.12	2.97	120
		30°	38.08	38.20	2.97	2.97	3.12	2.97	120

续表

分类	循环次数	测量位置	直径/mm		厚度/mm				周长/mm
			A	B	1	2	3	4	
4#无压 (1149)	601~650	15°		38.28	3.12	2.97	3.12	2.97	120
		22.5°	37.82	38.34	2.97	2.97	3.12	3.12	120
		30°	37.96	38.24	3.12	3.12	3.12	2.97	120
	651~700	15°		38.68	3.12	2.97	2.97	2.97	121
		22.5°	38.14	38.60	3.12	2.97	3.12	3.12	121
		30°	37.94	38.54	3.12	2.97	3.12	2.82	121
	701~750	15°		38.26	2.97	2.97	2.97	2.82	121
		22.5°	37.76	38.26	2.97	2.97	2.97	2.82	121
		30°	37.96	38.36	3.12	2.97	2.97	2.97	121
	751~800	15°		38.28	3.12	2.97	2.97	2.97	121
		22.5°	37.74	38.26	3.12	2.97	3.12	2.97	121
		30°	37.96	38.34	3.12	2.97	3.12	2.97	121
	801~850	15°		38.26	3.12	2.97	2.97	2.97	121
		22.5°	37.60	38.30	3.12	3.12	3.12	2.97	121
		30°	37.96	38.18	3.12	2.97	3.12	2.97	121
	851~900	15°		38.36	3.12	2.97	2.97	2.97	121
		22.5°	37.76	38.50	2.97	2.97	2.97	2.97	121
		30°	38.44	38.52	3.12	2.97	3.12	2.82	121
	901~1149	15°		38.48	3.12	2.97	2.97	2.97	121
		22.5°	38.86	38.30	3.12	2.97	3.1	2.97	121
		30°	37.96	38.94	3.12	2.97	2.97	2.97	121
5#无压 (1031)	1~100	15°		38.50	3.12	2.97	3.12	2.97	121
		22.5°	38.10	38.76	3.12	2.97	3.12	2.97	121
		30°	38.14	38.64	3.12	3.12	2.97	2.97	121
	101~200	15°		38.28	3.12	3.12	3.12	2.97	121
		22.5°	38.12	38.36	2.97	3.12	3.12	3.12	121
		30°	38.20	38.48	3.12	3.12	3.12	2.97	121
	201~400	15°		38.28	3.12	2.97	2.97	2.97	121
		22.5°	38.12	38.34	2.97	3.12	3.12	2.82	121
		30°	38.12	38.40	3.12	3.12	3.12	2.97	121
	401~600	15°		38.34	3.12	3.12	2.97	2.82	121
		22.5°	37.96	38.40	3.12	3.12	3.12	2.97	121
		30°	38.14	38.32	3.12	2.97	2.97	2.97	121
	601~800	15°		38.30	3.12	3.12	2.97	2.82	121
		22.5°	37.72	38.44	3.12	2.97	2.97	3.12	121
		30°	38.18	38.40	3.12	2.97	2.97	2.97	121

分类	循环次数	测量位置	直径/mm		厚度/mm				周长/mm
			A	B	1	2	3	4	
5#无压（1031）	801~850	15°		38.26	3.12	2.97	2.97	2.97	121
		22.5°	37.72	38.36	2.97	2.97	2.97	2.97	121
		30°	38.18	38.60	3.12	2.97	2.97	2.97	121
	850~900	15°		38.34	2.97	2.97	2.97	2.97	121
		22.5°	37.68	38.38	2.97	2.97	2.97	2.97	121
		30°	38.10	38.40	3.12	2.97	2.97	2.97	121
	901~1031	15°		38.30	2.97	2.97	2.97	2.97	121
		22.5°	37.86	38.32	2.97	2.97	2.97	2.97	121
		30°	38.00	39.10	3.12	2.97	2.97	2.97	121
6#20MPa（337）	1~50	15°		38.60	3.00	3.00	2.85	2.85	121.5
		22.5°	38.04	38.30	3.12	3.00	3.00	3.00	121
		30°	38.10	38.24	3.14	2.95	2.85	2.85	121
	51~100	15°		39.10	2.85	2.85	2.85	2.85	122
		22.5°	38.04	38.56	3.00	2.85	2.85	2.85	121
		30°	38.10	38.60	3.12	2.85	3.00	2.70	121
	101~150	15°		39.68	2.85	2.85	2.70	2.70	122.5
		22.5°	38.24	38.34	3.00	2.85	3.00	2.85	121
		30°	38.20	38.24	3.00	2.85	2.85	2.70	121
	151~200	15°		39.68	2.85	2.85	2.70	2.70	123
		22.5°	38.20	38.34	3.00	2.85	3.00	2.85	121
		30°	38.14	38.24	3.00	2.85	2.87	2.70	121
	201~250	15°		39.84	2.75	2.85	2.70	2.70	123.5
		22.5°	38.02	38.28	3.00	2.85	2.85	2.85	121
		30°	38.06	38.34	3.00	2.85	2.85	2.70	121
	251~300	15°		40.16	2.70	2.85	2.50	2.70	124
		22.5°	38.00	38.40	3.00	2.85	2.85	2.85	121
		30°	38.04	38.34	2.85	2.85	2.80	2.70	121
	301~337	15°		40.10	2.85	2.85	2.46	2.50	125
		22.5°	38.12	38.32	3.00	2.85	2.85	2.85	121
		30°	38.10	38.20	2.85	2.85	2.85	2.70	121
7#40MPa（77）	0	15°		38.58	3.00	2.70	2.85	2.85	121
		22.5°	38.00	38.26	2.95	2.85	2.85	2.85	121
		30°	38.00	38.14	3.00	2.70	2.85	2.85	121
	1~30	15°		39.34	3.00	2.70	2.70	2.85	123
		22.5°	38.12	38.34	3.00	2.85	2.85	2.85	121
		30°	37.98	38.24	3.00	2.70	2.85	2.85	121

分类	循环次数	测量位置	直径/mm		厚度/mm				周长/mm
			A	B	1	2	3	4	
7#40MPa (77)	31~60	15°		40.18	2.85	2.85	2.55	2.85	125.5
		22.5°	38.06	38.46	3.00	2.85	2.85	2.85	121.5
		30°	37.96	38.24	2.95	2.70	2.85	2.85	121
	61~77	15°		41.22	2.43	2.85	2.43	2.85	128
		22.5°	38.12	38.34	2.93	2.82	2.85	2.85	121.5
		30°	38.14	38.20	2.95	2.85	2.85	2.85	121.5
8#10MPa (376)	0	15°		38.24	2.97	2.82	2.97	2.97	120.5
		22.5°	38.00	38.20	2.97	2.82	2.82	2.82	120.5
		30°	38.00	38.24	2.82	2.82	2.82	2.82	120.5
	1~100	15°		38.50	2.82	2.82	2.82	2.82	120.5
		22.5°	37.98	38.24	2.97	2.82	2.97	2.82	120.5
		30°	37.96	38.24	2.82	2.68	2.82	2.82	120.5
	101~200	15°		38.50	2.82	2.68	2.82	2.82	121
		22.5°	37.98	38.24	2.97	2.82	2.97	2.82	121
		30°	37.94	38.24	2.82	2.68	2.82	2.82	120.5
	201~300	15°		38.74	2.97	2.82	2.97	2.97	121
		22.5°	37.96	38.24	2.97	2.82	2.97	2.97	121
		30°	37.94	38.24	2.97	2.68	2.97	2.82	120.5
	301~376	15°		38.86	2.82	2.68	2.82	2.97	121.5
		22.5°	37.96	38.26	2.82	2.68	2.97	2.82	121
		30°	37.94	38.24	2.97	2.68	2.97	2.82	120.5
9#20MPa (308)	0	15°		38.40	3.00	2.85	2.85	3.00	121
		22.5°	38.04	38.44	3.00	2.85	2.85	3.00	121
		30°	38.04	38.52	2.85	2.70	3.00	3.00	121
	1~50	15°		38.74	2.85	2.85	2.85	3.00	122
		22.5°	38.00	38.40	3.00	2.85	2.85	3.00	121
		30°	37.98	38.28	2.85	2.70	3.00	3.00	121
	51~100	15°		38.70	2.85	2.85	2.85	3.00	122
		22.5°	38.00	38.48	3.00	2.85	2.85	3.00	121
		30°	37.96	38.28	3.00	2.70	3.00	3.00	121
	101~150	15°		39.40	2.85	2.85	2.70	3.00	123
		22.5°	38.00	38.48	3.00	2.85	2.85	3.00	121
		30°	37.96	38.26	3.00	2.70	3.00	3.00	121
	151~200	15°		39.62	2.70	2.85	2.70	2.85	123.5
		22.5°	37.98	38.48	3.00	2.85	2.85	3.00	121
		30°	37.96	38.26	3.00	2.70	3.00	3.00	121

续表

分类	循环次数	测量位置	直径/mm		厚度/mm				周长/mm
			A	B	1	2	3	4	
9#20MPa (308)	201~250	15°		39.74	2.70	2.85	2.70	2.85	124
		22.5°	37.96	38.50	3.00	2.85	2.85	3.00	121
		30°	37.96	38.28	3.00	2.70	3.00	3.00	121
	251~300	15°		39.92	2.70	2.85	2.70	2.85	124
		22.5°	37.96	38.50	3.00	2.85	2.85	2.85	121
		30°	37.94	38.26	3.00	2.70	3.00	3.00	121
	301~308	15°		39.96	2.43	2.70	2.70	2.85	124.5
		22.5°	37.96	38.54	3.00	2.85	2.85	2.85	121
		30°	37.90	38.40	3.00	2.70	2.90	3.00	121
10#30MPa (148)	0	15°		38.24	3.00	2.70	3.00	3.00	121
		22.5°	38.08	38.34	3.14	2.70	3.00	2.85	121
		30°	38.36	39.00	3.14	2.70	3.00	2.85	121
	1~25	15°		39.08	3.00	2.70	2.85	2.85	121.5
		22.5°	38.06	38.34	3.14	2.70	3.00	2.85	121
		30°	38.24	38.52	3.14	2.70	3.00	2.85	121
	26~50	15°		39.80	2.85	2.70	2.85	2.85	122.5
		22.5°	37.94	38.60	3.14	2.70	2.95	2.85	121
		30°	38.14	38.62	3.14	2.70	3.00	2.85	121
	51~75	15°		39.64	2.85	2.70	2.70	2.85	123.5
		22.5°	37.96	38.20	3.22	2.85	3.00	3.00	121
		30°	38.08	38.44	3.14	2.70	3.00	2.85	121
	76~100	15°		39.90	2.70	2.70	2.70	2.85	124
		22.5°	37.96	38.26	3.14	2.85	3.00	2.95	121
		30°	38.04	38.42	3.14	2.70	3.00	2.85	121
	101~125	15°		40.14	2.70	2.70	2.70	2.85	125
		22.5°	37.96	38.24	3.14	2.85	3.00	2.95	121
		30°	38.04	38.44	3.14	2.85	3.00	2.85	121
	126~148	15°		40.58	2.43	2.70	2.50	2.85	127
		22.5°	37.96	38.22	3.14	2.85	3.00	2.95	121.5
		30°	38.04	38.38	3.14	2.85	3.00	2.85	121

下面将介绍实验时的载荷—位移图、载荷—时间图、位移—时间图及断裂位置图：

（1）0MPa 实验的载荷—位移图、载荷—时间图、位移—时间图及断裂位置图。由图 4.3、图 4.4 可知，在位移控制实验中管受到的载荷明显下降，且在同一位置来、回运行时，载荷大小由相同变为不同。

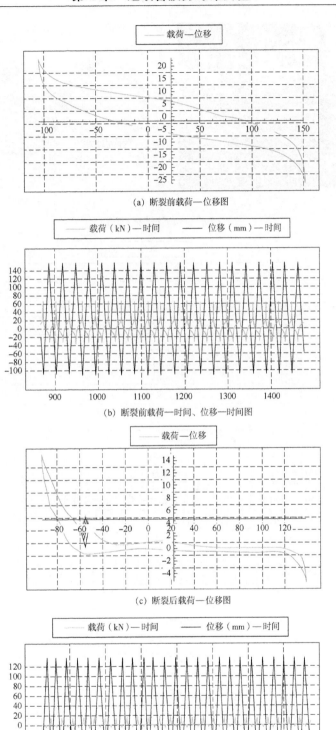

(a) 断裂前载荷—位移图

(b) 断裂前载荷—时间、位移—时间图

(c) 断裂后载荷—位移图

(d) 断裂后载荷—时间、位移—时间图

图 4.3　4#管结果

(e)

图 4.3　4#管结果(续)

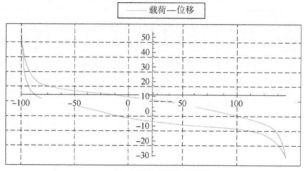

(a) 断裂前载荷—位移图

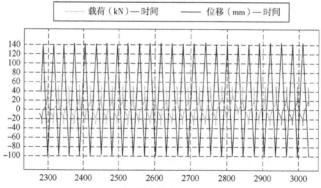

(b) 断裂前载荷—时间、位移—时间图

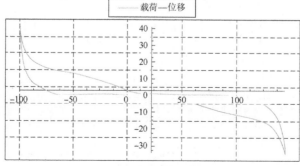

(c) 断裂后载荷—位移图

图 4.4　5#管结果

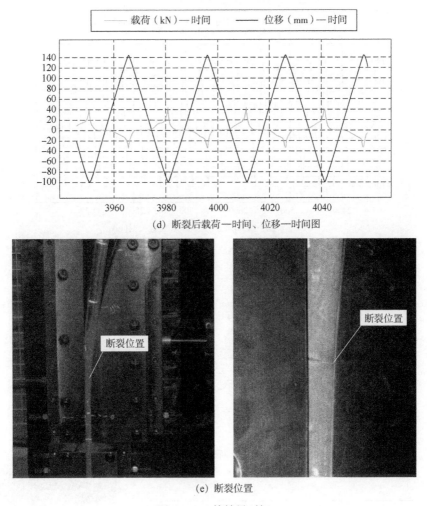

(d) 断裂后载荷—时间、位移—时间图

(e) 断裂位置

图 4.4　5#管结果(续)

（2）10MPa 实验的载荷—位移图、载荷—时间图、位移—时间图及断裂位置图。由图
4.5、图 4.6 和图 4.7 可知，在位移控制实验中管受到的载荷明显下降，位移的中间位置载
荷下降最大，且在同一位置来、回运行时，载荷大小由相同变为不同。

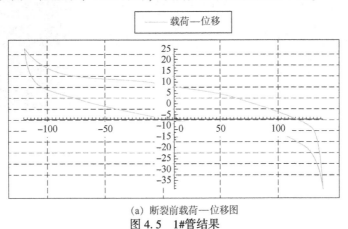

(a) 断裂前载荷—位移图

图 4.5　1#管结果

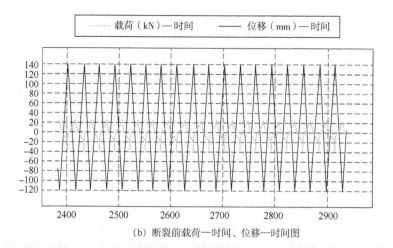

(b) 断裂前载荷—时间、位移—时间图

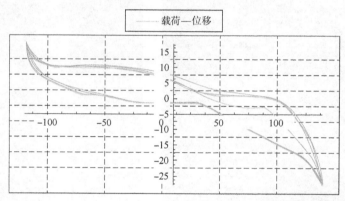

(c) 断裂后载荷—位移图

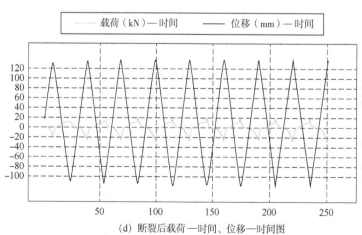

(d) 断裂后载荷—时间、位移—时间图

(e) 断裂位置

图 4.5 1#管结果(续)

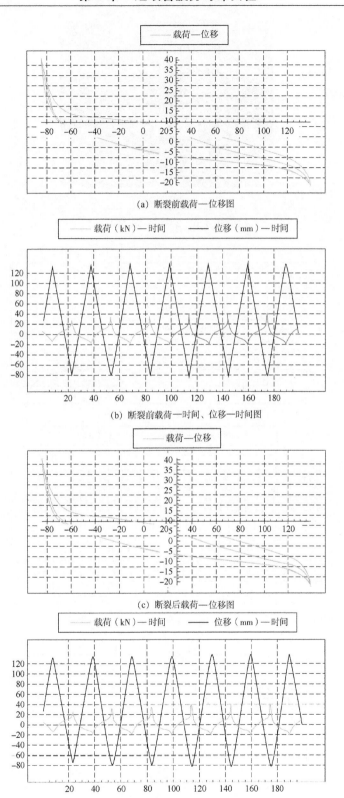

(a) 断裂前载荷—位移图

(b) 断裂前载荷—时间、位移—时间图

(c) 断裂后载荷—位移图

(d) 断裂后载荷—时间、位移—时间图

图 4.6　2#管结果

(e) 裂纹位置

图 4.6　2#管结果(续)

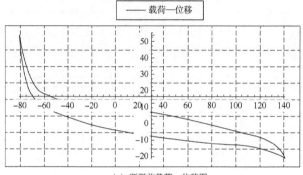

(a) 断裂前载荷—位移图

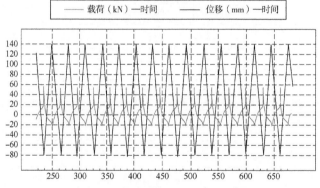

(b) 断裂前载荷—时间、位移—时间图

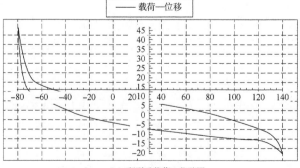

(c) 断裂后载荷—位移图

图 4.7　8#管结果

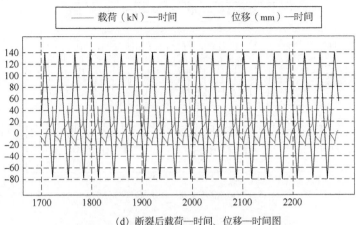

(d) 断裂后载荷—时间、位移—时间图

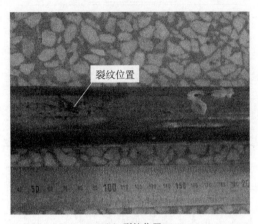

(e) 裂纹位置

图 4.7　8#管结果(续)

（3）20MPa 实验的载荷—位移图、载荷—时间图、位移—时间图及断裂位置图。由图 4.8、图 4.9 可知，在位移控制实验中管受到的载荷有所下降，平均位移处载荷由对称变为不对称。

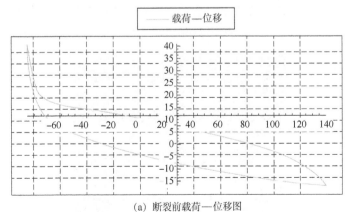

(a) 断裂前载荷—位移图

图 4.8　6#管结果

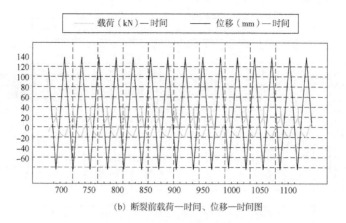

(b) 断裂前载荷—时间、位移—时间图

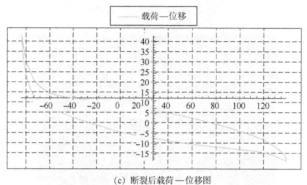

(c) 断裂后载荷—位移图

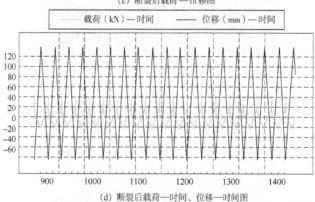

(d) 断裂后载荷—时间、位移—时间图

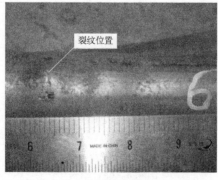

(e) 裂纹位置

图 4.8 6#管结果(续)

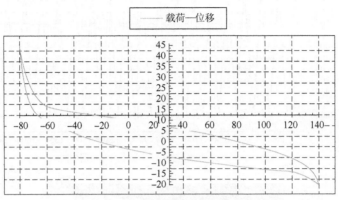

(a) 断裂前载荷—位移图

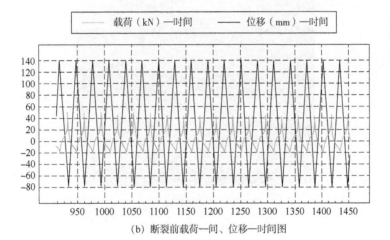

(b) 断裂前载荷—间、位移—时间图

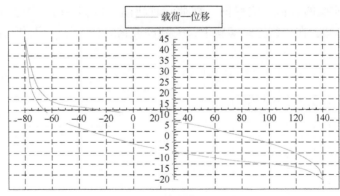

(c) 断裂后载荷—位移图

图 4.9　9#管结果

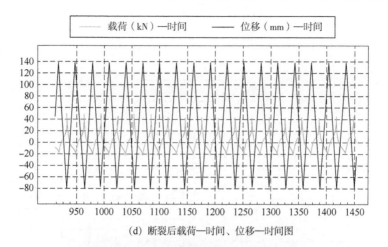

(d) 断裂后载荷—时间、位移—时间图

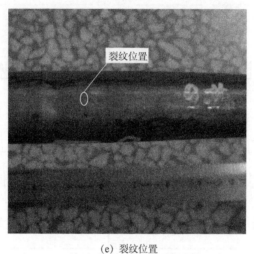

(e) 裂纹位置

图 4.9　9#管结果(续)

（4）30MPa 实验的载荷—位移图、载荷—时间图、位移—时间图及断裂位置图。由图 4.10、图 4.11 可知，在位移控制实验中管受到的载荷有所下降，平均位移处载荷一直保持对称。

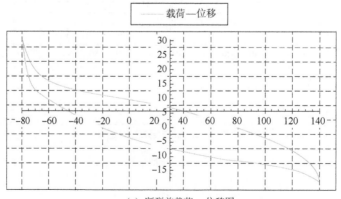

(a) 断裂前载荷—位移图

图 4.10　3#管结果

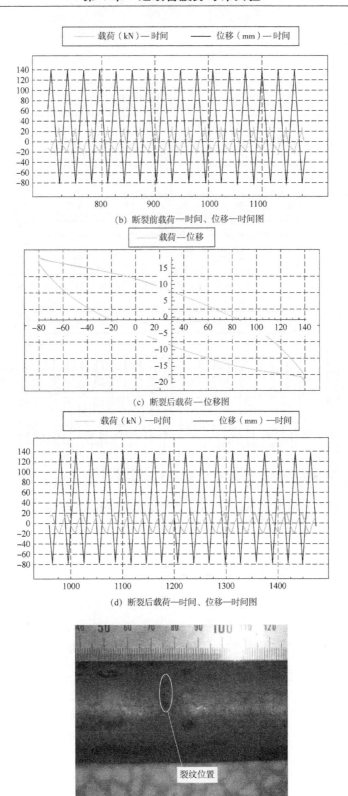

(b) 断裂前载荷—时间、位移—时间图

(c) 断裂后载荷—位移图

(d) 断裂后载荷—时间、位移—时间图

(e) 裂纹位置

图 4.10 3#管结果(续)

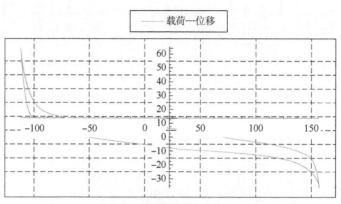

(a) 断裂前载荷—位移图

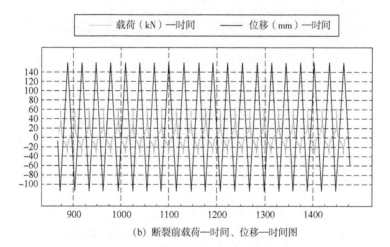

(b) 断裂前载荷—时间、位移—时间图

(c) 断裂后载荷—位移图

图 4.11　10#管结果

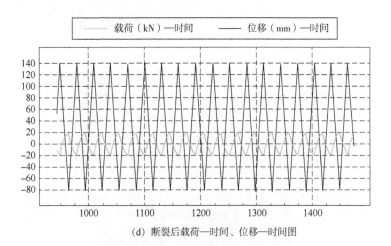

(d) 断裂后载荷—时间、位移—时间图

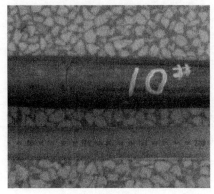

(e) 裂纹位置

图 4.11　10#管结果(续)

(5)40MPa 实验的载荷—位移图、载荷—时间图、位移—时间图及断裂位置图。由图 4.12 可知，在位移控制实验中管受到的载荷基本不变。

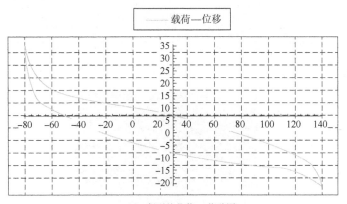

(a) 断裂前载荷—位移图

图 4.12　7#管结果

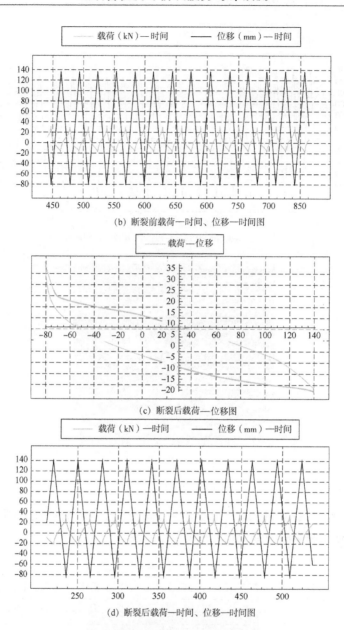

(b) 断裂前载荷—时间、位移—时间图

(c) 断裂后载荷—位移图

(d) 断裂后载荷—时间、位移—时间图

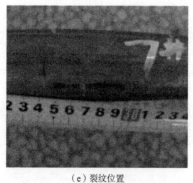

(e) 裂纹位置

图 4.12　7#管结果(续)

4.3.2　实验结果分析

4.3.2.1　连续管循环次数与内压关系

内压是影响连续管疲劳寿命的主要因素之一，如图 4.13 所示。

对获得的实验数据分别以直线、指数、多项式等方式进行回归，相关性最高的是指数回归，如图 4.13 所示。

$$y = 1062.4e^{-0.0648x} \qquad (4.1)$$

$$R^2 = 0.9428$$

连续管的疲劳寿命(循环次数)随着内压的增大而呈指数降低。

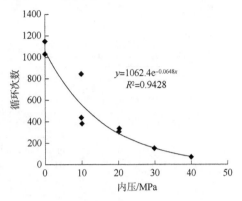

图 4.13　连续管循环次数-内压关系图

4.3.2.2　连续管循环次数与涨径关系

从图 4.14(a)可知，0MPa 时，直至断裂 15°、22.5°、30°处周长均无变化；从图 4.14(b)~4.14(e)可知，10MPa、20MPa、30MPa、40MPa 时，22.5°、30°处周长均无变化，15°处随着循环次数的增加涨径逐渐明显；从图 4.14(f)可知，内压越大，涨径幅度越大，10MPa、20MPa、30MPa、40MPa 涨径分别为 1.7%、3.3%、5.0%、5.8%。由此可知，有内压时，连续管循环次数与涨径关系密切，涨径可作为连续管可靠性评估的指标之一。

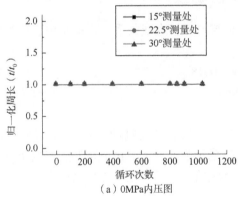

（a）0MPa内压图

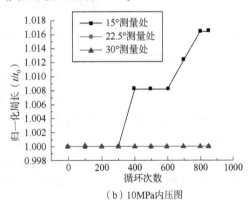

（b）10MPa内压图

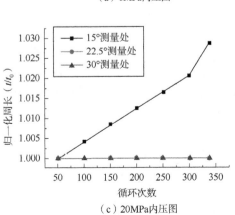

（c）20MPa内压图

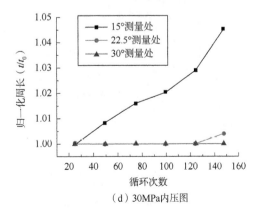

（d）30MPa内压图

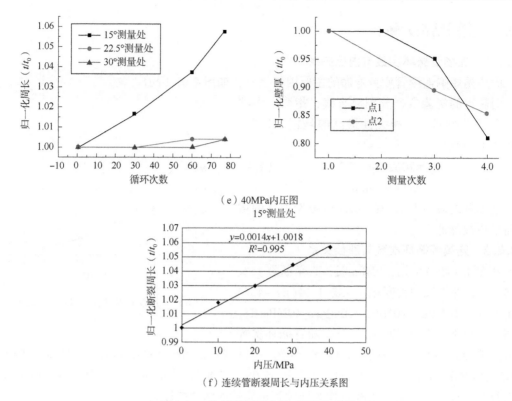

（e）40MPa内压图
15°测量处

（f）连续管断裂周长与内压关系图

图4.14　连续管循环次数-涨径关系图

通过回归发现，在15°测量处，连续管的断裂周长与内压呈直线关系，也就是说，随着内压的增大，连续管的直径线性增大。

$$y = 0.0014x + 1.0018 \tag{4.2}$$
$$R^2 = 0.995$$

4.3.2.3　连续管循环次数与椭圆度关系

由图4.15可知，10MPa、20MPa、30MPa、40MPa时，15°测量处连续管的椭圆度随着循环次数的增加而变大。断裂时，椭圆度随着内压的增加而变大。由此可知，有内压时，连续管循环次数与椭圆度关系密切，椭圆度可作为连续管可靠性评估的指标之一。

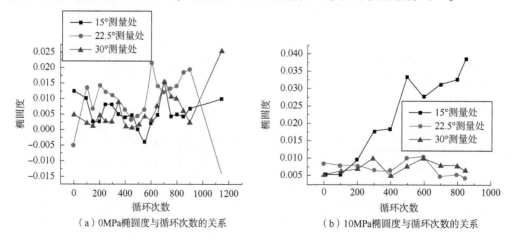

（a）0MPa椭圆度与循环次数的关系　　　　（b）10MPa椭圆度与循环次数的关系

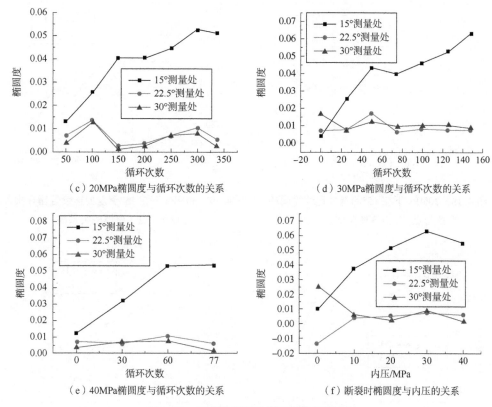

图 4.15　连续管循环次数-椭圆度关系图

4.3.2.4　连续管循环次数与壁厚关系

由图 4.16 可知，0MPa 在 15°测量处连续管循环次数与点 1、点 3 壁厚没有固定规律。由图 4.17~图 4.20 可知，有内压时，连续管点 1、点 3 壁厚在 15°测量处随着循环次数增加壁厚减薄。由图 4.21 可知，在 15°测量处连续管点 1、点 3 壁厚随着内压的增加而减小。由此可知，有内压时连续管循环次数与点 1、点 3 壁厚关系密切，点 1、点 3 壁厚可作为连续管可靠性评估的指标之一。

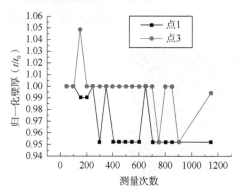

图 4.16　0MPa 下在 15°测量处连续管循环
次数与点 1、点 3 壁厚的关系图

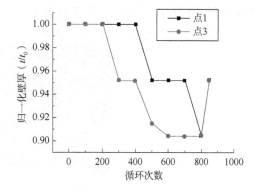

图 4.17　10MPa 下在 15°测量处连续管循环
次数与点 1、点 3 壁厚的关系图

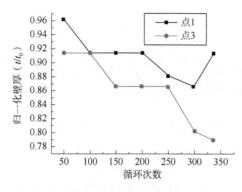

图 4.18　20MPa 下在 15°测量处连续管循环次数与点 1、点 3 壁厚的关系图

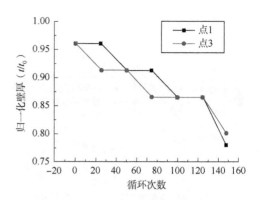

图 4.19　30MPa 下在 15°测量处连续管循环次数与点 1、点 3 壁厚的关系图

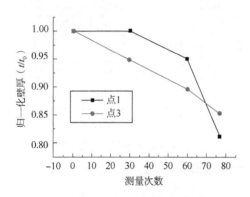

图 4.20　40MPa 下在 15°测量处连续管循环次数与点 1、点 3 壁厚的关系图

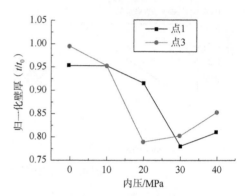

图 4.21　在 15°测量处连续管点 1、点 3 壁厚与内压的关系图

4.3.2.5　连续管裂纹位置

所做的 10 根管子，除去操作失误撞坏的那根，当管内有内压时，管子在靠近疲劳实验装置的矫直模板和弯曲模板产生鼓泡(图 4.22)，断裂位置距弯曲模板弯曲的起始点在 195~438mm 间，且有内压的连续管断裂集中发生在 290mm 处；在 220~390mm 间，连续管出现涨径，裂纹也从鼓泡处开始萌生(图 4.23)。

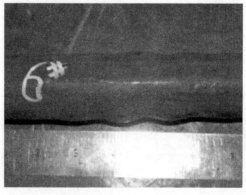

图 4.22　连续管鼓泡图

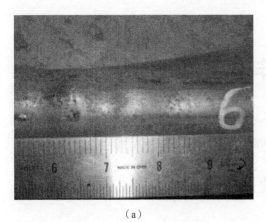 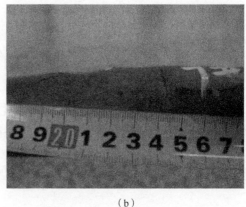

（a）　　　　　　　　　　　　　　　　　　（b）

图 4.23　连续管鼓泡处裂纹图

4.4　小结

从实物实验可以得出如下结论：

（1）连续管的疲劳寿命（循环次数）随着内压的增大而呈指数趋势降低。

（2）内压为 10MPa、20MPa、30MPa、40MPa 时，15°测量处的涨径随着循环次数的增加而呈直线增大。

（3）10MPa、20MPa、30MPa、40MPa 时，15°测量处连续管的椭圆度随着循环次数的增加而变大。

（4）10MPa、20MPa、30MPa、40MPa 时，连续管点 1、点 3 壁厚在 15°测量处随着循环次数增加壁厚减薄。

（5）管子在靠近疲劳实验装置的矫直模板和弯曲模板产生鼓泡，裂纹也从鼓泡处开始萌生。

第5章　连续管作业管柱力学分析

要准确预测连续管的疲劳寿命，就必须先搞清楚连续管在不同工况条件下的受力情况或所承受的载荷情况。本章主要介绍连续管在测试、酸化压裂等作业条件下的受力分析。

5.1　实钻井眼轨迹描述与测斜数据处理

5.1.1　实钻井眼轨迹描述

已钻井眼轨迹采用空间斜平面法来描述。设空间任意两点(A，B)的测深、井斜角和方位角分别是(L_A、α_A、ϕ_A)和(L_B、α_B、ϕ_B)，假设 A、B 两点是空间斜平面的一条圆弧。以 A 点为坐标原点，正北为 x 轴，正东为 y 轴，垂直向下为 z 轴。根据已知条件，A 点和 B 点切线方向向量分别为：

$$\vec{S}_1 = \{ \sin\alpha_A\cos\phi_A, \quad \sin\alpha_A\sin\phi_A, \quad \cos\alpha_A \} \tag{5.1}$$

$$\vec{S}_2 = \{ \sin\alpha_B\cos\phi_B, \quad \sin\alpha_B\sin\phi_B, \quad \cos\alpha_B \} \tag{5.2}$$

空间斜平面的法线矢量为：

$$| \sin\alpha_B\cos\phi_B \quad \sin\alpha_B\sin\phi_A \quad \cos\phi_B | \tag{5.3}$$

直线 AB 的方向数分别为：

$$
\begin{aligned}
x_B &= \sin\left(\frac{\alpha_A + \alpha_B}{2}\right)\cos\left(\frac{\phi_A + \phi_B}{2}\right) \\
y_B &= \sin\left(\frac{\alpha_A + \alpha_B}{2}\right)\sin\left(\frac{\phi_A + \phi_B}{2}\right) \\
z_B &= \cos\left(\frac{\alpha_A + \alpha_B}{2}\right)
\end{aligned}
\tag{5.4}
$$

向量 AB 和 z 轴所确定的铅垂平面，其法向矢量为：

$$| x_B \quad y_B \quad z_B | \tag{5.5}$$

铅垂面和斜平面之间的夹角 q 为：

$$| n_R | \cdot | n_P | \tag{5.6}$$

根据以上关系即可把空间斜平面内的力进行分解，力学分析可在空间斜平面和垂直面内分别进行，然后按矢量合成的方法求解。

5.1.2　测斜数据处理

测斜数据的预处理是计算与分析实钻管柱摩阻分析的一个重要方面，因为：

(1)测斜时，钻柱轴线与井眼轴线不重合。

测斜工具所测得的井斜数据有时并不是井眼的真实井斜，而是随着测井工具所处的钻具的轴线与真实井眼轴线之间的夹角变化而出现波动。

（2）下部钻具组合的变形。

在随钻测量中，下部钻具组合受压而产生变形，从而导致钻柱轴线与井眼轴线偏离。尽管测斜工具先进，此时测得的数据仍是不准确的。另外，起钻过程中，由于下部钻具组合刚度大，在不规则井段容易产生弯曲变形，从而导致测斜误差的产生。

（3）人为因素所产生的误差（如记录误差），以及仪器误差等，将导致测斜数据的偏差。

对于实钻井眼应该是一条相对光滑、连续的曲线。但由于以上因素的影响，使得测斜数据并不是所想象的那样平滑。

根据测斜数据误差来源，以及实钻井眼的连续性，本书采用五点滤波法分析处理测斜数据。假设测斜数据的系列为：

井深：$H(1)$，$H(2)$，$\cdots$，$H(i)$，$\cdots$，$H(n)$；

井斜：$\alpha(1)$，$\alpha(2)$，$\cdots$，$\alpha(i)$，$\cdots$，$\alpha(n)$；

方位角：$\phi(1)$，$\phi(2)$，$\cdots$，$\phi(i)$，$\cdots$，$\phi(n)$

对井斜和方位分别采用五点滤波法：

$$\alpha'_{(i)} = \alpha_1\alpha(i-2) + \alpha_2\alpha(i-1) + \alpha_3\alpha(i) + \alpha_4\alpha(i+1) + \alpha_5\alpha(i+2) \tag{5.7}$$

$$\phi'_{(i)} = \alpha_1\phi(i-2) + \alpha_2\phi(i-1) + \alpha_3\phi(i) + \alpha_4\phi(i+1) + \alpha_5\phi(i+2) \tag{5.8}$$

其中，α_1、α_2、α_3、α_4、α_5 为权重，$\alpha_1+\alpha_2+\alpha_3+\alpha_4+\alpha_5 = 1$。

一般可取：

$\alpha_1 = \alpha_5 = 0.1$

$\alpha_2 = \alpha_4 = 0.15$

$\alpha_3 = 0.5$

进行相关处理后可得到一组新测斜数据系列：

井深：$H(1)$，$H(2)$，$\cdots$，$H(i)$，$\cdots$，$H(n)$；

井斜：$\alpha'(1)$，$\alpha'(2)$，$\cdots$，$\alpha'(i)$，$\cdots$，$\alpha'(n)$；

方位角：$\phi'(1)$，$\phi'(2)$，$\cdots$，$\phi'(i)$，$\cdots$，$\phi'(n)$。

根据处理后的测斜数据就可以描述井眼轨迹。

5.2　连续管屈曲与受力分析

5.2.1　受力分析模型的建立

5.2.1.1　管柱三维刚杆模型

（1）基本假设条件。

① 管柱与井壁连续接触，管柱轴线与井眼轴线一致。

② 井壁为刚性。

③ 管柱单元体所受重力、正压力、摩阻力均匀分布。

④ 计算单元体为空间斜平面上的一段圆弧。

（2）模型建立与求解。

在井眼轴线坐标系上任取一弧长为 ds 的微元体 AB，并对其进行受力分析，以 A 点为始点，其轴线坐标为 s，B 点为终点，其轴线坐标为 s+ds，此单元体的受力如图 5.1 所示。

曲线坐标 S 处（A 点）的集中为 $\vec{F}(s)$ 为：

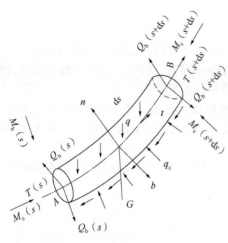

图 5.1 微元段管柱受力分析图

$$\vec{F}(s) = \begin{bmatrix} -T(s) & Q_n(s) & Q_b(s) \end{bmatrix} \begin{bmatrix} \vec{t}(s) \\ \vec{n}(s) \\ \vec{b}(s) \end{bmatrix} \tag{5.9}$$

微元段 $s+ds$ 处（B 点）的集中力 $\vec{F}(s+ds)$ 为：

$$\vec{F}(s + ds) = \begin{bmatrix} T(s + dT) & -(Q_n + dQ_n) & - \end{bmatrix}$$
$$(Q_b + dQ_b) \end{bmatrix} \cdot \begin{bmatrix} \vec{t}(s) + d\vec{t} \\ \vec{n}(s) + d\vec{n} \\ \vec{b}(s) + d\vec{s} \end{bmatrix} \tag{5.10}$$

微元段 ds 上的均布接触力 $\vec{q}_c(s)$ 为：

$$\vec{q}_c(s) = \begin{pmatrix} \pm\mu_a N & N_n & N_b \end{pmatrix} \begin{bmatrix} \vec{t}(s) \\ \vec{n}(s) \\ \vec{b}(s) \end{bmatrix} \tag{5.11}$$

单位长度管柱浮重 $\vec{W}_p$ 为：

$$\vec{W}_p = q_m \cdot K_f \tag{5.12}$$

式中　K_f——浮力系数，即 $K_f = 1 - \gamma_m/\gamma_s$；

　　　　γ_m——钻井液密度；

　　　　γ_s——管柱材料密度。

由微元段 ds 的受力平衡条件，即：

$$\vec{F}(s) + \vec{F}(s) + ds + \vec{q}_c ds + \vec{W}_p ds = 0 \tag{5.13}$$

并将式(5.9)~式(5.12)代入式(5.13)，略去微量的乘积得：

$$- T\vec{t} + Q_n \vec{n} Q_b \vec{b} + T\vec{t} + dT\vec{t} - Q_n \vec{n} - dQ_n \vec{n} - Q_b \vec{b}$$
$$+ dQ\vec{b} \pm \mu N \vec{t} ds + N \vec{n} ds + N_b ds \vec{b} + \vec{q}_m k_j ds = 0$$

化简整理可得：

$$\frac{dT}{ds}\vec{t} - \frac{dQ_n}{ds}\vec{n} - \frac{dQ_b}{ds}\vec{b} \pm \mu_a N \vec{t} + N_n \vec{n} + N_b \vec{b} + \vec{q}_m K_f = 0 \tag{5.14}$$

根据式(5.14)结合弗朗内—塞雷公式：

$$\frac{d}{ds}\begin{pmatrix} \vec{t} \\ \vec{b} \\ \vec{n} \end{pmatrix} = \begin{pmatrix} 0 & K & 0 \\ -K & 0 & -\tau \\ 0 & \tau & 0 \end{pmatrix} \begin{pmatrix} \vec{t} \\ \vec{b} \\ \vec{n} \end{pmatrix}$$

并将力向主、副法线和切线方向轴上投影可得：

$$\begin{cases} \dfrac{dT}{ds} + KQ_n \pm \mu_a N - q_m K_f \cos\alpha = 0 \\[2mm] -\dfrac{dQ_n}{ds} + K \cdot T + \tau \cdot Q_b + N_n - q_m K_f \cos\alpha \dfrac{K_a}{K} = 0 \\[2mm] -\dfrac{dQ_b}{ds} - Q_n \cdot \tau + N_b - q_m K_f \sin^2\alpha \dfrac{K_\phi}{K} = 0 \end{cases} \tag{5.15}$$

现有微元段上的力矩平衡，可得：

$$\begin{cases} \dfrac{\mathrm{d}M_\mathrm{t}}{\mathrm{d}s} = \mu_\mathrm{t} \cdot R \cdot N \\[2mm] \dfrac{\mathrm{d}M_\mathrm{b}}{\mathrm{d}s} = Q_\mathrm{n} \\[2mm] K \cdot M_\mathrm{b} + \tau \cdot M_\mathrm{t} = Q_\mathrm{b} \\[2mm] \qquad N^2 = N_\mathrm{n}^2 + N_\mathrm{b}^2 \end{cases} \tag{5.16}$$

式中　Q_n、Q_b——曲线坐标 S 处的主法线和副法线方向的剪切力，N；

　　　N_n、N_b——主法线和副法线方向的均布接触力，N；

　　　R——管柱外半径，m；

　　　μ_a——轴向摩阻系数，提管柱时取"+"号，下管柱时取"-"号；

　　　μ_t——周向摩阻系数。

将式(5.16)代入式(5.15)，并整理可得大位移井全刚度管柱摩阻计算模式：

$$\begin{cases} \dfrac{\mathrm{d}T}{\mathrm{d}s} + K\dfrac{\mathrm{d}M_\mathrm{b}}{\mathrm{d}s} \pm \mu_\mathrm{a}N - q_\mathrm{m}K_\mathrm{f}\cos\alpha = 0 \\[2mm] \dfrac{\mathrm{d}M_\mathrm{t}}{\mathrm{d}s} = \mu_\mathrm{t}RN \\[2mm] -\dfrac{\mathrm{d}^2 M_\mathrm{b}}{\mathrm{d}s^2} + KT + \tau(KM_\mathrm{b} + \tau M_\mathrm{t}) + N_\mathrm{n} - q_\mathrm{m}K_\mathrm{f}\cos\alpha\dfrac{K_\mathrm{a}}{K} = 0 \\[2mm] -\dfrac{\mathrm{d}(KM_\mathrm{b} + \tau M_\mathrm{t})}{\mathrm{d}s} - \tau\dfrac{\mathrm{d}M_\mathrm{b}}{\mathrm{d}s} + N_\mathrm{b} - q_\mathrm{m}K_\mathrm{f}\sin^2\alpha\dfrac{K_\phi}{K} = 0 \\[2mm] N^2 = N_\mathrm{n}^2 + N_\mathrm{n}^2 \end{cases} \tag{5.17}$$

式中，

$$K = \left| \frac{\mathrm{d}^2 \vec{r}}{\mathrm{d}s^2} \right| = \sqrt{K_\mathrm{a}^2 + K_\phi^2 \sin^2\alpha}$$

$$K_\alpha = \frac{\mathrm{d}\alpha}{\mathrm{d}s}$$

$$K_\phi = \frac{\mathrm{d}\phi}{\mathrm{d}s}$$

$$K_\mathrm{f} = 1 - \frac{\gamma_\mathrm{m}}{\gamma_\mathrm{s}}$$

式中　K_a——井斜曲率，rad/m；

　　　K_α——井斜变化率，rad/m；

　　　K_ϕ——方位变化率，rad/m；

　　　t——井眼挠率，rad/m；

　　　q_m——管柱单位长度重量，N/m；

　　　M_b——管柱微段上的内弯矩，N；

　　　M_t——管柱所受扭矩，N·m；

　　　$\mathrm{d}T$——管柱轴向力增量，N；

T——微元段上的轴向力，N；

α——井斜角，rad；

m——摩阻系数。

如前所述，本书认为井眼轴线相邻两测点为空间斜平面上的一段圆弧，井眼挠率始终位于密切面内，由密切面定义可知：

$$t = 0$$

则式(5.17)变为：

$$
\begin{cases}
\dfrac{\mathrm{d}T}{\mathrm{d}s} + K\dfrac{\mathrm{d}M_b}{\mathrm{d}s} \pm \mu_\alpha N - q_m K_f \cos\alpha = 0 \\[2mm]
\dfrac{\mathrm{d}M_t}{\mathrm{d}s} = \mu_t R N \\[2mm]
\dfrac{\mathrm{d}^2 M_b}{\mathrm{d}s^2} + K \cdot T + N_n - q_m K_f \cos\alpha \dfrac{K_\alpha}{K} = 0 \\[2mm]
K\dfrac{\mathrm{d}M_b}{\mathrm{d}s} = N_b - q_m K_f \sin^2\alpha \dfrac{K_\phi}{K} = 0 \\[2mm]
N^2 = N_n^2 + N_b^2
\end{cases}
\tag{5.18}
$$

整理变形可得：

$$
\begin{cases}
\dfrac{\mathrm{d}T}{\mathrm{d}s} = q_m K_f \left(\sin^2\alpha \dfrac{K_\phi}{K} \right) + \cos\alpha \pm \mu_\alpha N - N_b \\[2mm]
\dfrac{\mathrm{d}M_t}{\mathrm{d}s} = \mu_t R N \\[2mm]
\dfrac{\mathrm{d}^2 M_b}{\mathrm{d}s^2} = KT + N_n - q_m K_f \cos\alpha \dfrac{K_\alpha}{K} \\[2mm]
K\dfrac{\mathrm{d}M_b}{\mathrm{d}s} = N_b - q_m K_f \sin^2\alpha \dfrac{K_\phi}{K} \\[2mm]
N^2 = N_n^2 + N_b^2
\end{cases}
\tag{5.19}
$$

式(5.19)为非线性方程组，本书采用解非线性方程组的拟牛顿迭代法进行迭代求解，首先应用有限差分中的差分公式：

$$
\begin{aligned}
\frac{\mathrm{d}T}{\mathrm{d}s} &= \frac{T(s+1) - T(s)}{h(s+1) - h(s)} \\[2mm]
\frac{\mathrm{d}M_t}{\mathrm{d}s} &= \frac{M_t(s+1) - M_t(s)}{h(s+1) - h(s)} \\[2mm]
\frac{\mathrm{d}M_b}{\mathrm{d}s} &= \frac{M_b(s+1) - M_b(s)}{h(s+1) - h(s)} \\[2mm]
\frac{\mathrm{d}M_b^2}{\mathrm{d}s^2} &= \frac{M_b(s+2) - 2M_b(s+2) + M_b(s)}{[h(s+1) - h(s)]^2} \\[2mm]
M_b(s) &= EIK(s) ;
\end{aligned}
\tag{5.20}
$$

式中　E——弹性杨氏模量，kN/m^2；

I——管柱惯性矩，m^4；

$H(s+1)-h(s)$——各段的段长，m。

把常微分方程离散化，求得 $T(s+1)$，$M_t(s+1)$，$M_b(s+1)$，$M_b(s+2)$，然后将其代入非线性方程组求解，得出主、副法线方向上的均布接触力后，即可计算出微元段内任意井深处的摩阻力 F_μ、摩擦扭矩 M_t，从井底逐段上推，就可以计算出井口的大钩载荷和扭矩。其公式为：

$$\begin{cases} F_u = \mu_\alpha \int_0^s |N| \mathrm{d}s \\ M_t = \mu_t \int_0^s R|N| \mathrm{d}s \\ \Delta T = \int_0^s q_m K_f \cos\alpha \mathrm{d}s \ \pm F_u \end{cases} \tag{5.21}$$

式中 F_u——微元段上的摩擦力，N。

"±"代表起下管柱工况，起管柱取"+"，下管柱取"－"，以后同。

具体工况分别为：

起、下管柱：

$$\Delta T = \int_0 q_m k_f \cos\alpha \mathrm{d}s \ \pm F_u \tag{5.22}$$

空转：

$$\begin{cases} T = \int_0^s q_m K_f \cos\alpha \mathrm{d}s \\ M_t = \mu_t R \int_0^s |N| \mathrm{d}s \end{cases} \tag{5.23}$$

应用边界条件，随钻井工况不同而不同，具体为：

起下管柱：

$$T|_{s=0} = 0, \ M_t = 0$$

空转：

$$T|_{s=0} = 0, \ M_t|_{s=0} = 0$$

5.2.1.2 管柱三维软杆模型

（1）基本假设。

① 计算单元段的井眼曲率是常数。

② 管柱接触井壁的上侧或下侧，其曲率与井眼的曲率相同。

③ 忽略管柱横截面上的剪切力。

④ 不考虑管柱刚度的影响（软件模型）。

在大位移钻井中，井眼曲率变化平缓，在起下钻和钻进作业中，在管柱的横截面上不会产生太大的剪切力，从而剪切力可以忽略；同时，对于小曲率井眼，忽略刚度的影响，在工程上可以得到足够的精度。

（2）摩阻/扭矩模型建立。

无论是设计井眼还是实钻井眼，按井斜的变化可分为增斜井段、稳斜井段和降斜井段，如果存在方位的变化，井眼就变成三维空间上的一条曲线，方位的变化同样会引起管柱轴向载荷的变化。本书综合考虑管柱在不同工况下，不同井段中的受力工况建立如下三维软杆计算模型：

$$F_i \cos \frac{\Delta\phi}{2} \cos \frac{\Delta\alpha}{2} = w_e \Delta L \sin\overline{\alpha} + F_\phi + F_G + F_{i-1} \cos \frac{\Delta\phi}{2} \cos \frac{\Delta\alpha}{2} \qquad (5.24)$$

$$T_{ni} = \eta\mu |N_i| + T_{i-1} \qquad (5.25)$$

$$N_\phi = F_i \sin \frac{\Delta\phi}{2} + F_{i-1} \sin \frac{\Delta\phi}{2} \qquad (5.26)$$

$$N_G = w_e \Delta L \cos\overline{\alpha} + F_i \cos \frac{\Delta\phi}{2} \sin \frac{\Delta\alpha}{2} + F_{i-1} \cos \frac{\Delta\phi}{2} \sin \frac{\Delta\alpha}{2} \qquad \alpha_i > \alpha_{i-1} \qquad (5.27)$$

$$N_G = F_i \cos \frac{\Delta\phi}{2} \sin \frac{\Delta\alpha}{2} + F_{i-1} \cos \frac{\Delta\phi}{2} \sin \frac{\Delta\alpha}{2} - w_e \Delta L \cos\overline{\alpha} \qquad \alpha_i < \alpha_{i-1} \qquad (5.28)$$

$$F_\phi = \pm\mu |N_\phi| \qquad (5.29)$$

$$F_G = \pm\mu |N_G| \qquad (5.30)$$

$$\overline{\alpha} = (\alpha_i + \alpha_{i-1})/2 \qquad (5.31)$$

$$\overline{\phi} = (\phi_i + \phi_{i-1})/2 \qquad (5.32)$$

$$\Delta\alpha = |\alpha_i - \alpha_{i-1}| \qquad (5.33)$$

$$\Delta\phi = \phi_i - \phi_{i-1} \qquad (5.34)$$

$$\vec{N_i} = \vec{N_\phi} + \vec{N_G} \qquad (5.35)$$

式中　　F_i——第 i 单元管柱上端面的轴向载荷；

T_{ni}——第 i 单元管柱上端面的扭矩；

w_e——管柱单位长度浮重；

ΔL——计算单元管柱长度；

α_i——第 i 单元段上端井斜角；

ϕ_i——第 i 单元段上端方位角；

μ——摩阻系数；

$\overline{\alpha}$——第 i 单元段的平均井斜角；

$\overline{\phi}$——第 i 单元段的平均方位角；

$\Delta\alpha$——第 i 单元段井斜角变化；

$\Delta\phi$——第 i 单元段方位变化；

N_G——由于井斜作用所产生的正压力；

N_ϕ——由于方位变化作用所产生的正压力；

N_i——第 i 单元所受的正压力。

注：管柱向上运动取"+"号，管柱向下运动取"-"号。

以上给出了三维井眼中的摩阻计算模型，在给出边界条件后，就可以计算出井口的轴向载荷和扭矩。

一般情况下，连续管不会转动，因此，重点是计算连续管在起下过程中井口的载荷及变形量。

5.2.1.3　摩擦系数的处理

在前面推导的公式组中，摩擦系数(μ)是一个非常重要的参数。摩擦系数的变化将会引起管柱轴向载荷的极大变化。因此，如何正确、合理地确定摩擦系数是摩阻分析中的一项重要内容。

在已有的文献资料中，对摩阻系数的处理大多采用速度分解法，因为管柱的运动可以分为轴向运动和周向运动，根据这两种速度的大小比例将摩阻系数沿轴向和周向进行分解。分解后的速度可以简单地表示为：

$$
\begin{cases}
\mu_{\alpha} = \dfrac{\mu v_{\alpha}}{\sqrt{v_{\alpha}^2 + v_{t}^2}} \\[4mm]
\mu_{t} = \dfrac{\mu v_{t}}{\sqrt{v_{\alpha}^2 + v_{t}^2}}
\end{cases}
\tag{5.36}
$$

式中　N——转盘转速，r/min；

　　　v_{α}——管柱的轴向速度，m/s；

　　　v_{t}——管柱的周向速度，m/s；

　　　μ_{α}——管柱轴向摩阻系数；

　　　μ_{t}——管柱周向摩阻系数；

　　　μ——摩阻系数。

对于摩阻系数的分解，主要是考虑到旋转管柱这种特殊工况，如果仅仅是起下管柱，对管柱与井壁之间的摩阻系数无须分解。另外，考虑到连续管一般是在套管内工作，摩阻系数为钢-钢摩擦，根据大量的现场实践，钢对钢的摩阻系数在 0.25 左右。

5.2.2　管柱屈曲与后屈曲分析

在管柱下入过程中，由于管柱本身的重力的影响和管柱与井壁摩擦的影响，使得管柱在受压时可能发生不同形式的弯曲，也称屈曲。

管柱的屈曲可以分为正弦屈曲和螺旋屈曲。如何求解不同形式屈曲的临界载荷计算公式是本章的重点之一。管柱屈曲后，由于受到井壁的限制，在一定程度上还将保持管柱的稳定性，当轴向压缩载荷达到管柱的屈服极限时，管柱将被破坏。屈曲的管柱很大程度上增加了管柱与井壁之间的接触力，从而使得摩阻增大。摩阻和管柱屈曲之间的关系，可以由图 5.2 来表示。研究管柱的屈曲临界载荷，以及管柱的后屈曲分析，是摩阻分析中的一项重要内容。

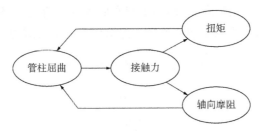

图 5.2　摩阻与管柱屈曲之间的关系图

5.2.2.1　管柱屈曲研究现状

美国专家鲁宾斯基(A·Lubinski)对井斜控制理论有重要的贡献,他在 20 世纪 50～60 年代发表的文章在石油钻井行业中有较大的影响。1950 年,鲁宾斯基提出了二次弯曲及多次弯曲理论。该理论认为:钻进时,下部钻柱的重量提供钻压。钻压较小时,下部钻柱保持直线稳定状态。当钻压增至所谓第一次临界钻压时,则下部钻柱丧失稳定而发生弯曲。当钻压增至第二次弯曲临界钻压时,便弯成两个半波,称为二次弯曲。当钻压继续增大时,还会发生三次以上的弯曲。他还给出了计算一次、二次临界钻压的公式:

$$P_1 = 2.04mq_m \tag{5.37}$$

$$P_2 = 4.05mq_m \tag{5.38}$$

式中　m——无因次单位长度;

　　　　q_m——钻柱在钻井液中的单位长重量。

该理论曾为我国石油界广泛应用。但是,这个理论的假设前提是在二维平面中。显然,这与实际钻柱在井筒中的情形是不一致的,实际钻柱处在三维空间中,后来鲁宾斯基也否定了两次及多次弯曲理论,进而被空间螺旋理论所代替。

事实上,连续管力学分析与钻柱的力学分析是一致的,所不同的是边界条件,对于钻柱而言,在钻柱底端是钻头,钻进过程中要承受钻压,对连续管而言,管柱底端是很小的浮力或管柱与封隔器间的作用力。

鲁宾斯基、爱尔仇斯(Altholse)、罗根(Logan)通过对垂直井中长管柱的弯曲进行分析,首次提出了空间螺旋理论。即认为钻柱在直井中的弯曲失稳,其弯曲形状是一条空间螺旋线。并且,给出了螺距 λ 与轴向压缩负荷 F 的关系式:

$$\lambda = \pi\left(\frac{8EI}{F}\right)^{\frac{1}{2}} \tag{5.39}$$

式中　λ——螺距,m;

　　　　E——杨氏模量,N/m²;

　　　　I——惯性矩,m⁴;

　　　　F——轴力,N。

由于二维弯曲理论的局限性,鲁宾斯基继而提出了空间螺旋理论。但是,他的空间螺旋理论忽略了重力的影响,鲁宾斯基的螺旋分析法认为:螺距 λ 在轴向载荷 F 一定的情况下是一个常数。但事实上并非如此,在油气井中,往往管柱都很长,它自身重量与轴向外载相比,是根本不能忽略的。换句话说,在大多数情况下,鲁宾斯基的螺旋弯曲的有关公式不是很精确的。因此 1986 年,一种更为精确的螺旋弯曲理论对鲁宾斯基的螺旋弯曲理论进行了修正,即考虑了管柱自身重力的影响。这个理论给出的螺距公式为:

$$\frac{2\pi}{\lambda} = a_0 + a_1 Z + a_2 Z^2 + a_3 Z^3 \tag{5.40}$$

$$a_0 = \left(\frac{F}{2EI}\right)^{\frac{1}{2}} \tag{5.41}$$

$$a_1 = \frac{a_0}{3L}\left[\frac{1}{2} + \frac{2}{3}a_0^2 L^2 - \left(6\frac{1}{4} + 2\frac{2}{3}a_0^2 L^2 + \frac{4}{9}a_0^4 L^4\right)^{\frac{1}{2}}\right] \tag{5.42}$$

$$a_2 = -\left(\frac{a_1}{2L} + \frac{3}{2}\frac{a_1^2}{a_0}\right) \tag{5.43}$$

$$a_3 = \left(\frac{a_0}{3L} + \frac{2}{3}a_1\right)a_0^2 \tag{5.44}$$

$$L = \frac{F}{W} \tag{5.45}$$

式中　Z——管柱沿轴向的坐标(自底端起);

　　　W——管柱单位重量,N/m;

　　　F——轴向载荷,N;

　　　E——杨氏模量,N/m^2。

前面提到的空间螺旋理论,以及鲁宾斯基等人的空间螺旋理论,都说明管柱在圆筒中的弯曲形状为空间螺旋曲线,但是这些理论都只是局限于研究管柱失稳性的弯曲形态。因此,只适合于管柱已经发生弯曲失稳后的情况,通过这两种螺旋弯曲理论可以计算弯曲管柱的螺距 λ、管柱曲率 c、弯曲管柱与井壁间的接触力和弯曲管柱的最大弯曲应力。

但是,管柱失稳前的状态对管柱的稳定性研究及实践工程尤为重要。这就是首次弯曲(初始弯曲)的有关理论。初始弯曲的有关理论认为:在载荷没有达到初始弯曲的临界载荷时,管柱处于稳定直线状态;超过初始弯曲的临界载荷时,管柱即发生初始弯曲;等于初始弯曲的临界载荷时,管柱处于临界失稳状态。初始弯曲的管柱其空间形状为空间螺旋线。

1964 年,帕斯勒和波格(Paslay and Bogy)对靠在倾斜圆孔低侧的圆杆的稳定性进行分析,提出了首次弯曲理论。它的分析法是弹性力学的变分原理,该分析法在管柱弯曲分析中被广泛引用。帕斯勒和波格的稳定性分析法,对于估算管柱的临界弯曲负荷有三方面的贡献:

(1) 给出了无重杆的临界弯曲载荷公式:

$$P_\alpha(n) = \frac{(1-\nu)^2}{(1+\nu)(1-2\nu)} \cdot EI\left(\frac{n\pi}{L}\right)^2 \tag{5.46}$$

当泊松比 $\nu = 0.3$,弯曲级数 $n = 1$ 时,非常相似于欧拉的压杆的临界负荷公式。这时,

$$P_\alpha = 0.943 EI\frac{\pi^2}{L^2} \tag{5.47}$$

欧拉的简支梁弯曲条件是:

$$P_\alpha = EI\frac{\pi^2}{L^2} \tag{5.48}$$

(2) 给出了水平井中管柱的临界压缩载荷公式:

$$P_\alpha(n) = (1-\nu)E_1 I\frac{\pi^2}{L^2}\left(n^2 + \frac{1}{n^2} \cdot \frac{L^4\rho Ag}{\pi^4 E_1 I_1 R_1}\right) \tag{5.49}$$

式中:

$$E_1 = \frac{(1-\nu)^2}{(1+\nu)(1-2\nu)} \cdot E$$

(3) 提出了斜直井中管柱的临界弯曲负荷的求解方法,这是一个矩阵的特征值求解问题。

1984 年，戴威逊和帕斯勒作了近似处理，用 $\sin\alpha$ 乘上单位长度系数，并假定 $(1-\nu)$ 近似为 1.0，即认为泊松比为零，进行变换，得出如下模型：

$$P_{cr} = \frac{EI\,\pi^2}{L^2}\left(n^2 + \frac{L^4\,W_e\sin\alpha}{n^2\,\pi^4 EIr}\right) \tag{5.50}$$

式中　n——L 长的管柱内发生弯曲级数（或弯曲次数）。

值得注意的是，长段管柱的弯曲并不是随着负荷的增加从开始的一次弯曲变为多次弯曲的。出现首次弯曲时，其弯曲次数往往不是 1($n>1$)。首次弯曲的弯曲级数 n 值，主要取决于管柱的长度。对于起因于特征值条件的管柱的初始弯曲是指 n 值使求得的临界弯曲负荷 P_{cr} 为最小的弯曲。

戴威逊对公式(5.46)进一步简化，消去 n 和 L 得到：

$$F_{cr} = 2\left(\frac{EI\rho Ag\sin\alpha}{r}\right)^{\frac{1}{2}} \tag{5.51}$$

这个公式对于长度大于 70m(200 多英尺)的管柱，可用来估算它的初始弯曲负荷。

1991 年，Schun 对式(5.51)分析指出，若把式中井壁与管柱外壁间径向间隙 r，用一个考虑了井眼弯曲影响的有效径向间隙 $(r-\Delta r)$ 代替，式(5.51)也可用于弯曲井段临界压力预测：

$$F_{cr} = 2\left(\frac{EI\,W_e\cdot\sin\alpha}{r-\Delta r}\right)^{0.5} \tag{5.52}$$

式中，

$$\Delta r = \frac{\pi^2 EIk\alpha}{F_{cr}} \tag{5.53}$$

1990 年，Chen 等人为了研究油管和套管在水平井中水平段的弯曲问题，进行了实验和理论分析。在他们的实验中，观察到水平受压杆件一次失稳为正弦形状，二次失稳则为螺旋形状。他们推导的大斜度斜直井内螺旋失稳临界压力公式为：

$$F_{hcr} = 2\sqrt{\frac{2\,W_e EI\cdot\sin\alpha}{r}} \tag{5.54}$$

1993 年，Wu. J 和 Juvkam. W 等人修正了式(5.54)，他们认为式(5.54)只是螺旋失稳过程的平均值，而不是临界最大值，因而式(5.55)更符合实际工况：

$$F_{cr} = 2\cdot(2\sqrt{2}-1)\,(EI\,W_e\cdot\sin\alpha/r)^{0.5} \tag{5.55}$$

1995 年，He. Xiao-Jun 和 Age. Kyllingstard 考虑到定向井中方位角的变化对临界压力的影响，用一个包括曲率影响的侧向接触力 F_{lnbc} 代替式 $W_e\sin\alpha$，推导 F_{cr} 的隐式：

$$F_{lnbc} = \sqrt{(W_e\sin\alpha + F_{cr}\cdot a_i)^2 + (F_{cr}\sin\alpha\cdot a_\phi)^2}$$

$$(F_{cr})^4 = \frac{(\beta EI)^2}{r^2}\{(W_e\cdot\sin\alpha + F_{cr}a_i)^2 + (F_{cr}\cdot\sin\alpha\cdot a_\phi)^2\} \tag{5.56}$$

式中　a_i——井斜变化率；

　　a_ϕ——方位变化率；

　　$\beta = 4$ 或 8。

本书在总结国内外学者研究的基础上，对已有公式的适用条件进行了探讨，同时采用管柱力学分析方法对管柱的临界弯曲载荷进行了计算，得出了相应的计算公式。并将理论计算的公式考虑到摩阻的分析与计算中，以改进现有的摩阻模型。

5.2.2.2　管柱临界屈曲载荷分析

5.2.2.2.1　水平井段临界屈曲载荷计算

在前面几节中主要介绍了管柱屈曲的基本理论及管柱的后屈曲变形，本节在前面推导的临界屈曲载荷的基础上，综合继承前人所做的理论研究，同时结合管柱在井眼中的受力和不同的边界条件、变形状况，分析计算管柱的弯曲载荷。

（1）基本假设。

由于管柱在井眼中的弯曲变形受到诸多因素的影响，在工程允许的情况下，需要对管柱及管柱的受力做必要的简化和假设。在研究管柱屈曲时，基本假设如下：

① 计算单元管柱除了受上下端的轴向压缩作用，同时还受到单元本身重力的影响。

② 计算单元管柱与井壁充分接触（包括正弦屈曲和螺旋屈曲）。

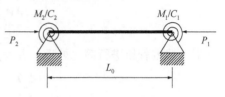

图 5.3　弹性铰支模型图

③ 计算单元管柱两端采用弹簧铰支等效法进行简化，如图 5.3 所示转角为弹性约束，在计算杆柱单元的两端代之以等效的弹簧，这比以前的纯铰支假设更加接近实际。

（2）水平井段临界载荷屈曲模型。

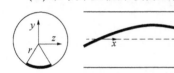

图 5.4　水平井段管柱屈曲模型图

如图 5.4 所示，躺在水平圆孔底边上的杆柱单元受压失稳后，由于自重作用仍将与圆孔侧壁保持接触，但偏离底边某一转角 $\theta(x)$，失稳后，杆柱轴线上某一点仍在半径为 r 的水平圆杆面上，其矢径为：

$$\vec{r} = x\,\vec{i} + r\sin\theta\,\vec{j} + r(1 - \cos\theta)\,\vec{k} \tag{5.57}$$

对于杆单元 $\mathrm{d}\vec{r}$ 有：

$$\mathrm{d}\vec{r} = \mathrm{d}x\left(\vec{i} + r\cos\frac{\mathrm{d}\theta}{\mathrm{d}x}\,\vec{j} + r\sin\theta\frac{\mathrm{d}\theta}{\mathrm{d}x}\,\vec{k}\right) \tag{5.58}$$

在杆单元作用有内力矢 $\vec{R}(x)$，$-\vec{R}(x + \mathrm{d}x)$；内力矩 $\vec{M}(x)$，$\vec{M}(x + \mathrm{d}x)$ 和分布的外力矢量为：

$$\vec{f}(x) = -N\sin\theta\,\vec{j} + (N\cos\theta - W_e)\,\vec{k} \tag{5.59}$$

式中　W_e——管柱单位长度上的重量，N/m；

　　　N——法向力（正压力）分布，N/m；

　　　r——径向间隙，m。

$$r = （井眼直径 - 管柱外径）/2$$

微元体的平衡方程为：

$$\frac{\mathrm{d}\vec{R}}{\mathrm{d}x} = \vec{f},\ \frac{\mathrm{d}\vec{M}}{\mathrm{d}x} = \vec{R}\frac{\mathrm{d}r}{\mathrm{d}x} \tag{5.60}$$

也即：

$$\begin{cases} \dfrac{\mathrm{d}R_x}{\mathrm{d}x} = 0 \\[2mm] \dfrac{\mathrm{d}R_y}{\mathrm{d}x} = -N\sin\theta \\[2mm] \dfrac{\mathrm{d}R_z}{\mathrm{d}x} = N\cos\theta - W_e \end{cases} \tag{5.61}$$

$$\begin{cases} \dfrac{\mathrm{d}M_x}{\mathrm{d}x} = r(R_g\sin\theta - R_z\cos\theta)\dfrac{\mathrm{d}\theta}{\mathrm{d}x} \\[2mm] \dfrac{\mathrm{d}M_y}{\mathrm{d}x} = R_g - R_x r\sin\theta\dfrac{\mathrm{d}\theta}{\mathrm{d}x} \\[2mm] \dfrac{\mathrm{d}M_z}{\mathrm{d}x} = R_x r\cos\theta\dfrac{\mathrm{d}\theta}{\mathrm{d}x} - R_y \end{cases} \tag{5.62}$$

对上述方程组进行简化处理，并考虑到 θ 为小变形可得：

$$\frac{\mathrm{d}^4\theta}{\mathrm{d}x^4} + \frac{F_0}{EI}\cdot\frac{\mathrm{d}^2\theta}{\mathrm{d}x^2} + \frac{W_e}{EIr}\theta = 0 \tag{5.63}$$

作进一步简化：

令：

$$W_0 = \left(\frac{W_e}{EIr}\right)^{\frac{1}{4}},\ \ \xi = W_0 x,\ \ \beta = \frac{1}{2}F_0\left(\frac{W_e EI}{r}\right)^{-\frac{1}{2}}$$

其中，F_0 为轴向压缩载荷。

可得到如下无因次化方程：

$$\frac{\mathrm{d}^4\theta}{\mathrm{d}\xi^4} + 2\beta\frac{\mathrm{d}^2\theta}{\mathrm{d}\xi^2} + \theta = 0 \tag{5.64}$$

容易求得相应的通解为：

$$\theta = \begin{cases} A_1\sin\omega_1\xi + A_2\cos\omega_1\xi + A_3\sin\omega_2\xi + A_4\cos\omega_2\xi & (\beta \neq 1) \\ A_1\sin\xi + A_2\cos\xi + A_3\sin\xi + A_4\cos\xi & (\beta = 1) \end{cases} \tag{5.65}$$

式中，

$$\omega_{12} = \left(\beta \pm \sqrt{\beta^2 - 1}\right)^{1/2}$$

根据基本假设在单元杆柱的两端有如下条件成立：

$$\begin{aligned} x = 0, &\quad \theta = 0, \quad \theta' = -M_1/C_1 \\ x = L, &\quad \theta = 0, \quad \theta' = M_2/C_2 \end{aligned} \tag{5.66}$$

式中 C_1、C_2 分别为杆单元两端的弹性约束系数，对于自由端或铰支端有 $C_1(C_2)\rightarrow\infty$，而对于固定端有 $C_1(C_2) = 1$。

由于 θ 为小变形，可以近似地认为：

$$M = -EIr\frac{\mathrm{d}^2\theta}{\mathrm{d}x^2} = -EIr\,W_0^2\frac{\mathrm{d}^2\theta}{\mathrm{d}\xi^2} \tag{5.67}$$

求二次导数可得：

$$\theta'' = -\omega_1^2 A_1\sin\omega_1\xi - \omega_1^2 A_2\cos\omega_1\xi - \omega_2^2 A_3\sin\omega_2\xi - \omega_2^2 A_4\cos\omega_2\xi \tag{5.68}$$

$$M_1(x = 0) = -EIr\,W_0^2\frac{\mathrm{d}^2\theta}{\mathrm{d}\,\xi^2}\bigg|_{\xi=0} \tag{5.69}$$

$$= EIr\,W_0^2(\omega_1^2\,A_2 + \omega_2^2\,A_4)$$

$$M_2(x = L) = -EIr\,W_0^2\frac{\mathrm{d}^2\theta}{\mathrm{d}\,\xi^2}\bigg|_{\xi-\xi_0-W_0L} \tag{5.70}$$

$$= EIr\,W_0^2(\omega_1^2\,A_1\sin\omega_1\,\xi_0 + \omega_1^2\,A_2\cos\omega_1\,\xi_0$$

$$+ \omega_2^2\,A_3\sin\omega_2\,\xi_0 + \omega_2^2\,A_4\sin\omega_2\,\xi_0)$$

将边界条件代入式(2-59)，可得线性齐次方程组：

$$\begin{bmatrix} 0 & 1 & 0 & 1 \\ \sin\omega_1\,\xi_0 & \cos\omega_1\xi & \sin\omega_2\,\xi_0 & \cos\omega_2\xi \\ \omega_1 & -\lambda_1\,\omega_1^2 & \omega_2 & -\lambda_1\,\omega_2^2 \\ \begin{array}{c}\omega_1\cos\omega_1\,\xi_0 - \\ \lambda_2\,\omega_1^2\sin\omega_1\,\xi_0\end{array} & \begin{array}{c}-\omega_1\sin\omega_1\,\xi_0 - \\ \lambda_2\,\omega_1^2\cos\omega_1\,\xi_0\end{array} & \begin{array}{c}\omega_2\cos\omega_2\,\xi_0 - \\ \lambda_2\,\omega_2^2\sin\omega_2\,\xi_0\end{array} & \begin{array}{c}-\omega_2\sin\omega_2\,\xi_0 - \\ \lambda_2\,\omega_2^2\cos\omega_2\,\xi_0\end{array} \end{bmatrix}\begin{bmatrix} A_1 \\ A_2 \\ A_3 \\ A_4 \end{bmatrix} = 0 \tag{5.71}$$

可以简写为：

$$C \cdot A = 0$$

式中，C 为系数矩阵

$$A = \begin{bmatrix} A_1, & A_2, & A_3, & A_4 \end{bmatrix}^{\mathrm{T}}$$

$$\lambda_1 = \frac{EIr\,W_0^2}{C_1}$$

$$\lambda_2 = \frac{EIr\,W_0^2}{C_2}$$

要线性方程有解，必须有：

$$|C| = 0$$

整理后可得：

$$\omega_1^2\,\omega_2(\lambda_1 + \lambda_2)\sin\omega_1\,\xi_0\cos\omega_2\,\xi_0 + \left[\,\omega_1^2 + \omega_2^2 + \lambda_1\,\lambda_2(\omega_2^2 - \omega_1^2)\,\right]\sin\omega_1\,\xi_0\sin\omega_2\,\xi_0$$

$$+ \lambda_2\,\omega_1^3\sin\omega_2\,\xi_0\cos\omega_1\,\xi_0 + 2\,\omega_1\,\omega_2\cos\omega_1\,\xi_0\cos\omega_2\,\xi_0 - 2\,\omega_1\,\omega_2 = 0 \tag{5.72}$$

式(5.72)为 β 的隐式函数表达式，进行数值求解即可求出 β，而临界载荷计算公式为：

$$F_{\mathrm{cr}} = 2\beta\left(\frac{EIW_{\mathrm{e}}}{r}\right)^{1/2} \tag{5.73}$$

现对式(5.73)作如下讨论：

若令单元杆柱为铰支则有：

$$C_1 = C_2 = 0$$

则 $\lambda \to \infty$，变为：

$$\sin\omega_1\,\xi_0 \cdot \sin\omega_2\,\xi_0 = 0 \tag{5.74}$$

进一步简化为：

$$\cos\left[\sqrt{2(\beta + 1)}\,\xi_0\right] - \cos\left[\sqrt{2(\beta - 1)}\,\xi_0\right] = 0 \tag{5.75}$$

解得:

$$\beta = \frac{1}{2}\left[\left(\frac{n\pi}{\xi_0}\right)^2 + \left(\frac{\xi_0}{n\pi}\right)^2\right] \quad n = 1, 2, \cdots \tag{5.76}$$

取 $\xi_0 = n\pi$ 时有 $\beta = 1$,此时临界载荷为:

$$F_{cr}^* = 2\left(\frac{EIW_e}{r}\right)^{1/2} \tag{5.77}$$

式(5.77)和 Daswon、Yu-Che Chen、Jiang Wu 等人推导得到的正弦弯曲临界载荷一致。由此可以看出,以上作者采用的能量法分析中,实际上是将单元杆柱的两端当作铰支情况来处理。

本节的临界载荷公式推导过程中使用了小变形假设(θ 为小变形),所求得的临界载荷为正弦屈曲临界载荷,下面推导螺旋屈曲临界载荷。

在管柱发生正弦屈曲后,如果进一步增大轴向压缩载荷,则 θ 将增大,当 $\theta > \frac{\pi}{2}$ 时,管柱发生螺旋屈曲。在推导螺旋屈曲临界载荷计算公式中,我们是先假定管柱已经发生了螺旋弯曲,结合屈曲变形进行推导的。螺旋屈曲后的形状可以由图5.5表示。

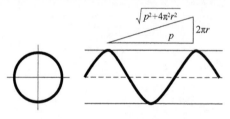

图5.5　水平井段管柱螺旋屈曲模型图

对于螺旋屈曲,本书采用能量法进行分析。

管柱由于螺旋屈曲,沿井筒的缩短量为:

$$\delta = L\left(1 - \frac{p}{\sqrt{p^2 + 4\pi^2 r^2}}\right) \approx \frac{2\pi^2 r^2 L}{p^2} \tag{5.78}$$

则外力所做的功为:

$$W_1 = \int_0^s F dx \tag{5.79}$$

重力所做的功为(负功):

$$W_2 = -g W_e Lr \tag{5.80}$$

由于管柱弯曲而增加的势能为:

$$V_b = \frac{8\pi^2 r^2 EIL}{p^2 + 4\pi^2 r^2} \approx \frac{8\pi^2 r^2 EIL}{p^4} \tag{5.81}$$

由能量守恒定律:

$$V_b = W_1 + W_2$$

注意到 p 为螺距 $p = L/n$,可以得如下平均螺旋弯曲载荷的方程

$$\frac{1}{\delta}\int_0^\sigma F dx = 4EI\left(\frac{n\pi}{L}\right)^2 + \frac{W_e}{2r}\left(\frac{L}{n\pi}\right)^2 \tag{5.82}$$

平均螺旋弯曲载荷为:

$$\overline{F}_{hel} = \frac{1}{\delta}\int_0^\sigma F dx = 4EI\left(\frac{n\pi}{L}\right)^2 + \frac{W_e}{2r}\left(\frac{L}{n\pi}\right)^2 \tag{5.83}$$

式(5.83)对 n 偏微分有:

$$\frac{\partial \overline{F}_{hel}}{\partial n} = 0$$

求得

$$\left(\frac{n\pi}{L}\right)^2 = \sqrt{\frac{W_e}{8EIr}} \tag{5.84}$$

式(5.84)代人(5.82)式有：

$$F_{hel} = 2\sqrt{2}\left(\frac{EIW_e}{r}\right)^{1/2} = \sqrt{2}\,F_{cr} \tag{5.85}$$

这是水平井段的螺旋屈曲载荷计算公式，即螺旋屈曲载荷的公式是正弦屈曲载荷的$\sqrt{2}$倍。先求解F_{cr}，进而可求出螺旋屈曲载荷。

式(5.85)是管柱两端假设为铰支的情形下推导出的，如果管柱单元两端为弹性铰支连接，则需要对式(5.85)进行修正：

$$F_{hel} = 2\sqrt{2}\beta\left(\frac{EI\,W_e}{r}\right)^{1/2} \tag{5.86}$$

5.2.2.2.2　倾斜井段临界屈曲载荷计算

上一节具体分析了水平井段的屈曲临界载荷计算公式。对于斜直井段，同样可以采用水平井段的分析方法，只是此时分布的外力有所变化，有：

$$\vec{f}(x) = -W_e\cos\alpha\,\vec{i} - N\sin\theta\vec{j} + (N\cos\theta - W_e\sin\alpha)\,\vec{k} \tag{5.87}$$

式中，α为斜井角。

考虑了斜井角α后，轴向压缩载荷不再是常数，而是沿x轴变化的量。在井斜角较大时，钻柱沿轴向方向上的分力较小，可以近似地认为轴向压缩载荷为常量，其大小为管柱单位中点的轴向载荷，考虑到小变形假设，其变形方程为：

$$\frac{d^4\theta}{dx^4} + \frac{\vec{F}}{EI}\cdot\frac{d^2\theta}{dx^2} + \frac{W_e\sin\alpha}{EIr}\theta = 0 \tag{5.88}$$

由此推导出倾斜井段的临界屈曲载荷为：

$$F_{cr} = 2\beta\left(\frac{W_e\sin\alpha \cdot EI}{r}\right)^{1/2} \tag{5.89}$$

β计算方法跟前面一致，不过值得注意的是，这种近似只有在井斜角较大时才会比较精确。这也是戴威逊和帕斯勒等人采用近似的计算斜直井段的临界载荷的依据。

对于螺旋屈曲的临界载荷，同样可以采用近似的方法，在已求得正弦屈曲的临界载荷后，即可求出螺旋屈曲的载荷计算公式：

$$F_{hel} = \sqrt{2}\,F_{cr} = 2\sqrt{2}\beta\left(\frac{EI\omega_e\sin\alpha}{r}\right)^{1/2} \tag{5.90}$$

5.2.2.2.3　垂直井段的临界载荷计算

不考虑自身重量的垂直管柱的临界弯曲载荷可以表示为：

正弦屈曲：

$$F_{cr} = \frac{\pi^2 EI}{L^2} \tag{5.91}$$

螺旋屈曲：

$$F_{hel} = \frac{8\pi^2 EI}{L^2} \tag{5.92}$$

实际上，管柱本身的重量是不能忽略的，尤其是管柱很长时。本书由虚功原理导出变分方程，并进而由勃布诺夫—伽辽金法求解直井段内考虑自重后的临界弯曲载荷。

由虚功原理可以得到勃布诺夫-伽辽金基本方程。

$$\int_0^l \left[\frac{d}{dx}\left(EI \frac{d^2 v}{dx^2} \right) + \left(F + W_e(L - x) \frac{dv}{dx} \right) \right] \frac{d\phi_i}{dx} dx = 0 \quad (i = 1, 2, \cdots, n) \quad (5.93)$$

式中　F——轴向集中载荷（底端）；

　　　W_e——浮重。

$$v = \sum_{i=1}^n a_i \varphi_i(x)$$

取：$\varphi(x) = \sin \frac{\pi x}{l}$，$v = a\sin \frac{\pi x}{l}$

将它们代入式（5.93）中积分有：

$$\begin{cases} \int_0^l \cos^2 \frac{\pi x}{l} dx = \frac{l}{2} \\ \int_0^l x \cos^2 \frac{\pi x}{l} dx = \frac{l^2}{4} \end{cases} \quad (5.94)$$

所以有：

$$EI \frac{\pi^2}{L^2} = F + \frac{1}{2} \omega_e L$$

则对管柱上端而言，临界弯曲载荷为：

$$F_{cr} = EI \frac{\pi^2}{L^2} - \frac{1}{2} W_e L \quad (5.95)$$

从式（5.95）可以看出，随着 L 的增大 F_{cr} 可能出现负值。由此说明，本身自重的影响是非常大的。如果考虑井壁的限制，则管柱可能弯曲成多个正弦半波的形式，取 n 为半波个数，l 为半波波长，则式（5.95）变为：

$$F_{cr} = EI \frac{\pi^2}{(nL)^2} - \frac{1}{2} W_e nL \quad (5.96)$$

临界载荷 F_{cr} 与 n 的个数有关，则最小临界弯曲载荷由式（5.98）求得：

$$\frac{\partial F_{cr}}{\partial n} = 0$$

也即：

$$(nL)^3 = \frac{4EI \pi^2}{W_e} \quad (5.97)$$

从而可以得到：

$$F_{cr} = \left(\frac{27EI W_e^2 \pi^2}{16} \right)^{\frac{1}{3}} \approx 2.554 \left(EI W_e^2 \right)^{\frac{1}{3}} \quad (5.98)$$

式（5.98）的结果与 J. Wu 推导的结果一致。对于螺旋屈曲临界载荷公式，也可以通过虚功原理推导出来，J. Wu 给出了具有足够的精确度的近似计算公式：

$$F_{hel} = 5.55 \left(EI \omega_e^2 \right)^{\frac{1}{3}} \quad (5.99)$$

5.2.2.2.4　弯曲井段临界载荷计算

弯曲井段中的管柱具有初始弯曲。在降斜井段中，初始弯曲降低了临界弯曲载荷，而在增斜井段中，这种初始弯曲将增大临界载荷。

上面推导了水平井段和斜直井段的临界屈曲载荷计算公式，对于弯曲井段，由于具有初始弯曲（挠度），需要对临界屈曲载荷计算公式进行修正。为了推导出弯曲井段临界载荷和斜直井段临界载荷的关系，本书首先假设一种简单的情况，假设计算单元段的两端为铰支，并且不记单元段的重量，井眼的曲率半径为 R。

不妨假设初始挠度为：

$$W_0 = f_0 \sin \frac{\pi x}{L_0} \tag{5.100}$$

压杆中点挠度为：

$$S = \frac{f_0}{1 - \alpha}$$

当 $\alpha \to 1$，$S \to \infty$，$WT \to \infty$

如果认为变形达到 $S = 2r + f_0$ 时，管柱发生失稳，其中 r 为井眼直径与管柱直径的差值的一半。则有临界载荷的计算公式为：

$$F_{crCur} = \frac{2r}{2r + f_0} F_{crInc} \tag{5.101}$$

式中 f_0 为初始挠度，由几何关系可以求得 f_0 为：

$$f_0 = \left(1 - \cos \frac{L_0}{2R}\right) R \tag{5.102}$$

式中　R——曲率半径。

这样可得降斜弯曲井段的临界载荷为：

$$F_{crCur} = \frac{2r}{2r + \left(1 - \cos \dfrac{L_0}{2R}\right) R} \cdot F_{crInc} \tag{5.103}$$

将斜直井段的临界弯曲载荷公式（5.88）代入后得：

$$F_{crCur} = \frac{2r}{2r + \left(1 - \cos \dfrac{L_0}{2R_e}\right) R} \cdot 2\beta \left(\frac{EIW_e \sin \overrightarrow{\alpha}}{r}\right)^{1/2} \tag{5.104}$$

式中　F_{crCur}——降斜弯曲井段的临界载荷；

　　　F_{crInc}——斜直井段的临界载荷。

以上推导了降斜弯曲井段的临界载荷计算公式，下面分析造斜井段的临界屈曲载荷。在造斜井段，当管柱开始形成正弦或螺旋弯曲之前，处于轴向压缩的管柱被推向井眼的底侧（即井眼弯曲的外侧），如图 5.6 所示。在造斜井段，由于两个独特的作用只出现在造斜井段（即弯曲井段），所以螺旋屈曲并不容易发生。首先，在弯曲井眼中，轴向压缩载荷的横向分力将产生一个等效分布于单位管柱长度的横向力 F/R，这样分布的横向力将管柱推向弯曲井眼的外侧。

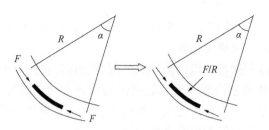

图 5.6　管柱在弯曲井眼中等效分布的横向力

第二个作用是来自井眼弯曲的形状本身。由于井眼弯曲的外侧沿井眼方向具有最大的侧长，所以管柱从弯曲的外侧到其他侧面的弯曲，比在同尺寸的直井眼内需要更多次的弯曲（即更高阶的弯曲）以补偿长度的差别，而且弯曲次数越多或弯曲阶数越高，则需要的弯曲载荷越大。

由于这两个因素，在造斜井段只有当轴向压缩载荷很大时，管柱才会发生弯曲。对弯曲井眼中管柱的弯曲问题，本书不做详细分析，但如果在造斜井段中发生正弦或螺旋弯曲，则可用下面的弯曲载荷公式来预测所需的压缩载荷。

$$F_{cr} = \frac{4EI}{rR} \cdot \left[1 + \left(1 + \frac{r\,R^2\,W_e\sin\theta}{4EI} \right)^{1/2} \right] \tag{5.105}$$

$$F_{hel} = \frac{12EI}{rR} \cdot \left[1 + \left(1 + \frac{r\,R^2\,W_e\sin\theta}{8EI} \right)^{1/2} \right] \tag{5.106}$$

在造斜井段的正弦弯曲载荷要比在直井段的大得多。而且造斜率越大，正弦弯曲载荷越大。在造斜井段当井斜角增大时，正弦弯曲载荷也越大。在实际起下管柱作业中，造斜井段的实际压缩载荷一般不会超过由上述两个公式计算的弯曲载荷。因此，管柱在造斜井段一般不会发生屈曲。

5.2.2.3　屈曲井段摩阻分析

管柱发生屈曲后，改变了与井壁的接触状态，同时也改变了接触载荷的大小。一般而言，由于屈曲作用，增大了管柱与井壁的接触力，从而增大了摩阻。对于没有发生屈曲的管柱，采用前述的摩阻计算模型进行求解，可以得到较为准确的计算结果。当钻柱发生屈曲后，增大了与井壁的接触力，采用原有的摩阻模型进行计算，必将导致较大的误差。

5.2.2.3.1　屈曲井段管柱与井壁的附加接触力

近年来，许多学者对钻柱屈曲时钻柱与井壁的接触力问题进行了广泛的研究和探讨，接触压力的表达式可以统一为：

$$\overline{\omega}_n = \zeta\,\frac{r\,F^2}{EI} \tag{5.107}$$

式中　　F——轴向压力；

　　　　ζ——接触压力系数。

不同的学者推导的 ζ 值不同，戴威逊和帕斯勒认为，沿管柱全长，不考虑自重时，$\zeta = 0.5$；Chen 和 Cheatham 认为，沿管柱全长，在加载过程中不考虑管柱自重时，$\zeta = 0.25$；Mitchell 推导的螺旋屈曲时的接触压力系数 $\zeta = 0.25$，当端部受封隔器约束时，$\zeta = 0.1466$；Sorenson and Cheatham 认为，在管端有约束和不考虑自重的情况下，接触压力分布会受到约束的影响，但不是全长，管端为铰支时，$\zeta = 0.14672$，管端为固定时，$\zeta = 0.12050$，远离约束端 $\zeta = 0.25$；Jiang Wu 采用能量法推导的结果为，正弦屈曲时 $\zeta = 0.125$，螺旋屈曲时 $\zeta = 0.2369$。文献对管柱螺旋屈曲时的接触压力进行了实验研究，实验结果表明，对于螺旋屈曲的稳定段有 $\zeta = 0.25$。

本书综合上述结果，对于正弦屈曲和螺旋屈曲时的附加接触压力分别取值如下：

正弦屈曲：

$$\overline{\omega}_n = \frac{r}{8} \frac{F^2}{EI} \tag{5.108}$$

螺旋屈曲：

$$\overline{\omega}_n = \frac{r}{4} \frac{F^2}{EI} \tag{5.109}$$

由于管柱的屈曲而产生的附加接触压力有时是很大的，对于倾斜井段，管柱发生正弦屈曲时，将式(5.108)代入正弦屈曲载荷计算公式有：

$$\overline{\omega}_n = 0.5\beta^2 \overline{\omega}_e \sin\alpha \tag{5.110}$$

杆柱发生螺旋屈曲时，将式(5.109)代入螺旋屈曲载荷计算公式有：

$$\overline{\omega}_n = 2\beta^2 \overline{\omega}_e \sin\alpha \tag{5.111}$$

由此可以看出，若取 $\beta = 1$，发生正弦屈曲时附加接触压力为重力分量的 0.5 倍，而发生螺旋屈曲时，附加接触压力为重力分量的 2 倍。

5.2.2.3.2　管柱屈曲影响下管柱受力模型的修正

前面已经对全井段管柱的受力和变形进行了分析和公式推导，并对不同的管柱结构建立了两种力学分析模型，力学模型的求解实际上是侧向压力合力的求解，只要求得侧向压力合力，由摩擦力公式 $F_\mu = \mu N$ 和扭矩计算公式 $T = \mu r N$ 即可求得单元管柱的摩擦力和扭矩。钻柱屈曲时，侧向合力应该叠加附加接触压力的影响：

$$\vec{N} = \vec{N}_0 + \vec{\omega}_n \tag{5.112}$$

式中　$\vec{N}_0$——不考虑钻柱屈曲时钻柱与井壁的接触力；

　　　$\vec{\omega}_n$——钻柱屈曲时的附加接触压力。

对于三维弯曲井段的管柱的轴向载荷计算，需要根据螺旋载荷所产生的附加接触力的大小进行修正。修正后的三维软杆模型变为：

$$F_i \cos\frac{\Delta\phi}{2}\cos\frac{\Delta\alpha}{2} = (w_e \Delta L \sin\overline{\alpha}) + F_\phi + F_G + F_{i-1}\cos\frac{\Delta\phi}{2}\cos\frac{\Delta\alpha}{2} \tag{5.113}$$

$$T_{ni} = r\mu |N_i| + T_{i-1} \tag{5.114}$$

$$N_\phi = F_i \sin\frac{\Delta\phi}{2} + F_{i-1}\sin\frac{\Delta\phi}{2} \tag{5.115}$$

$$N_G = w_e \Delta L \cos\overline{\alpha} + \frac{r}{4}\frac{\overline{F}^2}{EI} + F_i \cos\frac{\Delta\phi}{2}\sin\frac{\Delta\alpha}{2} + F_{i-1}\cos\frac{\Delta\phi}{2}\sin\frac{\Delta\alpha}{2} \tag{5.116}$$

$$\alpha_i > \alpha_{i-1}$$

$$N_{\mathrm{G}} = F_i \cos\frac{\Delta\phi}{2}\sin\frac{\Delta\alpha}{2} + F_{i-1}\cos\frac{\Delta\phi}{2}\sin\frac{\Delta\alpha}{2} - w_e\Delta L\cos\overline{\alpha} + \frac{r\overline{F}^2}{4EI} \tag{5.117}$$

$$\alpha_i < \alpha_{i-1}$$

$$F_\phi = \pm\mu|N_\phi| \tag{5.118}$$

$$F_{\mathrm{G}} = \pm\mu|N_{\mathrm{G}}| \tag{5.119}$$

$$\overline{\alpha} = (\alpha_i - \alpha_{i-1})/2 \tag{5.120}$$

$$\Delta\alpha = |\alpha_i - \alpha_{i-1}| \tag{5.121}$$

$$\Delta\phi = \phi_i - \phi_{i-1} \tag{5.122}$$

$$\vec{N}_i = \vec{N}_\phi + \vec{N}_{\mathrm{G}} \tag{5.123}$$

$$\overline{F} = (F_i + F_{i-1})/2 \tag{5.124}$$

5.2.2.3.3 二维剖面内屈曲变形对摩阻的影响分析

对于二维倾斜井段和水平井段内的屈曲变形对摩阻的影响可以推导出其解析式。

由前面推导的倾斜井段中的螺旋屈曲载荷公式：

$$F_{\mathrm{hel}} = \sqrt{2}\,F_{\mathrm{cr}} = 2\sqrt{2}\beta\left(\frac{EI\,\omega_e\sin\alpha}{r}\right)^{1/2} \tag{5.125}$$

Mitchell 于 1986 年给出了螺旋屈曲后管柱的重力和轴向载荷的关系式：

$$\omega_n = \frac{rF^2}{4EI} \tag{5.126}$$

将式(5.126)代入螺旋屈曲载荷公式，有：

$$\omega_n = 2\beta\omega_e\sin\alpha \tag{5.127}$$

由此可以看出，发生螺旋屈曲后，管柱与井壁之间的作用力是没有发生屈曲时的 2 倍（取 $\beta=1$）。这将导致更大的摩擦阻力和更大的轴向压缩载荷。对发生螺旋弯曲后的轴向载荷的微分方程可以表示为：

$$\frac{\mathrm{d}F}{\mathrm{d}x} = \mu(W_e\sin\alpha + W_n) - W_e\cos\alpha = \mu\left(W_e\sin\alpha + \frac{rF^2}{4EI}\right) - W_e\cos\alpha \tag{5.128}$$

求解上微分方程可以得到斜井和水平井中的轴向载荷计算公式。

（1）当 $\mu\sin\alpha > \cos\alpha$ 时有：

$$\begin{aligned}
F(x) = 2\sqrt{\frac{EIW_e(\mu\sin\alpha - \cos\alpha)}{\mu r}}\tan\Bigg\{&x\sqrt{\frac{\mu rW_e(\mu\sin\alpha - \cos\alpha)}{4EI}}\\
&+ \arctan\left[F_0\sqrt{\frac{\mu r}{4EIW_e(\mu\sin\alpha - \cos\alpha)}}\right]\Bigg\}
\end{aligned} \tag{5.129}$$

此处 F_0 为屈曲井段底端的轴向压缩载荷。

（2）当 $\mu\sin\alpha = \cos\alpha$ 时有：

$$F(x) = \frac{1}{\dfrac{1}{F_0} - \dfrac{\mu rx}{4EI}} \tag{5.130}$$

（3）当 $\mu\sin\alpha < \cos\alpha$ 时有：

如果

$$\frac{\mu r\, F^2}{4EI} > W_e(\cos\alpha - \mu\sin\alpha):$$

$$F(x) = 2\sqrt{\frac{EIW_e(\cos\alpha - \mu\sin\alpha)}{\mu r}}\coth\left\{- x\sqrt{\frac{\mu r W_e(\cos\alpha - \mu\sin\alpha)}{4EI}}\right.$$
$$\left. + \operatorname{arccoth}\left[F_0\sqrt{\frac{\mu r}{4EIW_e(\cos\alpha - \mu\sin\alpha)}}\right]\right\} \tag{5.131}$$

如果 $\dfrac{\mu r\, F^2}{4EI} < W_e(\cos\alpha - \mu\sin\alpha):$

$$F(x) = 2\sqrt{\frac{EIW_e(\cos\alpha - \mu\sin\alpha)}{\mu r}}\tanh\left\{- x\sqrt{\frac{\mu r\, W_e(\cos\alpha - \mu\sin\alpha)}{4EI}}\right.$$
$$\left. + \operatorname{arctanh}\left[F_0\sqrt{\frac{\mu r}{4EIW_e(\cos\alpha - \mu\sin\alpha)}}\right]\right\} \tag{5.132}$$

如果

$$\frac{\mu r\, F^2}{4EI} = W_e(\cos\alpha - \mu\sin\alpha):$$

$$F(x) = \mathrm{constant} = F_0 \tag{5.133}$$

5.3　连续管力学性能研究

5.3.1　连续管弯曲性能研究

5.3.1.1　连续管下入时最小弯曲半径计算

连续管从油管滚筒放出，经导向架、注入头，进入油井，历经 3 次拉伸—弯曲交替变形。因此，它在一次起、下作业过程中就要经受 6 次拉伸—弯曲交替变形。这些拉伸—弯曲交替变形发生的位置如图 5.7 所示。

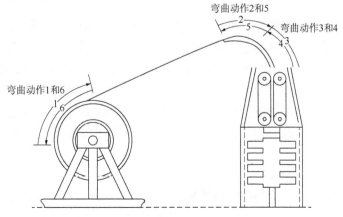

图 5.7　连续管作业机工作简图

在下井操作中，当牵引链条把连续管拉离卷筒时，卷筒液马达的反向扭矩阻止油管离开，此时油管受拉，把连续管首次弯曲—拉直，图中示为弯曲动作1。当连续管进入导引架时，油管由直变弯、导引架弯曲半径从54in(1.37m)到98in(2.49m)，油管发生塑性弯曲变形，图中示为弯曲动作2。连续管越过导引架进入链条牵引总成时又被拉直，图中示为弯曲动作3。这三个动作组成一次连续管的弯曲循环。当把连续管从井中起出并卷绕在卷筒上时，按相反的顺序发生同样的弯曲动作，连续管遭受另一次弯曲循环。

(1) 最小弯曲半径计算模型。

众所周知，管子在一定的弯曲半径下弯曲，其变形是处于弹性变形范围的。在弹性极限内，管子能承受最小弯曲半径 R 可按式(5.134)计算：

$$R = E(D/2)/\sigma_s \tag{5.134}$$

式中　E——管材的弹性模量，Pa；

　　　D——管子外径，mm；

　　　σ_s——管材的屈服强度，Pa。

(2) 最小弯曲半径计算实例。

现在我国引进的连续管管材一般为 ASTM，A-606 钢，其中 $\sigma_s = 482.58$MPa，$E = 208.34$GPa。最小弯曲半径计算结果列于表5.1中。如果管子弯曲时弯曲半径小于表5.1中所列的值，那它将产生塑性变形。如果管内同时还存在内压，则外径将增大。

表5.1　连续管弯曲半径

连续管规格/in	外径/mm	最小弯曲半径/mm
3/4	19.05	4112
1	25.4	5483
1¼	31.75	6854
1½	38.1	8224
1¾	44.45	9595
2	50.8	10966
2⅜	59.69	12885

我国各油田引进的连续管作业机所选用的连续管外径一般为1in和1¼in，尤以1¼in为多。选用的注入头导向架曲率半径均为1828.8mm。油管滚筒的内径均为1524mm，最大外径(在油管滚筒缠满4000m连续管时)为2540mm。因此，对照表5.1中数据可以发现，连续管在起、下作业时均将发生交变的弯曲塑性变形。但是，从图5.7中又可看出，在起、下油管作业时，管子只在瞬时处于弯曲塑性变形。由于油管内部一般均有高、中压液体或气体，因此油管是在弯曲和内压拉伸的三重作用下，将产生瞬时的交变的塑性变形，国外称之为卷曲蠕变。

5.3.1.2　连续管在井口处的压曲

在连续管注入头链条底部与防喷器橡胶心子顶部之间通常有一段无支承长度的连续管。当作用在此段连续管上的轴向载荷较大时(如高压作业)，油管就有可能发生压曲。

(1) 井口处压曲计算模型。

轴向安全压曲载荷与长细比有关，要计算长细比，首先计算回转半径：

$$r_g = \frac{1}{2}\sqrt{r_0^2 + r_i^2} \tag{5.135}$$

于是，长细比为：

$$\xi = L/r_g \tag{5.136}$$

根据以上两式推导得到压曲载荷为：

$$p_b = \frac{\delta_s A}{c[(1 + (0.03\xi)^2]} \tag{5.137}$$

式中　r_g——回转半径，mm；

　　　ξ——长细比；

　　　p_b——安全压曲载荷，N；

　　　r_g——连续管外半径，mm；

　　　r_i——连续管内半径，mm；

　　　L——连续管无支承长度，mm；

　　　A——连续管横截面积，mm^2；

　　　C——安全系数，综合大量实验数据和现场数据，建议安全系数取2。

（2）井口处压曲计算实例。

计算直径为38.1mm、屈服强度为482.58MPa、不同壁厚和不同无支承长度连续管的安全压曲载荷见表5.2。从表中数据可以看出，连续管安全压缩载荷随着壁厚的增加而增加（其他因素不变）；随着无支承长度的增加而降低（其他因素不变）。分析可以得出，安全压曲载荷随着连续管的无支承长度、外径、壁厚等的不同而发生较大的变化。使用连续管作业时应当引起注意。

表5.2　直径为38.1mm连续管安全压曲载荷(N)

壁厚/mm	无支承长度/mm				
	100	150	200	250	300
2.413	61798.62	57939.91	53282.20	48290.99	43330.06
2.591	65993.66	61839.06	56830.25	51470.16	46150.11
2.769	70138.86	65687.00	60326.35	54597.64	48919.79
3.175	79407.28	74272.58	68107.00	61538.90	55050.21
3.404	84520.86	78998.23	72377.38	65336.95	58394.41
3.962	96636.84	90161.29	82428.45	74241.70	66205.04

当在高压作业中下入连续管时，通过在此段连续管的周围配置压曲导向器可以缓解或解决井口处连续管的压曲问题，压曲导向器只是简单地将防喷器盒上部拓延，直至与链条几乎接触为止，如图5.8所示。

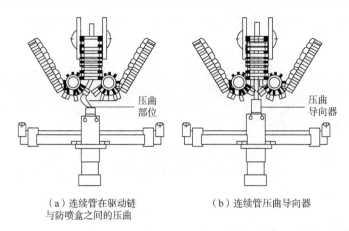

（a）连续管在驱动链　　　　　　　　（b）连续管压曲导向器
与防喷盒之间的压曲

图 5.8　压曲导向器示意图

5.3.2　连续管抗内压强度计算方法

5.3.2.1　抗内压强度计算方法

连续管在工作过程中，井下段的应力是由其内、外部液体压力联合作用与轴向拉伸或压缩载荷及弯曲等因素产生的。外力所产生的应力场可用 3 个主应力来描述，即轴向应力 σ_a，径向应力 σ_r，及周向应力 σ_θ。但由于连续管的工作条件不同，3 个主应力的大小和方向也相应不同。

根据 Mises 屈服条件可以得到：

$$(\sigma_\theta - \sigma_r)^2 + (\sigma_r - \sigma_a)^2 + (\sigma_a - \sigma_\theta)^2 = 2\sigma_s^2 \tag{5.138}$$

式中　σ_s——屈服极限，MPa；

其余意义同前。

一般情况下，连续管在工作时，内压 p_i 大于外压 p_o，故油管内表面的周向应力要大于外表面的周向应力(有少数情况相反)。计算表明，用 Mises 屈服准则判定屈服首先产生在油管的内表面。因此，必须考虑油管内部的屈服极限，即抗内压强度。

为简化计算，可以简化成：

$$\sigma_\theta = \beta p_i - \beta p_o - p_o \tag{5.139}$$

$$\beta = (r_o^2 + r_i^2)/(r_o^2 - r_i^2) \tag{5.140}$$

从而有：

$$\alpha p_i^2 - B p_i + C = 0 \tag{5.141}$$

式中　$\alpha = \beta^2 + \beta + 1$

$$B = p_o(2\beta^2 + 3\beta + 1) + \sigma_a(\beta - 1)；$$

$$C = p_o^2(\beta + 1)^2 + p_o\sigma_a(\beta + 1) + \sigma_a^2 - \sigma_s^2$$

可得：

$$p_i = \frac{B \pm \sqrt{B^2 - 4\alpha C}}{2\alpha} \tag{5.142}$$

说明，本书的抗内压强度的计算未考虑下列因素的影响：

(1) 在油管使用期间直径的变化(一般情况为直径的增大)；

（2）在油管使用期间由于腐蚀、拉伸和直径的增大而引起的壁厚的变化；

（3）在油管使用期间由于塑性疲劳的存在而引起的有效屈服应力的下降；

（4）在卷筒和导引架上塑性弯曲引起的残余应力；

（5）连续管椭圆度。

因此，实际运用中应考虑一定的安全系数，工业上一般使用 1.25 的安全系数。

5.3.2.2　抗内压强度计算实例

假设条件为：油管外径 38.1mm、44.45mm、50.8mm、60.325mm，油管壁厚 2.77mm，油管外压 0MPa，井眼直径 139.7mm，轴向力 0N、600N、6000N，屈服强度 483MPa。抗内压强度计算结果见表 5.3。从表中可以看出，连续管的抗内压强度随外径的增加而降低，随轴向拉伸载荷的增加而增加。

表 5.3　连续管抗内压强度计算结果（MPa）

轴向力/N	连续管外径/mm			
	38.1	44.45	50.8	60.325
0	69.3	59.6	52.3	44.1
600	69.7	59.9	52.5	44.2
6000	72.9	62.1	54.0	45.2

5.3.3　连续管抗挤强度计算方法

随着连续管作业技术在世界范围内的推广，连续管在高压井和超深井中的作业数量也越来越多，有时连续管的外部压力将远远高于内部压力，如从连续管外部泵入高压流体，从连续管内部返回流体的作业等。因此，连续管在应用中面临被挤毁的问题也越来越突出。

连续管在制造过程中其截面是接近理想圆的，一般最大椭圆度都控制在 0.5% 以内。但在使用过程中，由于塑性弯曲卷绕作用，其横截面会逐渐变为椭圆。对于椭圆形的连续管，在其使用过程中的主要问题有两个方面：一是连续管通过注入头的能力下降；二是连续管的挤毁抗力将大大降低，特别是外压挤毁抗力。而内部压力和注入头夹紧块的作用将使连续管的椭圆度降低，即趋向于圆形。因此，在使用过程中连续管截面出现椭圆化时，首先应考虑连续管抗外压挤毁的能力。

5.3.3.1　理想圆形截面连续管抗挤强度

因考虑连续管的挤毁压力，所以，假设 $p_o > p_i$，则最大应力点发生在连续管的外表面，外表面首先屈服。如前所述，当 $r = r_o$ 时，连续管外表面的径向应力和周向应力分别为：

$$\sigma_r = -p_o \tag{5.143}$$

$$\sigma_\theta = \frac{2 r_i^2 p_i - (r_i^2 + r_o^2) p_o}{r_o^2 - r_i^2} \tag{5.144}$$

将式（5.143）、式（5.144）代入式（5.141）可得：

$$A p_o^2 - B p_o + C = 0 \tag{5.145}$$

解得挤毁压力为：

$$p_o = \frac{B \pm \sqrt{B^2 - 4AC}}{2A} \tag{5.146}$$

式中　$A = \beta^2 - \beta + 1$;

$\qquad B = p_i(2\beta^2 - 3\beta + 1) + \sigma_a(\beta - 1)$;

$\qquad C = 2 p_i^2(\beta - 1)^2 - 2 p_i \sigma_a(\beta - 1) + \sigma_a^2 - \sigma_s^2$;

$\qquad \beta = (r_o^2 + r_i^2)/(r_o^2 - r_i^2)$。

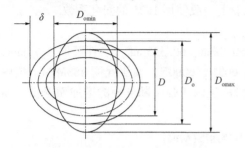

图 5.9　椭圆管的几何关系示意图

5.3.3.2　椭圆形截面连续管挤毁压力

（1）无内压情况下的挤毁压力。

如图 5.9 所示，假设连续管内部压力为零，连续管的外部压力为 p_o，壁厚为 t，理想圆管外径为 D_o，δ_o 为理想圆半径与椭圆短轴半径的差，即：

$$\delta_o = (D - D_{\min})/2 = (D_o - D_{\min})/2 \tag{5.147}$$

则任意点处理想圆管与椭圆管的径向差为：

$$\delta = \delta_o \cos 2\varphi \tag{5.148}$$

设 p_{cr} 为理想连续圆管的最大允许压力，则根据 API 标准有：

$$p_{cr} = \left\{ \left[\frac{1}{2\sigma_s} \cdot \frac{\alpha^2}{\alpha - 1} \right]^2 + \left[\frac{1 - \mu^2}{2 E K_E} \cdot \alpha(\alpha - 1)^2 \right]^2 \right\}^{-1/2} \tag{5.149}$$

$$\alpha = d_o/t;$$

式中　E——连续管的弹性模量；

$\qquad K_E$——平均最小 API 弹性挤毁压力修正系数；

$\qquad \sigma_s$——屈服极限；

$\qquad \mu$——泊松比（钢油管取 0.30）。

在 p_o 的作用下，设连续管产生的径向位移为 u，则由于外部压力 p_o 的作用，在椭圆连续管的壁上产生的弯矩为：

$$M = p_o r_o(u + \delta_o \cos 2\varphi) \tag{5.150}$$

根据 J. Boussinesq 差分方程：

$$\frac{\mathrm{d}^2 u}{\mathrm{d}\varphi^2} + u = -\frac{M r_o^3}{C} \tag{5.151}$$

式中，$C = E t^3 / [12(1 - \mu^2)]$。

应用连续性边界条件解得：

$$u = \delta_o p_o \cos 2\varphi / (p_{cr} - p_o) \tag{5.152}$$

最大弯矩发生在 $\varphi = 0°$ 和 $\varphi = 180°$ 处：

$$M_o = p_o \delta_o r_o / (1 - p_o/p_{cr}) \tag{5.153}$$

此时的最大压应力发生在 $\varphi = 0°$ 和 $\varphi = 180°$ 处的外壁上：

$$\sigma = \frac{p_o r_o}{t} + \frac{6 p_o r_o \delta_o}{t^2 (1 - p_o/p_{cr})} \tag{5.154}$$

当外部压力 p_o 达到连续管最大挤毁压力时，有 $\sigma = \sigma_s$，此时由式（5-154）化简为一个二次方程：

$$p_o^2 - \left[\frac{2\sigma_s}{\alpha - 1} + (1 + 1.5\alpha\, O_v)\, p_{cr} \right] p_o + \frac{2\sigma_s p_{cr}}{\alpha - 1} = 0 \tag{5.155}$$

$$O_v = (D_{omax} - D_{omin}) / D_o$$

解得外部挤毁压力为：

$$p_o = e - \sqrt{e_2 - f} \tag{5.156}$$

$e = \sigma_s / (\alpha - 1) + (1 + 1.5\alpha\, O_v)\, p_{cr} / 2$; $f = 2\sigma_s p_{cr} / (\alpha - 1)$。

（2）内、外压同时作用时的挤毁压力。

先作如下基本假设：忽略连续管的轴向弯曲；设连续管在被压溃前瞬间椭圆形截面的长轴和短轴方向上应力沿壁厚的分布为方波形分布（图 5.10），而且大小等于连续管的临界屈服应力，即忽略连续管沿壁厚方向的弹塑性过渡区。

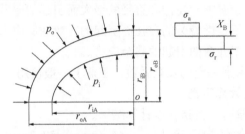

图 5.10　椭圆形截面连续管应力沿壁厚的方波形分布图

设连续管在内、外压同时作用下的轴向应力为 σ_a，径向应力为 σ_r，周向应力为 σ_θ。径向应力 σ_r 为三应力中最小的，分析时常被忽略，令 $\sigma_r = -p_i$。根据 Mises 屈服准则有公式（5.138），从解式（5.138）得周向应力为：

$$\sigma_\theta = (\sigma_a - p_i) / 2 \pm [\sigma_s^2 - 0.75(\sigma_a - p_i)^2]^{1/2} \tag{5.157}$$

公式中的加、减号分别代表拉、压应力，或分别表示成：

$$\sigma_{\theta t} = (\sigma_a - p_i) / 2 + [\sigma_s^2 - 0.75(\sigma_a - p_i)^2]^{1/2} \tag{5.158}$$

$$\sigma_{\theta c} = (\sigma_a - p_i) / 2 - [\sigma_s^2 - 0.75(\sigma_a - p_i)^2]^{1/2} \tag{5.159}$$

则拉压周向应力差为：

$$\Delta\sigma_\theta = 2[\sigma_s^2 - 0.75(\sigma_a - p_i)^2]^{1/2} \tag{5.160}$$

在连续管的横截面上建立坐标系，设连续管的壁厚为 t，连续管椭圆截面的长轴内、外半径分别为：r_{iA}、r_{oA}；短轴内外半径分别为：r_{iB}、r_{oB}；承受的内、外压力分别为 p_i、p_o；在长短轴方向上周向应力的拉应力沿壁厚的分布宽度分别为 X_A、X_B。则沿椭圆的长轴方向和短轴方向分别建立平衡方程得：

$$p_o r_{oA} - p_i r_{iA} + \sigma_{\theta t} X_A - \sigma_{\theta c} (X_A - t) = 0 \tag{5.161}$$

$$p_o r_{oB} - p_i r_{iB} + \sigma_{\theta t} X_B - \sigma_{\theta c} (X_B - t) = 0 \tag{5.162}$$

解得：

$$X_A = (p_i r_{iA} - p_o \cdot r_{oA} - \sigma_{\theta c} t / \Delta\sigma_\theta) \tag{5.163}$$

$$X_B = (p_i r_{iB} - p_o r_{oB} + \sigma_{\theta c} t / \Delta\sigma_\theta) \tag{5.164}$$

对轴心 O 的合力矩为零，得方程：

$$p_o(r_{oB}^2 - r_{oA}^2) + p_i(r_{iA}^2 - r_{iB}^2) + 2\sigma_{\theta t}\Gamma - 2\sigma_{\theta c}[\Gamma + t(r_{oA} - r_{oB})] = 0 \tag{5.165}$$

式中，$\Gamma = X_A^2 / 2 + X_B^2 / 2 - X_A r_{oA} + X_B r_{iB}$。

将式(5.164)、式(5.165)代入式(5.141)，得方程：

$$Ap_o^2 + Bp_o + C = 0 \tag{5.166}$$

式中　　$A = (r_{oA}^2 + r_{oB}^2)/\Delta\sigma_\theta$；

$B = r_{oA}^2 + r_{oB}^2 - 2p_i(r_{oA}r_{iA} + r_{oB}r_{iB})/\Delta\sigma_\theta - 2r_{oB}r_{iB} + 2t\sigma_{\theta c}(r_{oA} + r_{oB})/\Delta\sigma_\theta$

$C = p_i^2(r_{iA}^2 + r_{iB}^2)/\Delta\sigma_\theta - 2tp_i\sigma_{\theta c}(r_{iA} + r_{iB})/\Delta\sigma_\theta + p_i^2(r_{iB}^2 - r_{iA}^2 - 2tr_{iA}) + 2t^2\sigma_{\theta c}(\sigma_{\theta c}/\sigma_{\theta t} + 1)$

得极限屈服外压为：

$$p_o = [-B + (B^2 - 4AC)^{1/2}]/(2A) \tag{5.167}$$

需要注意的是，以上的挤毁压力计算未考虑下列因素的影响：

① 在油管使用期间直径的变化(一般情况为直径的增大)；

② 在油管使用期间由于腐蚀、拉伸和直径的增大而引起的壁厚的变化；

③ 在油管使用期间由于塑性疲劳的存在而引起的有效屈服应力的下降；

④ 在卷筒和导引架上塑性弯曲引起的残余应力。

因此，实际运用中应考虑一定的安全系数，工业上一般使用1.25的安全系数。

5.3.3.3　连续管抗挤强度计算实例

(1)连续管为理想圆管时，抗挤强度计算结果。

假设连续管外径分别为：38.1mm、44.45mm、50.8mm、60.325mm，油管壁厚2.77mm，油管内压0MPa，井眼直径139.7mm，轴向力6000N，屈服强度483MPa。其抗挤强度见表5.4。

表5.4　连续管外挤压力计算结果(MPa)

类型	连续管外径/mm		
	38.1	44.45	50.8
理想圆管	85.9	71.2	60.8
椭圆管(无内压)	24.4	20.7	15.1
椭圆管(内外压)	43.9	37.5	27.9

(2)连续管为无内压作用的椭圆管时，抗挤强度计算结果。

假设连续管的外径分别为：38.1mm、44.45mm、50.8mm，油管壁厚为2.77mm，长轴外半径分别为19.685mm、22.9mm、26.2mm，短轴外半径分别为18.54mm、21.8mm、24.7mm，泊松比为0.3，屈服强度为483MPa，弹性模量为208340MPa，修正系数为0.7125。其抗挤强度计算结果见表5.5。

表5.5　内、外压同时作用的椭圆管外挤压力计算结果(MPa)

轴向力/N	连续管外径/mm		
	38.1	44.45	50.8
0	48.1	39.8	29.1
600	47.7	39.6	28.9
6000	43.9	37.5	27.9

（3）连续管为内、外压同时作用的椭圆管时，抗挤强度计算结果。

假设连续管外径分别为：38.1mm、44.45mm、50.8mm，油管壁厚为 2.77mm，油管内压为 0MPa，井眼直径为 139.7mm，长轴外半径分别为 19.685mm、22.9mm、26.2mm，短轴外半径分别为 18.54mm、21.8mm、24.7mm，长轴内半径分别为 17.451mm、20.6mm、23.8mm，短轴内半径分别为 15.77mm、18.9mm、21.6mm，轴向力分别为 0N、600N、6000N，屈服强度为 483MPa。其抗挤强度计算结果见表 5.6。

表 5.6　椭圆度对外挤压力的影响（连续管外径 38.1mm，轴向力 0N）

长轴外半径/mm	短轴外半径/mm	椭圆度/%	外挤压力/MPa
19.685	18.54	6.0	48.1
19.790	18.35	7.6	44.0
20	18	10.5	32.8

从以上计算结果可以看出：

① 连续管的抗外挤强度随外径的增加而降低，随轴向拉伸载荷的增加而降低。

② 理想圆管的抗外挤强度大于椭圆管的抗外挤强度，而内、外压同时作用的抗外挤强度大于无内压情况下的椭圆管的抗外挤强度。

③ 椭圆度越大，抗外挤强度越低，抗外挤能力越弱，实际应用中，连续管椭圆度在下井前要进行严格检验，对椭圆度过大的连续管要禁止下入高压井和超深井；严禁在空内压情况下下入高压井和超深井。

5.3.4　连续管直径增长分析

连续管在作业期间，当整个管柱绕到滚筒上时，连续管要产生严重的塑性变形，从而降低了连续管的屈服强度。在任何弯曲情况下，97% 以上的连续管截面要产生塑性变形。在一定的内压作用下重复工作后，连续管的直径会增长。在高压（超过 21MPa）情况下，直径增长（鼓胀）更严重。作为使用作业极限，连续管用户采用 6% 作为最大直径增长值。实验数据表明：在低压下，连续管很少鼓胀到 6% 这一临界值，但在高压下，从连续管样品的疲劳实验中，通常会观察到直径增长超过了 20%。连续管的直径增长将引起连续管与其他设备的不相容，例如，直径过度增长会引起连续管通过防喷器胶心时受阻或影响压力密封。如果继续使用，必然会引起连续管的机械损坏。因此，要保证连续管在使用过程中的安全性和可靠性，准确预测其直径的增长是非常必要的。

钟守炎等运用 Table Curve 3D 软件对直径增长实验数据进行曲面拟合（简称 3D 曲面拟合），进而建立连续管的直径增长预测模型，是一种非常经济且行之有效的方法。

Table Curve 3D 软件用于对实验数据进行曲面拟合。由于大多数连续管用户采用 6% 作为直径增长的最大允许值，而且大多数连续管作业的压力都在 49.2MPa 以下，故采用疲劳实验机所做的大多数实验在低于 49.2MPa 的内压下进行，并以 49.2MPa 作为最大压力值。实验中仅采集直径增长为 10% 以内的实验数据，覆盖了连续管应用的很宽范围。

对每一尺寸连续管的实验数据曲面拟合时，将直径增长作为因变量，将循环数和内压作为自变量，就可建立一个相对应的具有不同相关系数的数学模型。运用曲面拟合技术建立的这些模型的相关系数为 0.94。根据全部数据建立的通用模型为：

$$\delta = a \, N^b \, p^c \tag{5.168}$$

式中　　δ——直径增长量($0 \sim 10\%$)；

N——循环数($0 \sim 1500$)；

p——内压($0 \sim 49.2$)MPa；

a、b、c——常数，取决于连续管尺寸(外径和壁厚)与材料品质。

可表示为：$\lg a = a_1 + a_2 d_o + a_3 t$；$b = b_1 + b_2 d_o + b_3 t$；$c = c_1 + c_2 d_o + c_3 t$。

式中　　d_o——连续管外径，mm；

t——连续管壁厚，mm；

a_{1-3}，b_{1-3}，c_{1-3}——拟合常数。

此模型不但可以预测连续管在各种压力和几何弯曲形状下的直径增长，而且还可以评价当连续管的外径、壁厚、材料品质、内压和弯曲半径发生相对小的变化时对直径增长的影响。这些分析将帮助连续管用户在油管发生严重损坏之前，进行早期的直径增长诊断，并排除或减少某些引起直径增长的因素。

5.3.5　连续管卡点计算

当连续管在井内被卡住时，需要知道在什么深度被卡住，此点即为卡点。对于直井，工程上简单计算卡点位置可按以下步骤进行：

(1) 以连续管屈服极限的80%的力上提油管。

(2) 减小上提力，但应使卡点以上的连续管处于伸张状态。当上提力由最大降到最小时，精确测量连续管长度的变化 ΔL。

(3) 假设连续管处于弹性区，于是可由式(5.169)计算。

$$D_k = 10^6 \frac{\Delta L}{\delta_e \Delta F} \tag{5.169}$$

式中　　D_k——卡点深度，m；

δ_e——弹性伸长系数，m/(km·kN)；

ΔF——最大上提力与最小上提力之差，N。

此计算方法只适用于垂直井，并且连续管应处于弹性范围。对于较复杂的井，连续管的几何形状也相对复杂，需要用另外的计算模型加以运算。

5.4　测试作业过程中的强度计算研究

5.4.1　井筒温度和压力分布预测模型及其计算研究

5.4.1.1　管内稳态流动模型

(1) 基本方程。

将管内和油套环空流动问题考虑为稳定的一维问题。如图5.11所示，取地面为坐标原点，沿管线向下的方向为坐标轴 z 正向，建立坐标系。θ 为管线与水平方向的夹角。质量、动量和能量守恒方程如下，所有单位均采用 SI 单位制。

质量守恒方程：

$$\rho \frac{\mathrm{d}v}{\mathrm{d}z} + v \frac{\mathrm{d}\rho}{\mathrm{d}z} = 0 \qquad (5.170)$$

动量守恒方程：

$$\frac{\mathrm{d}p}{\mathrm{d}z} = \rho g \sin\theta - f \frac{\rho v \mid v \mid}{2d} - \rho v \frac{\mathrm{d}v}{\mathrm{d}z} \qquad (5.171)$$

能量守恒方程：

$$q + A\rho v \left(\frac{\mathrm{d}h}{\mathrm{d}z} + \frac{v\mathrm{d}v}{\mathrm{d}z} - g \right) = 0 \qquad (5.172)$$

状态方程：

$$\rho = \rho(p, \ T) \qquad (5.173)$$

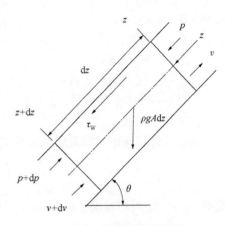

图 5.11　管流压降分析图

式中　ρ——流体密度，kg/m^3；

v——流速，m/s；

z——深度，m；

p——压力，Pa；

g——重力加速度，$9.81m/s^2$；

θ——井斜角，(°)；

f——摩阻系数，无因次；

d——管子内径，m；

q——单位长度控制体在单位时间内的热损失，$J/(m \cdot s)$；

A——流通截面积，m^2；

h——比焓，J/kg；

T——温度，K。

（2）比焓梯度。

比焓梯度由式（5.174）计算

$$\frac{\mathrm{d}h}{\mathrm{d}z} = C_p \frac{\mathrm{d}T}{\mathrm{d}z} - C_p \alpha_{JT} \frac{\mathrm{d}p}{\mathrm{d}z} \qquad (5.174)$$

式中　C_p——流体的定压比热容，$J/(kg \cdot K)$；

α_{JT}——焦耳—汤姆逊系数，K/Pa。

（3）焦耳—汤姆逊系数。

焦—汤系数由式（5.175）定义

$$\alpha_{JT} = \left(\frac{\partial T}{\partial p} \right)_H \qquad (5.175)$$

对于气体：

$$\alpha_{JTC} = \frac{1}{C_{pG}} \frac{1}{\rho_G} \frac{T}{Z_g} \frac{\partial Z_g}{\partial T} \qquad (5.176)$$

对于液体：

因其压缩系数非常小，可近似认为液体不可压缩，则

$$\alpha_{JTL} = - \frac{1}{C_{pL} \rho_L} \qquad (5.177)$$

式中　　H——焓，J；

　　　　V——体积，m^3；

　　　　S——熵，J/K；

　　　　Z_g——气体偏差系数；

　　　　M——气体摩尔质量，g/mol。

（4）摩阻系数。

对于气体，摩阻系数采用 Jain 公式计算

$$\frac{1}{\sqrt{f}} = 1.14 - 2\lg\left(\frac{e}{d} + \frac{21.25}{Re^{0.9}}\right) \tag{5.178}$$

式中　　e——绝对粗糙度，m；

　　　　Re——雷诺数，无因次。

对于液体，根据雷诺数和流态采用相应的经验关系式计算摩阻系数，见表 5.7。

表 5.7　常用计算水力摩阻的经验公式

流态类型		Re 范围	经验公式
层流		$Re \leqslant 2000$	$f = \dfrac{64}{Re}$
紊流	水力光滑	$2000 < Re < \dfrac{59.7}{e^{8/7}}$	$f = \dfrac{0.3164}{\sqrt[4]{Re}}$
	混合摩擦	$\dfrac{59.7}{e^{8/7}} < Re < \dfrac{665 - 765\lg e}{e}$	$\dfrac{1}{\sqrt{f}} = -1.8\lg\left[\dfrac{6.8}{Re} + \left(\dfrac{e}{7.4}\right)^{1.11}\right]$
	水力粗糙	$Re > \dfrac{665 - 765\lg e}{e}$	$f = \dfrac{1}{\left(2\lg\dfrac{7.4}{e}\right)^2}$

5.4.1.2　凝析气井修正模型

对于凝析油气井，当井底流压接近凝析气田的露点温度时，油管内常有液态烃生成，流体在井筒中出现气、液两相流动。但是，与油井相比，凝析油气井的气液比要远远大于油井，流态属于雾流，在流动过程中，气相是连续的，液相是分散的。因此，计算凝析油气井的温度、压力分布时，可采用计算单相干气的思路和步骤。实际计算证明，对于气液比高于 $1780m^3$（标）$/m^3$ 的凝析油气井，采用这种近似方法处理的结果能满足工程要求。但是在准备计算参数时，必须作如下修正：

（1）相对密度的修正。

从地面分离器分离出来的干气，其相对密度不能直接用于计算凝析油气井的温度、压力分布，需要进行修正。这里称修正后的气体密度为复合相对密度，并用符号 γ_w 表示，以区别干气相对密度 γ_g。

复合气体相对密度按下式计算

$$\gamma_w = \frac{R_g \gamma_g + 830 \gamma_o}{R_g + 24040 \gamma_o / M_o} \tag{5.179}$$

$$\gamma_g = \frac{q_{SG} \gamma_{SG} + q_{TG} \gamma_{TG}}{q_{SG} + q_{TG}} \tag{5.180}$$

$$M_o = \frac{44.29\,\gamma_o}{1.03 - \gamma_o} \tag{5.181}$$

（2）气体偏差系数的修正。

对于凝析油气井，采用下式计算复合气体的临界温度和临界压力，再按常规的方法计算偏差系数。

当 $\gamma_w \geqslant 0.7$ 时，

$$\begin{cases} p_{pc} = 5.1021 - 0.6895\,\gamma_w \\ T_{pc} = 132.2222 + 116.6667\,\gamma_w \end{cases} \tag{5.182}$$

当 $\gamma_w < 0.7$ 时，

$$\begin{cases} p_{pc} = 4.778 - 0.2482\,\gamma_w \\ T_{pc} = 106.1111 + 152.2222\,\gamma_w \end{cases} \tag{5.183}$$

（3）气体流量的修正。

计算凝析气的流量时，需要将凝析油折算成标准状态下的气体体积，即凝析油的相当气体体积，用符号 q_{FG} 表示

$$q_{EG} = 22.04 \left(\frac{1000\,\gamma_o}{M_o} \right) \tag{5.184}$$

修正后的气体流量为：

$$q_G = q_{SG} + q_o\,q_{EG} + q_{TG} \tag{5.185}$$

式中　γ_w——复合气体相对密度；

　　　R_g——地面总生产气液比，m^3（标）/m^3；

　　　M_o——凝析油罐内凝析油的平均相对分子质量，g/mol；

　　　γ_o——凝析油罐内凝析油的相对密度；

　　　γ_g——地面分离器和凝析油罐气的平均相对密度；

　　　q_{SG}——分离器的干气产量，m^3（标）/d；

　　　q_{TG}——凝析油罐日逸出气量，m^3（标）/d；

　　　γ_{SG}——分离器的干气相对密度；

　　　γ_{TG}——凝析油罐逸出气相对密度；

　　　p_{Pc}——临界压力，Pa；

　　　T_{Pc}——临界温度，K；

　　　q_{EG}——凝析油当量气相体积，m^3（标）/m^3。

5.4.1.3　油套环空流动模型

试油时经常需要进行循环压井，循环压井涉及环空流动。计算环空流体的温度、压力分布只需在计算单一油管内流体温度、压力分布的基础上稍作修改。工程上常用的方法是将管流模型中的管子内径改为环空的水力半径。

水力半径 r_h 定义

$$r_h = \frac{2A}{L} \tag{5.186}$$

式中　r_h——水力半径，m；

A——流通截面积，m^2；

L——湿周，m。

根据定义，环形空间的水力半径：

$$r_h = \frac{2\pi(D_{ci}^2 - D_{to}^2)/4}{\pi(D_{ci} + D_{to})} = \frac{D_{ci} - D_{to}}{2} \tag{5.187}$$

式中　D_{ci}——套管内直径，m；

D_{to}——油管外直径，m。

其当量直径为：

$$D_e = 2r_h = D_{ci} - D_{to} \tag{5.188}$$

对于单一油管，$D_{to} = 0$，故 $r_h = D_{ci}/2$，也即油管的当量直径为 $2r_h$。所以，与环形空间有关的计算仍可采用单管计算模型，只需用 $D_{ci} - D_{to}$ 代替涉及单管内径的参变量和无因次变量，如雷诺数 $Re = \rho_v D/\mu$ 和相对粗糙度 e/D，可以用 $D_{ci} - D_{to}$ 直接代替 D。

环形空间流动涉及油管外壁和套管内壁的粗糙度，因此环形空间流动的有效粗糙度应作如下修正：

$$e = e_c\left(\frac{D_{ci}}{D_{ci} + D_{to}}\right) + e_t\left(\frac{D_{to}}{D_{ci} + D_{to}}\right) \tag{5.189}$$

式中　E——有效粗糙度，m；

e_c、e_t——套管内壁和油管外壁绝对粗糙度，m；

D_{ci}、D_{to}——套管内径和油管外径，m。

这样，环空的相对粗糙度可表示为 $e/(D_{ci} - D_{to})$。

实际工作中，e 的取值应考虑多种因素的综合影响。如环空中的接箍会产生局部摩阻，油管、套管的腐蚀、结垢等情况。所以，e 的取值具有经验性。

5.4.1.4　井眼径向传热模型

常用的井底完井方法包括射孔完井和裸眼完井两种。射孔完井和裸眼完井在井底处的传热模型有微小的差别，因为对于射孔完井而言，井底处有油层套管或尾管，而裸眼完井在井底处无油层套管和尾管。这里将井筒传热模型划分为两种：第一种模型中包含油层套管或尾管，它适用于射孔完井和裸眼完井的裸眼段以上部分；第二种模型中不含油层套管和尾管，它仅适用于裸眼完井的裸眼段部分。

（1）套管井径向传热。

其物理模型如图 5.12 所示。其主要假设条件如下：

① 井筒内传热为稳定传热；

② 地层内传热为不稳定传热，且服从 Ramey 推荐的无因次时间函数；

③ 油管、套管同心。

由稳定传热规律得：

$$q = 2\pi r_{to} U_{to}(T_f - T_{wb}) \tag{5.190}$$

由不稳定传热规律得：

$$q = \frac{2\pi k_e(T_{wb} - T_{ei})}{f(t_D)} \tag{5.191}$$

根据式(5.190)和式(5.191)可求得：

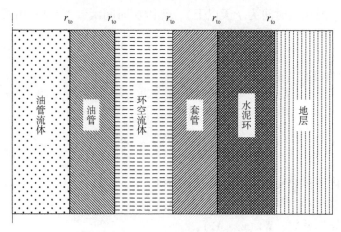

图5.12　第一类井筒传热模型图

$$q = \frac{2\pi r_{to} U_{to} k_e}{r_{to} U_{to} f(t_D) + k_e}(T_f - T_{ei})$$ (5.192)

$$T_e = T_o + g_e z$$

$$t_D = \alpha t / r_{cem}^2$$

$$\alpha = k_e / (\rho_e c_e)$$

式中　r_{to}——油管外径，m；

U_{to}——总传热系数，W/(m·℃)；

T_f——流体温度，K；

T_{wb}——井壁温度，K；

T_{ci}——地层原始温度，K；

K_e——地层传热系数，W/(m·℃)；

$f(t_D)$——无因次时间函数。

对于 $t_D \leqslant 100$(一般注入时间 $t < 7$ 天)，无因次时间函数 $f(t_D)$ 随无因次时间和无因次量 $r_{to}U_{to}/K_e$ 的变化关系由表5.8确定。

表5.8　无因次时间函数表

t_D	$r_{to}U_{to}/K_e$												
	0.01	0.02	0.05	0.1	0.2	0.5	1.0	2.0	5.0	10	20	50	100
0.1	0.313	0.313	0.314	0.316	0.138	0.323	0.330	0.345	0.373	0.396	0.417	0.433	0.438
0.2	0.423	0.423	0.424	0.427	0.430	0.439	0.452	0.473	0.511	0.538	0.568	0.572	0.578
0.5	0.616	0.617	0.619	0.623	0.629	0.644	0.666	0.698	0.745	0.772	0.790	0.802	0.806
1.0	0.802	0.803	0.806	0.811	0.820	0.842	0.872	0.910	0.958	0.984	1.00	1.01	1.01
2.0	1.02	1.02	1.03	1.04	1.05	1.08	1.11	1.15	1.20	1.22	1.24	1.24	1.25
5.0	1.36	1.37	1.37	1.38	1.40	1.44	1.48	1.52	1.56	1.57	1.58	1.59	1.59
10.0	1.65	1.66	1.66	1.67	1.69	1.73	1.77	1.81	1.84	1.86	1.86	1.87	1.87
20.0	1.96	1.97	1.97	1.99	2.00	2.05	2.09	2.12	2.15	2.16	2.16	2.17	2.17
50.0	2.39	2.39	2.40	2.42	2.44	2.48	2.51	2.54	2.56	2.57	2.57	2.57	2.58
100	2.73	2.73	2.74	2.75	2.77	2.81	2.84	2.86	2.88	2.89	2.89	2.89	2.89

对于 $t_D > 100$（一般注入时间为 7 天以上），无因次时间函数 $f(t_D)$ 可由式（5.193）计算：

$$f(t_D) = \frac{1}{2}\ln(t_D) + 0.4035 \tag{5.193}$$

由传热机理导出井眼传热系数为：

$$\frac{1}{U_{to}} = \frac{r_{to}}{r_{ti}\,h_t} + \frac{r_{to}\ln(r_{to}/r_{ti})}{k_t} + \frac{1}{h_c}$$
$$+ \sum_{j=1}^{n} \frac{r_{to}\ln(r_{co}/r_{ci})}{k_{cos}} + \sum_{j=1}^{n} \frac{r_{to}\ln(r_{cem}/r_{co})}{k_{cem}} \tag{5.194}$$

式中　h_t——油管内流体热对流系数，$W/(m^2 \cdot ℃)$；

　　　h_c——环空流体热对流系数，$W/(m^2 \cdot ℃)$；

　　　k_t——油管导热系数，$W/(m \cdot ℃)$；

　　　k_{cas}——套管导热系数，$W/(m \cdot ℃)$；

　　　k_{cem}——水泥环导热系数，$W/m \cdot ℃$；

　　　r_{ti}、r_{to}——油管内、外径，m；

　　　r_{ci}、r_{co}——套管内、外径，m；

　　　r_{cem}——水泥环半径，m；

　　　n——套管及水泥环的层数，无因次。

（2）裸眼井径向传热。

其物理模型如图 5.13 所示，假设条件同第一种。

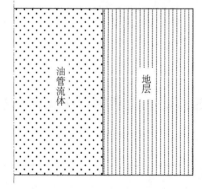

图 5.13　第二类井筒传热模型图

由不稳定传热规律得：

$$q = \frac{2\pi k_e(T_f - T_{ci})}{f(t_D)} \tag{5.195}$$

无因次时间函数的计算同前。

5.4.1.5　模型求解

将比焓梯度代入能量方程，结合实际流体的状态方程就可得到含四个待求未知量 p、T、v、ρ 的方程组，方程个数等于未知量个数，方程组封闭。再加上定解条件就可计算出井筒流体压力、温度、流速及密度沿井深的分布。

将待求的四个未知量 p、T、v、ρ 记为 y_i（$i = 1$，2，3，4），方程组总可以化成相应的梯度方程的形式，F_i 为右函数：

$$\frac{\mathrm{d}y_i}{\mathrm{d}z} = F_i(z, y_1, y_2, y_3, y_4) \quad (i = 1, 2, 3, 4) \tag{5.196}$$

起点位置 z_0 的函数值 $y_i(z_0)$ 记为 y_{i0}，取步长为 h，节点 $z_1 = z_0 + h$ 处的解可用四阶龙格-库塔法表示为：

$$y_i^1 = y_i^0 + \frac{h}{6}(a_i + 2b_i + 2c_i + d_i) \quad (i = 1, 2, 3, 4) \tag{5.197}$$

式中

$$a_i = F_i(z_0,\ y_1^0,\ y_2^0,\ y_3^0,\ y_4^0)$$

$$b_i = F_i\left(z_0 + \frac{h}{2},\ y_1^0 + \frac{h}{2}a_1,\ y_2^0 + \frac{h}{2}a_2,\ y_3^0 + \frac{h}{2}a_3,\ y_4^0 + \frac{h}{2}a_4\right)$$

$$c_i = F_i\left(z_0 + \frac{h}{2},\ y_1^0 + \frac{h}{2}b_1,\ y_2^0 + \frac{h}{2}b_2,\ y_3^0 + \frac{h}{2}b_3,\ y_4^0 + \frac{h}{2}b_4\right)$$

$$d_i = F_i(z_0 + h,\ y_1^0 + hc_1,\ y_2^0 + hc_2,\ y_3^0 + hc_3,\ y_4^0 + hc_4)$$

若未达到预计深度,再将节点的计算值作为下一步计算的起点值,重复上述步骤,如此连续向前推算直到预计深度。上述计算过程同时输出沿井深各节点流动气体的压力、温度、流速和密度。

5.4.2　测试作业过程描述

5.4.2.1　测试工况分类及井段划分

5.4.2.1.1　测试工况分类

完整的测试过程可能包括多种工况,测试工况可以分为以下几种情况。

(1)坐封工况。

不同的测试管柱可能采取不同的坐封方式。对于悬挂式封隔器管柱常采用管内加压坐封;对于支撑式封隔器管柱常采用加压坐封或管柱直接加载坐封。计算不同坐封方式下流体温度、压力分布,可确定不同坐封方式下井口施工的一些控制参数,如油压、套压等,为选择设备提供依据。

(2)射孔工况。

对于射孔完井的测试管柱需要进行射孔工况分析。射孔的引爆方式有多种:投棒引爆,如果测试管柱内是密度较大的泥浆,由于泥浆的阻力,有可能使引爆失败;油管内下入电缆引爆,由于泥浆较重、固体颗粒较多,将影响电缆与点火头的接触造成引爆失败;环空加液压引爆,考虑到泥浆中的固体成分有可能阻塞环空传压孔,使液压不能传至点火头;测试管柱内加液压引爆,那么地面施加的液压与油管内泥浆柱之和将大于地层压力,形成正压射孔,点火射孔的瞬间,泥浆将压入地层造成伤害,这是在探井中应尽量避免的;考虑到上述因素,常采用液压延时引爆,在地面向测试管柱内加压,在 6~7min 后点火头才引爆,在 6~7min 内完全可以把测试管柱内的液压释放掉。这样既保证了引爆的可靠性,又达到了负压射孔。计算射孔时流体的温度、压力分布可确定出施工时的泵压。

(3)诱喷工况。

在深井测试时,若地层压力较低,不能将测试管柱中的流体喷出来,需要将其中的流体部分掏空,使井筒流体能在地层压力的作用下刚好喷出。此时,测试管柱内流体为洗井液或酸液(若进行了酸化作业,测试管柱中为酸液),环空中流体为洗井液,测试管柱内外液体均处于静止状态。测试阀处于开启状态,反循环阀处于关闭状态,胶筒处于坐封状态。对于诱喷需要计算井筒流体的掏空深度。根据计算出的井筒流体温度、压力的分布可确定出测试管柱内流体的掏空深度。

(4)关井工况。

求压测试过程求得地层压力时,需要关闭井口或关闭测试阀,用井下压力计记录井底压力恢复曲线。计算关井时测试管柱内气体的温度、压力分布,其目的是要计算出井口最高关井压力，并根据最高关井压力选择相应的设备，防止出现事故。

（5）放喷、求产工况。

当井底有积液时，需要进行放喷将井底的积液喷出。计算出测试管柱内流体的温度、压力分布就可确定井口油套管的温升、环空流体由于热膨胀引起的套压升高。为了求得地层的产能，需要打开井底测试阀，让地层流体经测试管柱流至地面，求得地层的产能。与放喷工况一样，计算此工况下温度、压力分布就可确定井口油套管的温升、环空流体由于热膨胀引起的套压升高；对该工况作敏感性分析，可为制定合理的生产制度提供理论依据。

（6）压井工况。

此类工况包括正循环压井、反循环压井和非循环压井三种情况。正循环压井指泥浆从测试管柱内注入井筒，经环空返回地面；反循环则相反，泥浆从环空注入井筒，经测试管柱返回地面；非循环压井时，泥浆从测试管柱注入，将测试管柱内的气体压入地层。压井时，计算流体的温度、压力分布是为了得到与某一施工排量相对应的泵压，保证既不发生井喷又不会对地层造成伤害。

（7）酸化工况。

在进行求产时，如果地层的产能很小，需要进行酸化作业。计算了酸化时测试管柱内酸液的温度、压力、流速及密度的分布，就可以确定出施工时的井口泵压，为设备的选择、酸液的配方提供一定的参考。

根据油管及环空流体的流动状况，可将上述多种测试工况划分为以下两种基本情况，各工况的工作示意图如图 5.14 所示。

① 油管和环空流体均静止不动（坐封、射孔和关井）。

② 油管流体流动，环空流体静止（放喷、求产、非循环压井）。

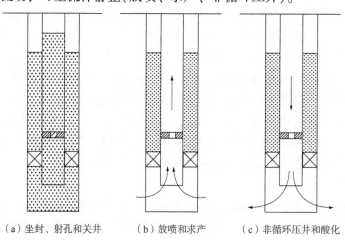

　　（a）坐封、射孔和关井　　　（b）放喷和求产　　　（c）非循环压井和酸化

图 5.14　测试工况工作示意图

5.4.2.1.2　井段划分

对于不同的井身结构和测试工况，井筒在纵向上可能包括多个具有不同井筒传热系数、油管内径的井段。各井段的地温梯度及热传导率等热力学性质可能不同，对深井和超深井来说，情况更是如此。在不同测试工况下其地层参数、环空液面深度也可能不同。另外，由于井下测试工具种类繁多，用于描述测试系统中流体的压力、温度、流速及密度的分布时，需

要考虑井身结构、测试管柱结构、测试工况及不同地层的热物理性质。为了使此模型能够预测在纵向上存在不同热力学特性的地层、复合管柱内流体的压力、温度、流速及密度沿井深的分布，需要将井筒按油管内径、地温梯度、地层热导率、环空流体及井筒热力学性质划分为若干计算区间段，如图 5.15 所示。这样考虑使井筒热动力学模型更加符合实际情况。井段划分方法如下：

第一，输入油管数据、井身结构数据(包括表层套管、技术套管、油层套管以及水泥环)、地层数据和产层中部深度。

第二，让计算机对上述所有的数据作识别、处理，得到不同的无重复、连续无间断的深度区间，以及与每个深度区间相对应的油管、油层套管、技术套管、表层套管、水泥环和地层的几何尺寸、热力学参数等数据。

如图 5.15 所示，该井身结构可划分为 12 个计算区间，[1, 2]，[2, 3]，…，[12, 13]。

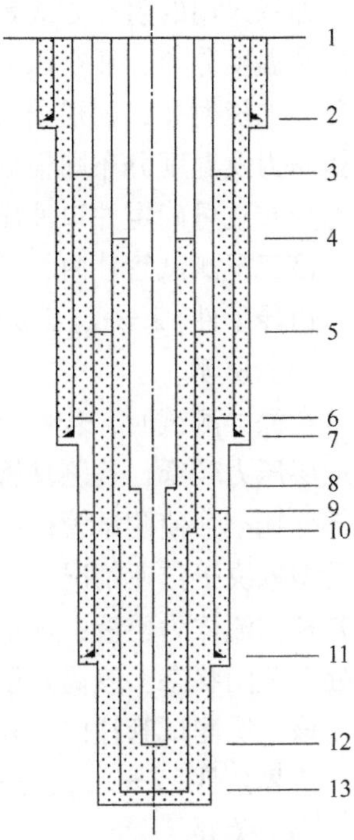

图 5.15　井段区间划分示意图

5.4.2.2　不同测试工况分析

(1) 坐封工况。

坐封前，先投球将油管内流体与地层隔开，这样做的目的是，防止坐封时油管内压力过高而将油管内流体压入地层。此时，测试管柱内及环空中的流体均处于静止状态，流体温度与地层初始温度一样，为线性(从地面至井底，地温梯度为常数)或折线(从地面至井底，不同深度区间，地温梯度不同)分布。坐封时，反循环阀处于关闭状态。只有这样，油管内的压力才能传给封隔器，达到坐封封隔器的目的。

根据井口套压及环空流体密度(考虑环空液面深度)确定环空流体压力、温度分布。油管内流体压力、温度分布则根据坐封压力及液垫的高度来计算。计算出测试管柱内、外流体的温度、压力分布就可确定井口油压、套压。

该工况测试管柱内外流体的基本方程如下：

$$\begin{cases} v = 0 \\ \dfrac{\mathrm{d}p}{\mathrm{d}z} = \rho g \sin\theta \\ \dfrac{\mathrm{d}T}{\mathrm{d}z} = g_{\mathrm{t}} \\ \rho = \rho(p,\ T) \end{cases} \tag{5.198}$$

注意：上述方程组中的状态方程是待定的，对于具体的一口井来说，坐封时流体的状态方程需要根据流体密度与温度、压力的实验数据回归得到。

边界条件：$z = z_{坐封}$，$p = p_{坐封}$，$T = T_{坐封}$。

(2) 射孔。

与坐封工况一样，射孔工况下，测试管柱内、外流体均处于静止状态。反循环阀处于关闭状态，胶筒已经坐封。

如果采用的射孔方式是油管加压射孔，则根据射孔压力及地层初始温度计算油管内流体压力及温度分布，环空压力及温度分布则根据套压和地层初始温度计算；反之，若射孔方式是环空加压射孔，则根据射孔压力及地层初始温度计算环空内流体压力及温度分布，油管内流体压力及温度分布则根据油压和地层初始温度计算。计算出测试管柱内、外流体的温度、压力分布就可确定井口油压、套压。

该工况测试管柱内、外流体的基本方程同坐封工况。

边界条件：$z = z_{射孔}$，$p = p_{射孔}$，$T = T_{射孔}$。

（3）诱喷。

在深井测试时，若地层压力较高，仅靠地层压力就能将测试管柱中流体喷出来；反之，若地层压力较低，且测试管柱中全部充满了流体，此时，需要进行诱喷，将测试管柱中的流体部分掏空，使测试管柱中流体能在地层压力的作用下刚好喷出地面。此时，测试管柱内流体类型取决于作业情况，若未进行酸化，测试管柱内流体为洗井液；若进行了酸化作业，测试管柱内流体为酸液；环空中流体为洗井液，测试管柱内、外液体均处于静止状态。反循环阀处于关闭状态，胶筒处于坐封状态。对于诱喷需要计算井筒流体的掏空深度。

该工况测试管柱内、外流体的基本方程同坐封工况。

边界条件：$z = z_{井底}$，$p = p_{井底}$，$T = T_{井底}$。

（4）关井。

测试时，通常需要经过几次开关井。关井时，测试管柱内流体为气体，环空中流体为盐水或泥浆，气体和液体均处于静止状态。反循环阀处于关闭状态，胶筒处于坐封状态。关井是深井测试中最危险的一种工况，因为此时测试管柱内为气体，且气体是静止的。与液体相比，气体的压力梯度要小得多，因此关井时井口油压非常高，这也是常常导致深井测试失败的一个重要原因。由于关井是深井测试中最危险的一种工况，所以，最高关井压力的预测对确保深井测试的安全有着非常重要的意义。

由套压及地层初始温度求得环空流体的压力、温度分布；由地层压力及地层初始温度求得测试管柱内气体的压力、温度分布。

该工况测试管柱内、外流体的基本方程同坐封工况。

$$\begin{cases} v = 0 \\ -\dfrac{1}{\rho}\dfrac{\mathrm{d}p}{\mathrm{d}z} + g\sin\theta = 0 \\ \dfrac{\mathrm{d}T}{\mathrm{d}z} = g_{t} \\ \rho = \dfrac{Mp}{Z_{g}RT_{g}} \end{cases} \qquad (5.199)$$

边界条件：$z = z_{井底}$，$p = p_{井底}$，$T = T_{井底}$。

（5）求产。

求产是测试中最重要、必不可少的工况。求产时，测试阀处于开启状态，反循环阀处于关闭状态，由地层进入井底的天然气经测试阀流向井口。环空中为静止的液体（盐水或泥浆）。

测试管柱内的气体物性参数根据井底流压、流动气柱在井底处的温度和气体的产量来计算。因测试管柱内是向上流动的高温气体，环空的流体要吸收热量而温度升高。由于环空流体存在于密闭的环形空间中，温度的升高势必引起其压力的升高，并且产量越高，环空流体的压力升高越大。环空流体热膨胀引起压力升高的计算较复杂，因此，将环空流体的压力分布计算放在下一章讨论。

该工况测试管柱内流体的基本方程为：

$$\begin{cases} \rho \dfrac{\mathrm{d}v}{\mathrm{d}z} + v \dfrac{\mathrm{d}\rho}{\mathrm{d}z} = 0 \\[2mm] -\dfrac{1}{\rho}\dfrac{\mathrm{d}p}{\mathrm{d}z} - f\dfrac{v|v|}{2d} + g = \dfrac{v\mathrm{d}v}{\mathrm{d}z} \\[2mm] a(T_f - T_{ei}) + \dfrac{\mathrm{d}}{\mathrm{d}z}\left(H + \dfrac{1}{2}v^2 - gz\sin\theta\right) = 0 \\[2mm] \rho = \dfrac{pM}{Z_g R T_f} \end{cases} \tag{5.200}$$

式中：

$$a = \frac{\pi_{ti} U_{ti} k_e}{A\rho v[R_{ti} U_{ti} f(t_D) + k_e]}$$

边界条件：

$$p(z_0) = p_0 \quad T(z_0) = T_0, \quad \rho(z_0) = \frac{M p_0}{R T_0 Z_g}, \quad v(z_0) = \frac{w}{A\rho_0}。$$

建立了常微分方程组并有了边界条件，采用前面介绍的四阶龙格-库塔法求解就可以得到气体的温度、压力沿井深的分布。

（6）放喷。

测试时，若井底有积液时，需要进行放喷将井底的积液排到地面。放喷时，测试管柱内既有地层水，又有地层气体，为了使问题得到简化，这里不考虑水、气两相区，即认为地层水和天然气存在明确的气液界面。测试管柱内的流体从井底流向井口，环空中的流体处于静止状态；测试阀开启，反循环阀关闭，胶筒坐封。

测试管柱内的流体物性参数根据井底流压、流体在井底处的温度和放喷的产量来计算。与求产一样，放喷时的环空流体压力分布计算在下一章讨论。

由于放喷时测试管柱内存在气、液两种流体，所以，描述测试管柱内流体运动的方程组有两个，下面仅给出地层水运动方程组，气体运动方程组同求产工况。

$$\begin{cases} \rho \dfrac{\mathrm{d}v}{\mathrm{d}z} + v \dfrac{\mathrm{d}\rho}{\mathrm{d}z} = 0 \\[2mm] -\dfrac{1}{\rho}\dfrac{\mathrm{d}p}{\mathrm{d}z} - f\dfrac{v|v|}{2d} + g\sin\theta = \dfrac{v\mathrm{d}v}{\mathrm{d}z} \\[2mm] a(T_f - T_{ei}) + \dfrac{\mathrm{d}}{\mathrm{d}z}\left(H + \dfrac{1}{2}v^2 - gz\right) = 0 \\[2mm] \rho = -\lceil 0.306254(T - 273.15)^2 + 4.61464(T - 273.15)\rceil \times 10^{-5} + 0.996732 \end{cases} \tag{5.201}$$

边界条件：

$$p(z_0) = p_0, \quad T(z_0) = T_0, \quad \rho(z_0) = \rho(T_0), \quad v(z_0) = \frac{w}{A\rho_0}.$$

（7）压井。

正循环压井时，泥浆从油管注入，当注入泥浆流到反循环阀深度处时，泥浆经反循环阀进入环空并由环空返回地面，即油管内的泥浆流动方向为由上至下，而环空中的泥浆流动方向为由下至上。对于正循环压井，套压等于大气压，井口处油管内泥浆的温度是已知的。

描述油管内流体的方程组：

$$\begin{cases} \rho \dfrac{\mathrm{d}v}{\mathrm{d}z} + v \dfrac{\mathrm{d}\rho}{\mathrm{d}z} = 0 \\[2mm] -\dfrac{1}{\rho} \dfrac{\mathrm{d}p}{\mathrm{d}z} - f \dfrac{v\,|\,v\,|}{2d} + g = \dfrac{v\mathrm{d}v}{\mathrm{d}z} \\[2mm] b(T_f - T_h) + \dfrac{\mathrm{d}}{\mathrm{d}z}\left(H + \dfrac{1}{2}v^2 - gz\right) = 0 \\[2mm] \dfrac{\mathrm{d}\rho}{\mathrm{d}z} = x_1 \dfrac{\mathrm{d}p}{\mathrm{d}z} + x_2 \dfrac{\mathrm{d}T}{\mathrm{d}z} \end{cases} \tag{5.202}$$

描述环空流体的方程组：

$$\begin{cases} \rho_k \dfrac{\mathrm{d}v_h}{\mathrm{d}z} + v_h \dfrac{\mathrm{d}\rho_h}{\mathrm{d}z} = 0 \\[2mm] -\dfrac{1}{\rho_k} \dfrac{\mathrm{d}p_h}{\mathrm{d}z} - f \dfrac{v_h\,|\,v_h\,|}{2d} + g = \dfrac{v_h\mathrm{d}v_h}{\mathrm{d}z} \\[2mm] b(T_k - T_f) + a(T_k - T_{ei}) + \dfrac{\mathrm{d}}{\mathrm{d}z}\left(H + \dfrac{1}{2}v_h^2 - gz\right) = 0 \\[2mm] \dfrac{\mathrm{d}\rho_h}{\mathrm{d}z} = x_1 \dfrac{\mathrm{d}p_h}{\mathrm{d}z} + x_2 \dfrac{\mathrm{d}T_k}{\mathrm{d}z} \end{cases} \tag{5.203}$$

将上述两个方程组合并为一个方程组，并按照下列边界条件求解。

井口处油管流体的温度是已知的，等于常温；井口处套管的压力是已知的，等于大气压。

$z=0$，$T=T_{air}$，$p_h = 1.01×10^5$ Pa。

在测试阀深度处，流体的温度、压力是未知的；但忽略测试阀的压力损失和流体的温度变化，可近似认为，该深度处油管流体和环空流体的温度、压力相等：

$z = z_{valve}$，$T = T_h$，$p = p_h$。

计算正循环压井油管和环空压力、温度分布的思路如下：

① 先假设测试阀处流体的压力 $p_{假设}$ 和温度 $T_{假设}$；

② 计算从测试阀到井口处油管和环空流体的压力、温度分布；

③ 比较计算得到的井口处油管流体温度、井口套压是否分别等于流体注入温度、大气压；

④ 如果满足上述条件，则假设的测试阀处流体的压力 $p_{假设}$ 和温度 $T_{假设}$ 等于该处流体实际的压力、温度值，结束计算；

⑤ 如果不满足上述条件，则需要重新假设测试阀处流体的压力 $p_{假设}$ 和温度 $T_{假设}$，重复

上述步骤，直到满足上述条件。

（8）酸化。

当油气井的产量较低时，需要进行酸化提高油气井的产量。测试管柱内酸液从井口流向井底，环空中的流体处于静止。测试阀处于开启状态，反循环阀处于关闭状态，胶筒已经坐封。由地层压力、酸液注入温度、注入速度可求出测试管柱内酸液沿井深的分布。

该工况测试管柱内、外流体的基本方程同求产工况，只是流体不同，且流体流动方向相反。

边界条件为：$z = z_{井底}$，$p = p_{井底}$，$T = T_{井底}$。

5.4.3　测试作业过程力学模型

5.4.3.1　外载荷计算方法

影响连续管受力与变形的外界因素包括：重力、管内外流体压力、流体流动黏滞力、温度、顶部钩载、底部封隔器处约束方式、操作顺序等。这些因素共同作用，使管柱的力学分析与计算非常复杂，主要表现为：①多种效应并存。管柱除常规的温度效应、膨胀效应、屈曲效应、活塞效应及重力效应外，还有流体流动黏滞力及离心力的作用（这里称为"流动效应"）。②螺旋变形具有重要作用。以前的管柱力学计算，把螺旋屈曲的影响简单地理解为使管柱轴向缩短。与其他因素相比，螺旋屈曲直接引起的管柱轴向缩短量很小，以致有人认为可以忽略掉螺旋变形影响。实际上，在一定条件下，螺旋屈曲对管柱变形的影响比其他因素更大。③每口井的参数、操作步骤各不相同。不同的井，深度、压力、产物性质等不同，测试目的也不同，因而连续管组成、操作方式就不一样。这些因素给编制通用程序带来许多麻烦。④管柱受力与变形只能预测，无法实时观测。从管串下入井中开始，管串的受力与变形情况就不可能受到实时观测，而只能通过井口压力、温度、流量等进行预测。

（1）连续管有效轴向力计算模型。

由于液压作用，管柱的轴向力需要考虑有效力和真实力。以前的许多研究工作没有考虑二者区别，或是使用不当，造成不少混乱。本课题研究人员通过广泛调研和深入分析，综合 Lubinski 和 Mitchell 的理论精华，确定了测试过程中油管屈曲与轴向伸缩的计算方法。

设封隔器处为坐标原点，向上为正，轴向力以压力为正。

设任一井深处油管横截面真实轴向力（kN）为 F_a，则定义有效轴向力（kN）为：

$$F_f(x) = F_a(x) + p_i(x) A_i - p_o(x) A_o \tag{5.204}$$

式中　p_i——油管内液体压力，MPa；

　　　p_o——油管外液体压力，MPa；

　　　A_i——油管内圆截面积，m^2；

　　　A_o——油管外圆截面积，m^2。

（2）油管的临界屈曲值、后屈曲摩阻特性及永久性螺旋变形计算模型。

一般认为，试油管柱存在严重的螺旋屈曲，有时屈曲段长度达到千米以上。但是，由于屈曲引起的轴向变形与其他因素引起的轴向变形相比较小，因而受到轻视。经过研究，我们认为，螺旋屈曲的主要影响不是其自身引起的轴向变形，而在于屈曲引起管柱与井壁接触力，从而产生摩擦力。摩擦力对管柱变形的影响贯穿了整个测试过程，它严重制约着温度、压力等对管柱变形的作用方式。

根据现有资料，管柱在垂直井眼中屈曲临界力公式为：

平面屈曲临界力：

$$F_{fcr} = 2.55 \sqrt[3]{EI\,q^2} \tag{5.205}$$

螺旋屈曲临界力：

$$F_{fhel} = 5.55 \sqrt[3]{EI\,q^2} \tag{5.206}$$

式中　q——油管有效线重量，kN/m；

　　　EI——油管抗弯刚度，kN·m^2。

一旦管柱段有效轴向力大于零，那么不论真实轴向力是压力还是拉力，都会发生屈曲。试油过程中，管柱屈曲段很长，端部边界条件对变形的影响较小，因此在后面的计算中，假设有效轴向力大于零的管柱段全部发生螺旋屈曲。

后屈曲摩阻特性：

螺旋屈曲使管柱轴向缩短：

$$d(\Delta x)_{hel} = \frac{F_f\,r^2}{4EI}\Delta x \tag{5.207}$$

螺旋屈曲引起管柱与井壁接触力：

$$h = \frac{rF_f^2}{4EI} \tag{5.208}$$

式中　r——环隙；

　　　Δx——油管微段长度。

以上两式只适用于有效轴向力大于零的管柱段。

(3) 膨胀效应与活塞效应计算模型。

膨胀效应：对于插管封隔器，必须算准在各操作工况下插管的插入深度，严防插管拔出。因此，在插管下入阶段就必须计算出内、外压影响，并根据操作过程和流动情况时计算。

由于内、外液体压力，管柱膨胀效应将引起轴向应变：

$$\varepsilon_z = \frac{2\nu}{E} \cdot \frac{p_o R^2 - p_i}{R^2 - 1} \tag{5.209}$$

式中　ν——泊松比；

　　　R——油管外径与内径之比。

活塞效应：在油管变截面及测试阀等处，液压会引起轴向力突变，尤其在测试过程中，油管内、外压力的变化比较大，因此活塞效应非常明显。

活塞力的计算公式为：

$$F_v = p_o(A_{o2} - A_{o1}) - p_i(A_{i2} - A_{i1}) \tag{5.210}$$

式中　A_{o1}、A_{o2}、A_{i1}、A_{i2}——两段管柱的外横截面面积和内横截面面积，m^2。

(4) 管柱轴向力引起的伸缩。

油管横截面真实轴向力 F_a 引起的轴向应变计算式为：

$$\varepsilon_{Fa} = \frac{F_a}{EA_c} \tag{5.211}$$

式中　E——弹性模量，MPa；

　　A_c——油管净截面积（$A_c = A_o - A_i$），m^2。

（5）温度效应。

测试管柱坐封后，在井口和封隔器处都限制了管柱的位移，对于带销钉类机械式封隔器，如果热应力过大，有可能将封隔器处的销钉剪断，因此有必要计算由于存在热应力在封隔器处产生的附加作用力。

对于一口斜井，从井口到井底温度分布为：

$$T(s) = T_s + G_t H(s)/100 \tag{5.212}$$

式中　T_s——作业井地面平均温度，℃；

　　G_t——地温梯度，℃/100m；

　　$H(s)$——测深为 S 处底垂深，m。

对于井内任一微元段管柱，其温度为：

$$T_{iv} = T_s + G_t(H_{i-1} + H_i)/200 \tag{5.213}$$

平均温度增量为：

$$\Delta T_{iv} = G_t(H_{i-1} + H_i)/200 \tag{5.214}$$

微元段内的热应变为：

$$\varepsilon = \alpha A T_{iv}$$

温度改变引起的轴向力变化为：

$$\Delta F_{ti} = E\alpha \Delta T_{iv} A_s \tag{5.215}$$

从井口到井底由温度改变引起的轴向力分布为：

$$F_i = F_{i-1} - \Delta F_{ti} = F_{i-1} - E\alpha \Delta T_{iv} A_s \tag{5.216}$$

式中　α——油管线热胀系数，1/℃。

如果温度变化不均匀，则需分段计算。

（6）流动效应。

对于高压井，开井后管内流体流动除引起沿程压力变化外，还有以下两方面影响：一方面，流体的黏滞力作用于管壁，类似于摩擦力，改变轴向力；另一方面，在管柱弯曲段，管内流体高速流动，产生惯性离心力，增加屈曲效应和油管与套管的接触力。

流动产生的惯性离心力为：

$$f = \rho A_i v^2/R_x \tag{5.217}$$

式中　ρ——管内流体局部质量密度，kg/m^3；

　　v——流动速度，m/s；

　　R_x——管柱曲率半径，m。

对于均匀螺旋屈曲，R_x 的表达式为：

$$\frac{1}{R_x} = \frac{4\pi^2 r}{p^2 + 4\pi^2 r^2} \tag{5.218}$$

式中　p——螺距，m。

均匀螺旋屈曲的螺距表达式为：

$$p = 2\pi\sqrt{2EI/F_f} \tag{5.219}$$

（7）未凝固套管段因泥浆膨胀引起的外挤力计算。

固井后，如果因某种原因，一段套管的水泥环没有凝固，而上、下端都已经凝固，那么在试油及采油过程中，万一此段套管和水泥环温度升高，会因体积膨胀而引起套管受附加外挤力。

附加外挤力随温度分布而不同，下面就最危险的情况，即热传递稳定后达到温度处处相等时，建立附加外挤力计算模型。计算用到如下公式：

套管因升温而引起的径向位移：

$$u_r = \alpha(1 + \mu)\, \frac{1}{r} \int_a^r Tr\mathrm{d}r + C_1 r + \frac{C_2}{r} \tag{5.220}$$

式中　u_r——管体上任意一点的径向位移，m；

　　　μ——泊松比；

　　　r——管体上任意一点到圆心的距离，m；

　　　T——温度变化量，℃；

　　　a——套管内径，m；

　　　C_1、C_2——积分常数。

套管段受到内、外压力作用，引起的径向位移：

$$u_r = \frac{E}{1 - \mu^2}\left[-\frac{1}{1 - \mu} \cdot \frac{C_3}{r} + 2 \cdot \frac{1 - 2\mu}{1 - \mu} C_4 r \right] \tag{5.221}$$

式中　C_3、C_4——积分常数。

水泥浆因升温引起的体积增量：

$$\mathrm{d}V = \alpha_c V \tag{5.222}$$

式中　$\mathrm{d}V$——体积增量，m^3；

　　　V——原泥浆体积，m^3；

　　　α_c——泥浆热膨胀系数，1/K。

水泥浆因压力上升引起的体积增量：

$$\mathrm{d}V_c = -\frac{V\mathrm{d}p}{E_c} \tag{5.223}$$

式中　$\mathrm{d}V_c$——体积增量，m^3；

　　　V——原泥浆体积，m^3；

　　　E_c——泥浆体积弹性系数，Pa；

　　　$\mathrm{d}p$——压力变化量，Pa。

在计算时，令温度升高引起的体积增加量，与压力升高引起的体积减小量相等，得出附加压力，从而判断该段套管的外挤压力。

（8）激动压力计算。

试油或其他操作过程中，由于射孔、开井、关井等操作，引起液流速度骤然改变，伴随液流速度骤然改变，管内压力将产生急剧交替升降，即压力激动。压力激动过程是一种非恒定流动，在流动参数产生阶跃变化的动态过程中，压力瞬间的最大升值可达到管路中正常压力的许多倍，而且压力升降的频率很高。因此，激动压力的计算也是油管安全校核时必须考虑的内容。

当阀门突然开关时，最大压力升高值为：

$$\Delta p = \rho_{\mathrm{L}} v_{\mathrm{s}} (v_0 - v_{\mathrm{F}}) \tag{5.224}$$

式中 Δp——最大压力升高值，Pa；

ρ_{L}——流体密度，$\mathrm{kg/m^3}$；

v_{s}——压力波传播速度，m/s；

v_0——阀门动作前流体流动速度，m/s；

v_{F}——阀门动作后流体流动速度，m/s。

当阀门开关动作经历一段时间时，最大压力升高值为：

$$\Delta p = \rho_{\mathrm{L}} (v_0 - v_{\mathrm{p}}) \frac{2L}{t_{\mathrm{k}}} \tag{5.225}$$

式中 L——管长，m；

t_{k}——阀门动作时间，s；

其余符号同前。

压力波传播速度：

$$v_s = \sqrt{\frac{E_c / \rho_{\mathrm{L}}}{1 + (2a/\delta)(E_c/E)}} \tag{5.226}$$

式中 δ——油管壁厚，m。

其余符号同前。

5.4.3.2 第四强度理论计算方法

管柱上任一点处的应力状态主要包括以下几种应力：内、外压作用所产生的径向应力 s_{r} 和环向应力 s_{q}；轴力所产生的轴向拉、压应力 s_{F}；井眼弯曲或正弦弯曲、螺旋弯曲所产生的轴向附加弯曲应力 s_{M}；剪力 Q 所产生的横向剪切应力 t_{Q}。由此可见，一般情况下，管柱上的任一点的应力状态都是复杂的三轴应力状态。因此，在进行强度校核时不能只进行单轴应力校核（如单向抗拉、抗内压、抗外压等），而必须按照第四强度理论进行三轴应力校核。

（1）内、外压作用下管柱的应力分析。

根据弹性力学的厚壁圆筒理论可知，在内压 $p_{\mathrm{i}}(s)$ 及外压 $p_0(s)$ 作用下管柱上任一点(r, s)处环向应力 $s_{\mathrm{q}}(r, s)$ 和径向应力 $s_{\mathrm{r}}(r, s)$ 分别为：

$$\sigma_{\theta}(r, s) = \frac{p_{\mathrm{i}} r_{\mathrm{i}}^2 - p_{\mathrm{o}} r_{\mathrm{o}}^2}{r_{\mathrm{o}}^2 - r_{\mathrm{i}}^2} + \frac{r_{\mathrm{o}}^2 r_{\mathrm{i}}^2}{(r_{\mathrm{o}}^2 - r_{\mathrm{i}}^2) r^2}(p_{\mathrm{i}} - p_{\mathrm{o}}) \tag{5.227}$$

$$\sigma_{\mathrm{r}}(r, s) = \frac{p_{\mathrm{i}} r_{\mathrm{i}}^2 - p_{\mathrm{o}} r_{\mathrm{o}}^2}{r_{\mathrm{o}}^2 - r_{\mathrm{i}}^2} - \frac{r_{\mathrm{o}}^2 r_{\mathrm{i}}^2}{(r_{\mathrm{o}}^2 - r_{\mathrm{i}}^2) r^2}(p_{\mathrm{i}} - p_{\mathrm{o}}) \tag{5.228}$$

式中 r_{i}、r_{o}——管柱的内半径和外半径，m。

从式(5.227)和式(5.228)可以看出，在内、外压力作用下，径向应力和轴向应力的大小，与内、外压力差有关，也与管柱计算半径 r 有关，对管柱的强度校核问题，最关心的是最大径向应力和周向应力，理论推导表明，最大径向应力和周向应力发生在内管壁处，即 $r = r_{\mathrm{i}}$ 处，所以可得：

$$\sigma_{\mathrm{rmax}} = - p_{\mathrm{i}} \tag{5.229}$$

$$\sigma_{\theta\mathrm{max}} = \frac{p_{\mathrm{i}}(r_{\mathrm{i}}^2 + r_{\mathrm{o}}^2)}{r_{\mathrm{o}}^2 - r_{\mathrm{i}}^2} - \frac{2 p_{\mathrm{o}} r_{\mathrm{o}}^2}{r_{\mathrm{o}}^2 - r_{\mathrm{i}}^2} \tag{5.230}$$

（2）轴力所产生的轴向拉、压应力计算。

根据前面的讨论，我们可以确定管柱上任一点 s 处的等效轴力 $F_{te}(s)$。那么其真实轴力 $F_t(s)$ 为：

$$F_x(s) = F_z(s) - p_i(s) A_i + p_o(s) A_o$$

其实，轴力 $F_t(s)$（注意在此处轴力受压为正、受拉力负）所产生的轴向应力为：

$$\sigma_F(s) = -\frac{F_x(s)}{A_o - A_i} \tag{5.231}$$

（3）弯曲应力计算。

根据前面的分析，我们可以求得管柱上任一点处的合弯矩 $M(s)$。则在合弯矩 $M(s)$ 所作用的平面内距管柱轴心为 r 的轴向弯曲应力 $s_M(r, s)$ 为：

$$\sigma_M(r, s) = \pm\frac{4M(s) r}{\pi(r_o^4 - r_i^4)} \tag{5.232}$$

（4）剪切应力计算。

当合剪力 $Q(s)$ 确定后，则可以确定相应的剪切应力。由材料力学的有关公式可知，其剪切应力可近似按式（5.233）计算：

$$\tau_Q(s) \approx 2\frac{Q(s)}{A_o - A_i} \tag{5.233}$$

$$b = \frac{\tau_Q(s)}{\sigma_M(r_o, s)} = \frac{(A_0 + A_i) Q(s)}{2\pi M(s) r_o} < \mu r_o \sqrt{\beta} \ll 1$$

可见，$\tau_Q(s) \ll s_M(s)$。因此，在一般情况下，可以忽略剪切应力。

（5）第四强度理论计算方法。

根据第四强度理论，可得其相当应力为：

$$\sigma_{rd}(r, s) = \frac{1}{\sqrt{2}} \left[(\sigma_F + \sigma_M - \sigma_r)^2 + (\sigma_F + \sigma_M - \sigma_\theta)^2 + (\sigma_r - \sigma_\theta)^2 \right]^{1/2} \tag{5.234}$$

取：$\sigma_{max} = \max[\sigma_{ed}(r, s)]$

则相应的强度条件为：$\sigma_{max} \leqslant [\sigma]_o [\sigma] = \dfrac{\sigma_s}{n_s}$ 为管柱材料的许用应力。s_s 为材料的屈服极限，n_s 为安全系数，一般可取 $n_s = 1.25$。在工作过程中的实际安全系数 n 应满足：

$$n = \frac{\sigma_s}{\sigma_{max}} \geqslant n_s \tag{5.235}$$

（6）三轴强度校核方法。

三轴应力状态下的强度是指管柱在三轴应力作用下抗挤毁、抗破裂和抗拉断的能力。它与三轴应力的大小和管柱本身的屈服强度有关。由于 API 强度是在单轴应力条件下得到的，所以三轴应力设计时不能直接用。为此，须求出三轴强度与 API 强度之间的关系才能进行管柱的三轴强度校核。利用 Von-Mises 屈服准则及三轴强度与内、外压力和轴向应力之间的关系，再用 API 强度与内、外压力和轴向应力之间的关系，经推导可得：

$$p_{ca} = p_\omega \left\{ \left[1 - \frac{3}{4} \left(\frac{\sigma_z + p_i}{\sigma_y}\right)^2 \right]^{1/2} - \frac{\sigma_z + p_i}{2\sigma_y} \right\} \tag{5.236}$$

$$p_{b2} = p_{bo} \left\{ \frac{r_i^2}{(3 \, r_o^4 + r_i^4)^{1/2}} \cdot \frac{(\sigma_z + p_o)}{\sigma_y} + \left[1 - \frac{3 \, r_o^4}{3 \, r_o^4 + r_i^4} \left(\frac{\sigma_z + p_o}{\sigma_y} \right)^2 \right]^{1/2} \right\} \quad (5.237)$$

$$T_a = \pi (p_i \, r_i^2 - p_o \, r_o^2) + [T_o^2 - 3 \, \pi^2 \, (p_i - p_o)^2 \, r_o^4]^{1/2} \quad (5.238)$$

式中　σ_y 管柱的屈服强度。

式(5.236)~式(5.238)分别为三轴抗挤、抗内压和抗拉强度公式，它们表示了三轴强度与 API 强度和内外压力、轴向应力之间的关系，可用于管柱的三轴应力校核。

当设计时不考虑内压的影响($p_i = 0$)时，三轴抗挤强度变为双轴抗挤强度，即：

$$p_{ca} = p_\omega \left\{ \left[1 - \frac{3}{4} \left(\frac{\sigma_z}{\sigma_y} \right)^2 \right]^{1/2} - \frac{\sigma_z}{2 \, \sigma_y} \right\} \quad (5.239)$$

即当不考虑内压和轴向应力的影响($p_i = 0$，$\sigma_z = 0$)时，变为 API 抗挤强度，即 $p_{ca} = p_{co}$。

当所设计的套管不是厚壁套管，且不考虑外压力影响($p_o = 0$)时，变为双轴抗内压强度公式：

$$p_{ba} = p_{bo} \left\{ \frac{\sigma_z}{2 \, \sigma_y} + \left[1 - \frac{3}{4} \left(\frac{\sigma_z}{\sigma_y} \right)^2 \right]^{1/2} \right\} \quad (5.240)$$

即当不考虑外压和轴向应力($p_o = 0$，$\sigma_z = 0$)时，变为单轴抗内压强度公式，即为 API 抗内压强度：$p_{ba} = p_{bo}$。

不考虑内压的影响($p_i = 0$)时，变为双轴外挤抗拉强度公式：

$$T_a = - \pi p_o \, r_o^2 + [T_o^2 - 3 \, \pi^2 \, p_o^2 \, r_o^4]^{1/2} \quad (5.241)$$

当不考虑外压的影响($p_o = 0$)时，变为双轴内压抗拉强度公式

$$T_a = \pi p_i \, r_i^2 + (T_o^2 - 3 \, \pi^2 \, p_i^2 \, r_o^4)^{1/2} \quad (5.242)$$

当既不考虑内压，也不考虑外压的影响时，变为单轴抗拉强度公式，即 API 抗拉强度，$T_a = T_o$。

以上所有公式中各个物理量的单位均采用国际单位，如力用 N，长度用 m。

5.4.4　计算实例

由于连续管的结构较为单一，不存在变截面问题，其活塞效应不明显，本书将以比较复杂的××井测试管串为例，说明测试过程中管柱的力学特性。

5.4.4.1　××井井身结构

××井是一口直井，完钻井深 4870m，测试井段为 4842~4845m，实钻井身结构见表 5.9。

表 5.9　××井井身结构

序号	套管层次	钻头尺寸/ mm	井深/ m	套管尺寸/ mm	下深/ m	尾挂深度/ m
1	表层套管	660.4	94.51	508	91.48	
2	技术套管	406.4	1119	339.7	1010.83	
3	技术套管	311.1	2858.8	244.5	2854.75	
4	技术套管	215.9	4550	177.8	4544.53	
5	生产尾管	149.2	4870	127	4870	4507

5.4.4.2　××井井筒温度和压力分布预测

××井气层地层温度为 126℃，井口地面温度为 16℃，井深 4850m，地层压力 80.46MPa，

天然气相对密度为 0.5733。

根据井筒温度和压力分布预测模型，得到在稳定产量 $37×10^4 m^3/d$ 情况下的温度和压力剖面，如图 5.16 所示。

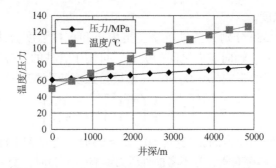

图 5.16　××井测试过程中的温度、压力分布剖面

5.4.4.3　××井测试管柱结构

为保证分析全面，采用了液压式封隔器，管串结构见表 5.10。

表 5.10　液压式封隔器完井管柱组合(从上到下排列)

序号	名称	通径/mm	最大外径/mm	长度/mm	扣型
1	锥管挂				3½in FOX　BOX×BOX
2	双公短节				3½in FOX　PIN×PIN
3	ϕ89mm×6.45KO-13Cr-110FOX 油管	76.10	108.00	至地面	3½in FOX　BOX×PIN
4	CMPA 滑套(带开关工具)	71.42	134.87		3 ½in FOX　BOX×PIN
5	ϕ89mmKO-13Cr-FOX 油管 2 根	76.10	108.00	20	3½in FOX　BOX×PIN
6	N 型伸缩短节	73.00	124.60		3½in FOX　BOX×PIN
7	ϕ89mmKO-13Cr-FOX 油管 4 根	76.10	108.00	40	3½in FOX　BOX×PIN
8	接头	76.00	99.54		3½in FOX BOX×4½in 特殊公扣
9	SB-3 封隔器	98.00	146.05		4½in 特殊母扣×4½in 特殊母扣
10	转换接头	76.00	126.21		4½in 特殊公扣×3½in FOX PIN
11	变扣短接头	76.00	99.54		3½in FOX　BOX×PIN
12	ϕ89mmKO-13Cr-FOX 油管(若干)	76.10	108.00	200	3½in FOX　BOX×PIN
13	坐放短节	70.08	99.54		3½in FOX　BOX×PIN
14	变径接头	60.00			3½in FOX　BOX×2⅞in FOX PIN
15	ϕ73mm×5.51KO-13Cr-110FOX 油管	62		100	2⅞in FOX　BOX×PIN
16	球座				2⅞in FOX　BOX

5.4.4.4　测试工况及其载荷分析

封隔器分机械式和液压式两种，在 ϕ178mm 套管内，机械式封隔器常用外径为 ϕ146mm

的 RTTS 封隔器，坐封力为 60~80kN，解封力为 100~120kN，对于液压式封隔器，坐封时是靠在油管内憋压，当封隔器处的压力达到 60~70MPa 时，封隔器就坐封。

在测试管柱力学分析过程中，无论是机械式封隔器还是液压式封隔器，都考虑了以下几种工况：

(1) 下管柱。

测试管柱下到预定位置，此时，轴力分布是井口最大，底部最小，在进行轴向力计算时，考虑封隔器之下管柱重量对上部管柱的影响。管外充满密度与地层压力系数相当的完井液(钻井液密度为 1.67g/cm³)，油管内存在液垫，高度人为控制，管内液体密度可以人为设置；温度分布按地温梯度计算。

由于封隔器尚未坐封，无活塞力。测试阀关闭，因此，测试阀之下的压力不能传递到测试阀之上的井段，油管内压力按液垫流体性质计算。

井口油管压力为 0，套管压力为 0。

(2) 在预定井深起管柱。

对于直井而言，由于忽略摩阻力和动载的影响，起钻、下钻工况的轴向力分布是一样的，但是，对于定向井、水平井，由于摩阻力的存在，而且摩阻力的方向跟管柱运动方向密切相关，导致起钻和下钻工况的轴向力分布大不相同，必须分别计算。

起管柱的内、外压力计算同下管柱工况，管外充满密度与地层压力系数相当的完井液；油管内存在液垫，高度人为控制；温度按地温梯度计算。

由于封隔器尚未坐封，无活塞力。测试阀关闭，因此，封隔器之下的压力不能传递到封隔器之上。同时考虑封隔器之下管柱重量对上部管柱的影响。

井口油管压力为 0，套管压力为 0。

(3) 测试。

测试过程中，管柱轴向受力同坐封状态，管内井底压力为地层压力，井底温度为地层温度，测试过程中的管内的温度、压力分布按有关理论计算得到，管外压力按管外充满液体计算。

井口油管压力计算得到，套管压力为 0。

(4) 关井。

关井条件下，轴向力按坐封时考虑，管内为天然气，考虑存在封隔器和测试阀，如果测试阀关闭，测试阀之下为地层压力，测试阀之上为天然气，如果关井时测试阀仍然打开，即采用井口关井，则在井底管内压力为地层压力(80MPa)，在考虑静气柱压力后，井口油管压力为 65MPa。管外按充满完井液计算，且井口套压为 0。由于无地层流体流动，温度分布按地温梯度计算。

关井时，井口套压为 0，即认为测试阀是关闭的。在计算中，设井底为地层压力，井口为 65MPa，即假设测试阀是打开的。

(5) 压井。

轴向力同坐封状态轴向力，压井完成后，管内、外都是密度为 1.67g/cm³ 的压井液，压井完成后，井口油管压力为 0，套管压力为 0。

对于上述 5 种工况，由于每种工况下测试管柱内、外流体密度不同，测试管柱所受到的管内、外压力也不一样，不同工况下的井口油管压力和套管压力不尽相同，这些压力的变化，直接影响到测试管柱的受力和变形。特别是由一种工况过渡到另一种工况时，由于压力变化所造成的鼓胀效应需要特别考虑。此外，在测试管柱强度校核时，也与测试管柱所受到的外载荷密切相关。每种工况下测试管柱外载参数设置见表 5.11。

表 5.11　测试过程中不同工况下典型载荷设置

工况			下管柱	起管柱	测试	关井	压井
温度/ ℃		井口	16	16	50	16	16
		井底	126	126	126	126	126
压力/ MPa		井口油压	0	0	60	0	
		井口套压	0	0	25	0	
流体密度/ (g/cm³)		管内	1.0	1.0	0.5733 （天然气）	0.5733 （天然气）	1.70
		环空	1.67	1.67	1.67	1.67	1.70

5.4.4.5　液压式封隔器测试管柱力学性能分析

（1）受力与变形分析。

不同工况下测试管柱受力与变形计算结果见表 5.12。该计算结果可以用于指导现场施工，如伸缩接头的选择、操作过程中的位移控制等。

表 5.12　测试管柱受力和变形分析

工况	井口载荷/ kN	弹性变形/ m	鼓胀效应/ m	温度效应/ m	螺旋效应/ m	累计变形/ m	相差/ m
起管柱	407.36	2.7403	1.1498	3.4608	0.0000	7.3507	−2.457
下管柱	344.94	2.3505	1.1498	3.4608	0.0000	6.9618	−2.068
测试	283.35	1.4821	0.7788	4.6264	−0.0097	6.8789	1.9847
关井	332.49	2.1749	−0.6805	3.4608	0.0000	4.9554	0.0612
压井	456.32	2.9840	0.5613	3.4608	0.0000	7.0067	2.1125

注：（1）测试过程中套管加压 25MPa；管内液体密度为 1g/cm³，管外液体密度为 1.67g/cm³。

（2）相差指其他工况相对于坐封工况的位移变化，正值表示伸长，负值表示压缩。

（3）测试管柱末端井深：4850m，地温梯度：2.37℃/100m，地层压力 80MPa。

（2）应力与强度分析。

应力与强度校核结果见表 5.13。从表中可以看出，在深井测试过程中，使用液压封隔器，受力最严重的仍然是关井工况，其安全系数只有 1.8，但 1.8 的安全系数对于测试管柱而言已经足够安全。其他各种工况下的安全系数都大于 3.0，说明测试管柱管串组合在不同工况下仍然是非常安全的。

表 5.13　液压式封隔器测试管柱应力与强度校核结果

工况	位置	内压力/MPa	外挤压力/MPa	轴向力/kN	轴向应力/MPa	径向应力/MPa	周向应力/MPa	安全系数
起管柱	井口	0	0	407.36	243.95	0	0	3.1
	井底	47.55	79.41	0	0	−47.95	−276.20	3.0
下管柱	井口	0	0	344.94	206.57	0	0	3.7
	井底	47.55	79.41	0	0	−47.95	−276.20	3.0
测试	井口	60	25	283.35	169.68	−60	200.07	3.1
	井底	76	104.41	0	0	−76	−279.88	3.0
关井	井口	65	0	322.49	199.11	−65	417.99	1.8
	井底	80	79.41	0	0	−80	−74.78	9.8
压井	井口	0	0	465.32	273.27	0	0	2.8
	井底	80.75	80.75	0	0	−80.75	−80.75	9.4

注：(1)测试过程中套管加压 25MPa；管内液体密度为 1g/cm³，管外液体密度为 1.67g/cm³。

(2)相差指其他工况相对于坐封工况的位移变化，正值表示伸长，负值表示压缩。

(3)测试管柱末端井深：4850m，地温梯度：2.37℃/100m，地层压力 80MPa。

图 5.17 是液压式封隔器测试管柱在关井条件下三维应力校核结果，从图中也可以看出，即使在受力比较严重的关井工况下，测试管柱仍然安全可靠的。

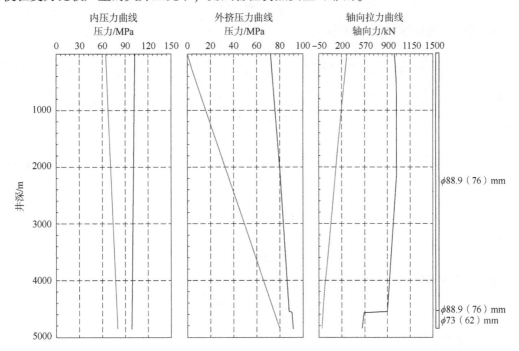

图 5.17　关井时三轴应力校核图

5.5 酸化压裂作业过程中的强度计算

5.5.1 酸化压裂作业过程中管柱轴向受力

酸化压裂过程中，压裂管柱受到自身的重力、井下液体的浮力、与套管柱的静摩擦力、流体对其的摩擦力(沿程损失)及内、外压力，此外还可能受到局部结构的作用力。下面分别就每一种力对管柱截面产生的应力进行分析：

(1) 管柱自身重力。

轴向力用重力 $G_z = \sum\limits_{i=1}^{n} L_i N_i$ 代替，其中 L_i 表示同一线密度下的管柱长度，m；N_i 表示此长度下的管柱线密度，N/m。所以有：

$$\sigma_{Gz} = \sum_{i=1}^{n} L_i N_i \tag{5.243}$$

(2) 井下液体的浮力。

跟酸液的密度有关，可以参考前面相关内容。

(3) 套管柱的静摩擦力。

管柱如果安装封隔器卡瓦，则管柱和套管之间将有力存在，可以将这种力看成静摩擦力，使用式(5.244)计算：

$$f = uN \tag{5.244}$$

(4) 管柱内流体摩擦力(沿程阻力)。

$$Re = \frac{10^{-1} g \, v^{2-n1} \, d^{n1} \, \rho_1}{k^1 \, 8^{n1-1}} \tag{5.245}$$

如果：

$$Re < 2100$$

则：

$$f = \frac{64}{Re} \tag{5.246}$$

如果：

$$Re \geqslant 2100$$

则：

$$f = 0.043 Re^{-0.25} \tag{5.247}$$

则有，摩擦损失 p_f，MPa：

$$p_f = 2.29 \times 10^{-7} f \frac{LQ^2}{d^5} \tag{5.248}$$

所产生的应力 F_f 为：

$$F_f = p_f A_i = p_f \frac{\pi d^2}{4} \tag{5.249}$$

式中 v ——酸液的流动速度，m/s，$v = \dfrac{Q}{15\pi \, d^2}$；

Q——泵注排量，m^3/min；

d——压裂管柱内径，m；

Re——雷诺数，无因次；

ρ_i——酸液密度，kg/m^3；

n^1——酸液的流态指数，无因次；

k^1——酸液的稠度系数，$Pa \cdot s^{n^1}$；

f——酸液的摩阻系数，无因次；

p_f——酸液的沿程摩阻，MPa；

g——重力加速度，m/s^2；

L——压裂管柱深度，m。

（5）局部作用力。

管柱局部变形，要产生阻力，称为局部阻力。以变细为例进行分析，如图 5.18 所示。

对 dh 段应用动量定理，列式：

$$\rho_1 Qg + p_1 A_1 - p_2 A_2 - F = \rho Q(v_2 - v_1)$$
（5.250）

F 对管柱产生的力为：

$$F = \rho_1 Qg + p_1 A_1 - p_2 A_2 - \rho Q(v_2 - v_1)$$
（5.251）

（6）温度效应和膨胀效应引起的力。

相关公式见测试作业过程中的力学特性研究。

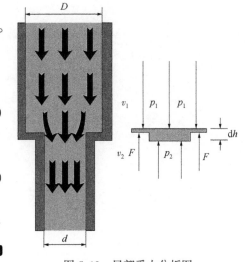

图 5.18　局部受力分析图

5.5.2　酸化压裂作业过程中管柱周向应力和径向应力预测

管柱的周向应力和径向应力分布如图 5.19 所示，管柱所受内压力 $p_内$ 作用在内半径为 r 的内表面上；管柱所受外压力 $p_外$ 作用在外半径为 R 的外表面上，根据承受内、外压力的厚壁圆筒的通解有：

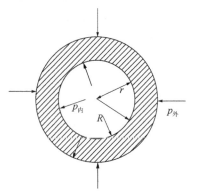

图 5.19　管柱周向应力和径向应力分布图

（1）压裂管柱的周向应力 σ_θ。

$$\sigma_\theta = \frac{r^2 p_内 - R^2 p_外}{R^2 - r^2} - \frac{R^2 r^2(p_外 - p_内)}{R_x^2(R^2 - r^2)} \quad (5.252)$$

式中　R_x——从内表面 r 处至外表面 R 处上的任意半径。

（2）压裂管柱的径向应力 σ_r。

$$\sigma_r = \frac{r^2 p_内 - R^2 p_外}{R^2 - r^2} - \frac{R^2 r^2(p_外 - p_内)}{R_x^2(R^2 - r^2)} \quad (5.253)$$

（3）压裂管柱的轴向应力 σ_θ 和径向应力 v_r 之和。

$$\sigma_\theta + \sigma_r = 2 \cdot \frac{r^2 p_内 - R^2 p_外}{R^2 - r^2}$$

即：

$$\sigma_{\theta} + \sigma_{r} = 2 \cdot \frac{d^2 p_{内} - D^2 p_{外}}{D^2 - d^2}$$

式中,

$$p_{外} = \rho_2 gy ;$$

$$p_{内} = p_0 + \rho_2 gy ;$$

$$\sigma_{\theta} + \sigma_{r} = 2 \cdot \frac{d^2 \cdot (p_0 + \rho_2 gy) - D^2 \rho_2 gy}{D^2 - d^2}。$$

在此基础上,根据第四强度理论就可以校核管柱的强度。

第6章 连续管钻井管柱力学分析

用于垂直井钻井连续管的管柱受力及载荷情况与作业连续管的受力情况最大的区别在于扭矩与反扭矩，而用于水平井钻井的连续管还存在极限钻深问题。本章主要介绍连续管钻井管柱力学分析。

6.1 钻井连续管的屈曲行为

在任何类型的井眼中，连续管都可以发生屈曲，但是对于不同的井眼，初始屈曲的轴向压缩载荷是不同的。

连续管屈曲形态如图 6.1 所示。对在斜直井段、造斜井段和垂直井段中受轴向压力的连续管单元进行受力分析，建立描述连续管变形的微分方程，解上述微分方程，可求得连续管正弦与螺旋屈曲临界载荷的计算公式。

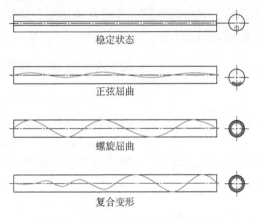

图 6.1　受井眼约束连续管屈曲行为

6.1.1　在斜直井眼中连续管的屈曲行为

对于大斜度井眼(包括水平井)，通用的正弦屈曲载荷计算公式为：

$$F_{cr} = 2(EIW_e \sin\alpha / r)^{1/2} \tag{6.1}$$

式中　F_{cr}——正弦屈曲临界载荷，N；

　　　E——杨氏模量(弹性模量)，Pa；

　　　I——连续管的截面惯性矩，m^4；

　　　W_e——连续管在钻井液中的重量，N/m；

　　　α——井斜角，(°)；

　　　r——井眼和连续管之间的径向间隙，m。

对于大斜度井眼(包括水平井眼)，通用的螺旋屈曲载荷公式为：

$$F_{hel} = 2(2 \times 2^{0.5} - 1)(EIW_e \sin\alpha/r)^{1/2} \tag{6.2}$$

式中　F_{hel}——螺旋屈曲临界载荷，N。

其余符号意义同式(6.1)。

在水平井眼中，连续管由于钻压或封隔器坐封力及摩阻的作用而处于压缩状态。当轴向压缩力超过下述正弦屈曲临界载荷 F_{cr} 时，连续管就发生正弦屈曲。

$$F_{cr} = 2(EIW_e/r)^{1/2} \tag{6.3}$$

式中　F_{cr}——在水平井眼中连续管正弦屈曲临界载荷，N。

当轴向压缩载荷增加到下述螺旋屈曲载荷 F_{hel} 时，将发生螺旋屈曲。

$$F_{hel} = 2(2 \times 2^{0.5} - 1)(EIW_e/r)^{1/2} \tag{6.4}$$

式中　F_{hel}——在水平井眼中连续管螺旋屈曲临界载荷，N。

在水平井眼中，螺旋屈曲载荷大约是正弦屈曲载荷的 1.8 倍。此螺旋屈曲载荷相对应于完全形成螺旋屈曲。在文献中存在另一个螺旋屈曲载荷公式，计算出较小的螺旋屈曲载荷，大约是正弦屈曲载荷的 1.4 倍。该螺旋屈曲载荷实际上就是从正弦屈曲到完全形成螺旋屈曲的平均轴向压缩载荷。图 6.2 给出了在水平井眼中连续管屈曲的一个大概过程。在开始阶段，由于连续管自重引起的摩阻使轴向压缩载荷线性增加。当压缩载荷达到正弦屈曲载荷 F_{cr} 时，就发生正弦屈曲。当轴向压缩载荷达到螺旋屈曲载荷 F_{hel} 时，就发生螺旋屈曲。此时，沿着连续管螺旋屈曲部分，轴向压缩载荷非线性地增加。这是因为在发生了螺旋屈曲的连续管和井壁之间产生了附加的接触力。

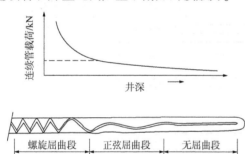

图 6.2　在水平井眼里连续管屈曲示意图

6.1.2　在垂直井眼中连续管的屈曲行为

在一个垂直井眼里，当在地面释放重量以施加钻压或封隔器坐封力以及将连续管推入水平井段时，连续管底部将处于压缩状态。当压缩载荷超过正弦屈曲载荷时，连续管就发生屈曲。Lubinski 推导出一个计算垂直井眼中钻柱正弦屈曲临界载荷的公式。

$$F_{cr,b} = 1.94(EIW_e^2)^{1/3} \tag{6.5}$$

式中　$F_{cr,b}$——在垂直井眼中连续管正弦屈曲临界载荷，N。

通过能量分析方法，推导出了另外一个垂直井眼中连续管的屈曲载荷公式。

$$F_{cr,b} = 2.55(EIW_e^2)^{1/3} \tag{6.6}$$

式中　$F_{cr,b}$——垂直井眼中连续管正弦屈曲临界载荷，N。

这两个公式的形式相同，后者给出较高的值。然而，值得指出的是，对于连续管来说，这两个公式之间的差异并不显著。所以，此处对这两个公式的差异和准确度不作讨论。

Lubinski 还研究了在垂直井眼中的螺旋屈曲，并推导出了下述螺距与压缩载荷的关系式。

$$F = 8\pi^2 EI/L_{p,hel} \tag{6.7}$$

式中　F——轴向压力，N；

　　　$L_{p,hel}$——螺距，m。

因为在导出式(6.7)时使用了无重管模型,它无法预测在有重量连续管的底部初始出现的螺旋屈曲。当轴向压缩载荷足够大时,式(6.7)可用于计算螺旋屈曲的螺距。

通过能量分析,在考虑了连续管重量的前提下,导出了一个新的螺旋屈曲计算公式,可以用来预测在垂直井眼中出现的初始螺旋屈曲。

$$F_{\text{hel},b} = 5.55(EIW_e^2)^{1/3} \tag{6.8}$$

式中 $F_{\text{hel},b}$——在垂直井眼中连续管螺旋屈曲临界载荷,N。

在垂直井眼中,由式(6.8)计算的螺旋屈曲载荷大约是式(6.6)计算的正弦屈曲载荷的2.2倍。此螺旋屈曲载荷是在连续管底部定义的。它可以用来预测在垂直井眼里连续管底部初始发生的一个螺距的螺旋屈曲。连续管的上部处于拉伸状态而保持竖直。然而,当通过在地面上释放更大重量使底部的压缩载荷增加时,随着连续管螺旋屈曲部分长度的增加,螺旋屈曲的圈数将会增多。对于圈数超过一个的螺旋屈曲而言,由式(6.8)计算的螺旋屈曲载荷施加在最靠上的一个螺距的底端。

采用式(6.3)、式(6.4)、式(6.6)和式(6.8),计算得到水平井段和垂直井段连续管的正弦屈曲和螺旋屈曲载荷见表6.1。在垂直井眼中,连续管很容易发生屈曲,所以正弦屈曲载荷和螺旋屈曲载荷很小,比在水平井眼中的小很多。

表 6.1 在水平和垂直井眼中连续管的屈曲载荷

(井径 0.098425m,钻井液密度 1030.538kg/m³)

连续管			垂直井眼			水平井眼	
外径/ mm	内径/ mm	重量/ (N/m)	$F_{\text{cr},b}$ N	$F_{\text{hel},b}$ N	$F_{\text{hel},t}$ N	F_{cr} N	F_{hel} N
60.3	52.4	53.95	1281.6	2794.6	71.2	23892.1	43685.7
50.8	42.9	44.77	943.4	2051.5	53.4	14760.7	26993.7
44.5	36.5	38.79	743.2	1615.4	40.1	10386.3	18992.6
38.1	35.0	32.66	556.3	1214.9	31.2	6995.4	12789.3

表 6.1 还列出了顶部螺旋屈曲载荷 $F_{\text{hel},t}$,即在垂直井眼里作用在螺旋屈曲部分顶部的轴向压缩载荷。它是从式(6.8)计算的螺旋屈曲载荷减去一个螺距的管材重量而计算出来的。

$$F_{\text{hel},t} = 5.55(EIW_e^2)^{1/3} - W_e L_{\text{p,hel}} = 0.14(EIW_e^2)^{1/3} \tag{6.9}$$

其中螺距长度是:

$$L_{\text{p,hel}} = (16\pi^2 EI/W_e)^{1/3} \tag{6.10}$$

表 6.1 显示上螺旋屈曲载荷非常接近于零。没有固体力学基础的工程师通常认为中性点(除去静水压力的零轴向力点)是屈曲的顶端。前面结果表明,对于连续管螺旋屈曲状态,这是一个令人满意的假设。然而,中性点不总是屈曲顶端。例如,在垂直井眼中连续管发生初始正弦屈曲时,中性点在屈曲顶端以下很远处(比屈曲管段中点还要靠下)。

当在地面上释放重量时,在垂直井段中连续管的螺旋屈曲如图 6.2 所示。

6.1.3 在造斜井眼中连续管的屈曲行为

在造斜井段中，在还没有发生任何正弦或螺旋屈曲之前，轴向压力将连续管推向井眼低边(或外曲线边)。在造斜或曲线井段中，由于存在两种独特的效应，所以在造斜井段中连续管不易发生屈曲。首先，在造斜或曲线井段中，轴向压缩载荷的侧向分量会产生一个沿着连续管的当量分布侧向力 F/R。此分布侧向力将连续管推向井眼的外曲线边。第二，效应来自弯曲的井眼形状本身。因为弯曲井眼的外曲线边比井眼的任何边都长，连续管从外曲线边屈曲变形到别的任何边都更加困难，需要更多屈曲周期(更高阶的屈曲)以补偿长度的差异。较多屈曲周期或较高阶的屈曲需要的屈曲载荷比相同尺寸的直井眼的大。

下述公式可以用来判断在造斜井段是否存在正弦或螺旋屈曲。

$$F_{cr} = [4EI/(rR)] \left\{ 1 + [1 + rR^2 W_e \sin\alpha/(4EI)]^{1/2} \right\} \tag{6.11}$$

$$F_{hel} = [12EI/(rR)] \left\{ 1 + [1 + rR^2 W_e \sin\alpha/(8EI)]^{1/2} \right\} \tag{6.12}$$

式中　R——井眼曲率半径，m。

应用式(6.11)计算得到的造斜井段中 2in 连续管的正弦屈曲载荷如图 6.3 所示。作为对比，相对应的直井眼中正弦屈曲载荷也画在图中。正如前述，在造斜井段中，正弦屈曲载荷比在直井段的要大很多。造斜率越高，正弦屈曲载荷就越大。在造斜井段中，当井斜角增加时，正弦屈曲载荷也稍微增加。对于连续管作业，在造斜井段中，由于实际的压缩载荷通常不超过由式(6.11)和式(6.12)预测的屈曲载荷，所以连续管在造斜井段不会发生屈曲。在造斜井段中，利用式(6.12)可以得到类似的曲线图，其中连续管螺旋屈曲载荷更大。

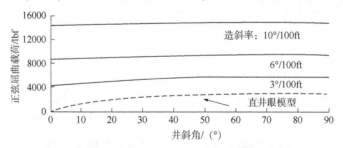

图 6.3　造斜井段中正弦屈曲载荷图

2in 连续管，3.875in 造斜井段，钻井液密度 8.6ppg($1\text{ppg} = 0.1198\text{g/cm}^3$)

6.1.4 小结

上述分析表明，连续管通常在水平井的垂直井段发生屈曲，有时在水平井段发生屈曲，但在造斜井段几乎不会发生屈曲；当施加轴向压缩载荷并超过临界屈曲载荷时，连续管首先发生正弦屈曲，当载荷继续增加并达到螺旋屈曲载荷时，就发生螺旋屈曲；在垂直井眼中，连续管从底部开始屈曲并向上发展；然而，在水平井眼里，屈曲从受推力的顶部(造斜段下端)开始并向下发展。

6.2　连续管钻井摩阻/扭矩预测模型

摩阻/扭矩要通过连续管轴向载荷分析得到。连续管的轴向载荷分布和井眼轨迹的形状密切相关，对于不同种类的井眼轨迹，它的计算难易程度有很大的不同。直井的井眼轨迹最简单，因此，其中连续管的轴向载荷也最容易计算。至于二维井眼中连续管的轴向载荷问题，针对不同的井眼轨迹类型，也求得了相应的解析解。因为定向井在设计阶段几乎都是二维的，所以这些解析解非常适合于在设计阶段使用。由于三维井眼轨迹比较复杂，因此难以求得计算连续管轴向载荷的解析解，如果仍用二维方法计算，由于忽略了井斜方位角变化的影响，可能会引入较大的误差。由于实钻井眼轨迹都是三维的，为了能更准确地计算实钻井眼中连续管的轴向载荷，有必要研究一种计算三维井眼中连续管轴向载荷的计算方法。因此，结合井眼轨迹参数的计算方法，提出了计算三维井眼中连续管轴向载荷的通用计算模型，它适用于各种形状的井眼轨迹。下面的分析中设轴向拉力为正，轴向压力为负。

6.2.1　二维井眼中连续管轴向载荷的解析解

常用两种坐标系描述井眼轨迹，一种是空间直角坐标系，它的分量是正北方向、正东方向和垂直方向，如图6.4所示。一种是空间曲线坐标系，它的分量是井斜角、方位角和测深（弧长），它们是测量数据。测深是井口到测量点的井身长度。井斜角是井眼轨迹切线方向和垂直方向的夹角，方位角是井眼轨迹在水平面的投影与正北方向的夹角，二维井眼轨迹的方位角为常数。

为了推导二维井眼中的连续管轴向力计算公式，假设：①连续管单元所在位置的井眼轨迹的造斜率为常数；②连续管和上井壁或者和下井壁接触，并且连续管曲率和井眼曲率相同；③连续管上的剪力和其他力相比可忽略不计；④连续管单元靠近井口的一端称为上端，靠近井底的一端称为下端。

造斜井段中连续管单元上提和下放情况的受力如图6.5所示。

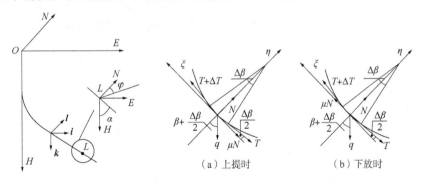

图6.4　直角坐标系和曲线坐标系　　图6.5　造斜井段连续管单元受力图

上提连续管时，对于造斜井段中的连续管单元，根据力平衡原理，可得如下微分方程：

$$\frac{\mathrm{d}T}{\mathrm{d}\beta} + \mu T = qR(\sin\beta + \mu\cos\beta) \quad N > 0 \tag{6.13a}$$

$$\frac{\mathrm{d}T}{\mathrm{d}\beta} - \mu T = qR(\sin\beta - \mu\cos\beta) \quad N < 0 \qquad (6.13\mathrm{b})$$

$$N = q\cos\beta - \frac{T(\beta)}{R} \qquad (6.13\mathrm{c})$$

式中　T——轴向拉力；

β——井斜角的余角；

μ——连续管和井壁之间的阻力系数；

q——单位长度管的有效重量；

R——井眼的曲率半径。

$$q = q_\mathrm{s} + g(A_\mathrm{i}\rho_\mathrm{i} - A_\mathrm{o}\rho_\mathrm{o})$$

式中　q_s——单位长度管的重量；

g——重力加速度；

A_i、A_o——管的内、外截面积；

ρ_i、ρ_o——管内、外钻井液的密度。

下放连续管时，对于造斜井段中的连续管单元，根据力平衡原理，可得如下微分方程：

$$\frac{\mathrm{d}T}{\mathrm{d}\beta} - \mu T = qR(\sin\beta - \mu\cos\beta) \quad N > 0 \qquad (6.14\mathrm{a})$$

$$\frac{\mathrm{d}T}{\mathrm{d}\beta} + \mu T = qR(\sin\beta + \mu\cos\beta) \quad N < 0 \qquad (6.14\mathrm{b})$$

降斜井段中连续管单元上提和下放情况的受力如图 6.6 所示。

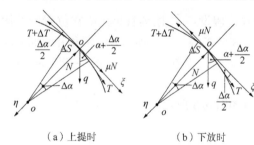

（a）上提时　　　　（b）下放时

图 6.6　降斜井段连续管单元受力图

上提连续管时，对于降斜井段中的连续管单元，根据力平衡原理，可得如下微分方程：

$$\frac{\mathrm{d}T}{\mathrm{d}\alpha} - \mu T = qR(\cos\alpha + \mu\sin\alpha) \qquad (6.15)$$

式中　α——井斜角，（°）。

下放连续管时，对于降斜井段中的连续管单元，根据力平衡原理，可得如下微分方程：

$$\frac{\mathrm{d}T}{\mathrm{d}\alpha} + \mu T = qR(\cos\alpha - \mu\sin\alpha) \qquad (6.16)$$

解上述微分方程，可求得下列计算连续管轴向力的解析公式：

（1）造斜井段，上提连续管，且连续管和下井壁接触：

$$T_{i+1} = (T_i - A\sin\beta_i - B\cos\beta_i)\,\mathrm{e}^{-\mu(\beta_{i+1}-\beta_i)} + A\sin\beta_{i+1} + B\cos\beta_{i+1} \qquad (6.17)$$

式中　T_i、T_{i+1}——第 i 连续管单元下端和上端的轴向力；

β_i、β_{i+1}——第 i 连续管单元下端和上端井斜角的余角；

$$A = \frac{2\mu}{1 + \mu^2}qR$$

$$B = -\frac{1 - \mu^2}{1 + \mu^2}qR$$

（2）造斜井段，上提连续管，且连续管和上井壁接触：

$$T_{i+1} = (T_i + A\sin \beta_i - B\cos \beta_i) e^{\mu(\beta_{i+1}-\beta_i)} - A\sin \beta_{i+1} + B\cos \beta_{i+1} \tag{6.18}$$

（3）造斜井段，下放连续管，且连续管和下井壁接触：

$$T_{i+1} = (T_i + A\sin \beta_i - B\cos \beta_i) e^{\mu(\beta_{i+1}-\beta_i)} - A\sin \beta_{i+1} + B\cos \beta_{i+1} \tag{6.19}$$

（4）造斜井段，下放连续管，且连续管和上井壁接触：

$$T_{i+1} = (T_i - A\sin \beta_i - B\cos \beta_i) e^{-\mu(\beta_{i+1}-\beta_i)} + A\sin \beta_{i+1} + B\cos \beta_{i+1} \tag{6.20}$$

（5）降斜井段，上提连续管：

$$T_{i+1} = (T_i + A\cos \alpha_i + B\sin \alpha_i) e^{\mu(\alpha_{i+1}-\alpha_i)} - A\cos \alpha_{i+1} - B\sin \alpha_{i+1} \tag{6.21}$$

式中　α_i、α_{i+1}——第 i 连续管单元下端和上端的井斜角。

（6）降斜井段，下放连续管：

$$T_{i+1} = (T_i - A\cos\alpha_i + B\sin \alpha_i) e^{-\mu(\alpha_{i+1}-\alpha_i)} + A\cos \alpha_{i+1} - B\sin \alpha_{i+1} \tag{6.22}$$

（7）稳斜井段，上提连续管：

$$T_{i+1} = T_i + q(\cos\alpha + \mu\sin\alpha)(L_i - L_{i+1}) \tag{6.23}$$

式中　α——井斜角，（°）；

　　　L_i、L_{i+1}——连续管单元上端、下端的测深。

（8）稳斜井段，下放连续管：

$$T_{i+1} = T_i + q(\cos\alpha - \mu\sin\alpha)(L_i - L_{i+1}) \tag{6.24}$$

垂直井段和水平井段是稳斜井段的特殊形式，当井斜角为 0°时，稳斜井段就是垂直井段，当井斜角为 90°时，稳斜井段就是水平井段，因此，上面有关稳斜井段的公式同样适用于垂直井段和水平井段连续管轴向力的计算。

6.2.2　三维井眼中连续管轴向和侧向载荷计算

6.2.2.1　井眼轨迹参数的计算方法

计算三维井眼中连续管的各种载荷时需要知道井眼的几何形状，它由一系列测深、井斜角和方位角组成的、由测量得到的数据点（简称测点）描述。此处井眼轨迹的测点从井口开始编号，即测点在井口的编号为 0，在井底为 $n-1$，下面是用最小曲率法计算井眼轨迹参数的步骤。

（1）与第 0 个测点有关的参数：井眼曲率 $K_0 = 0$，北向位移 $N_0 = 0$，东向位移 $E_0 = 0$，垂直井深 $V_0 = 0$，水平位移 $H_0 = 0$。

（2）从步骤（3）到步骤（7）依次循环计算（$i = 1$，2，…，$n-1$）各点的井眼曲率 K、北向位移 N、东向位移 E、垂直井深 V 和水平位移 H。

（3）计算第 i 井段上测点的北向位移变化率 N'_1、东向位移变化率 E'_1 和垂直井深变化率 V'_1：

$$N'_1 = \sin \alpha_{i-1}\cos \varphi_{i-1} \tag{6.25a}$$

$$E'_1 = \sin \alpha_{i-1}\sin \varphi_{i-1} \tag{6.25b}$$

$$V'_1 = \cos \alpha_{i-1} \tag{6.25c}$$

式中　α_{i-1}——第 $i-1$ 个测点的井斜角；

　　　φ_{i-1}——第 $i-1$ 个测点的方位角。

计算第 i 井段下测点的北向位移变化率 N'_2、东向位移变化率 E'_2 和垂直井深变化率 V'_2：

$$N'_2 = \sin\alpha_i\cos\varphi_i \tag{6.26a}$$

$$E'_2 = \sin\alpha_i \sin\varphi_i \qquad\qquad (6.26\text{b})$$

$$V'_2 = \cos\alpha_i \qquad\qquad (6.26\text{c})$$

式中　α_i——第 i 个测点的井斜角；

　　　φ_i——第 i 个测点的方位角。

（4）计算第 i 井段的测深变化：

$$\Delta L = L_i - L_{i-1} \qquad\qquad (6.27)$$

式中　L_{i-1}、L_i——第 $i-1$ 和第 i 个测点的测深。

（5）计算第 i 井段全角变化 θ_i 的余弦：

$$\cos\theta_i = N'_1 N'_2 + E'_1 E'_2 + H'_1 H'_2 \qquad\qquad (6.28)$$

（6）计算第 i 井段的井眼曲率（或全角变化率）K_i：

$$K_i = \arccos\ (\cos\theta_i)/\Delta L \qquad\qquad (6.29)$$

（7）计算第 i 个测点的北向位移 N_i、东向位移 E_i、垂深 V_i 和水平位移 H_i：

$$N_i = N_{i-1} + \Delta F(N'/\Delta D) \qquad\qquad (6.30\text{a})$$

$$E_i = E_{i-1} + \Delta F(E'/\Delta D) \qquad\qquad (6.30\text{b})$$

$$V_i = V_{i-1} + \Delta F(V'/\Delta D) \qquad\qquad (6.30\text{c})$$

$$H_i = \sqrt{N_i^2 + E_i^2} \qquad\qquad (6.30\text{d})$$

式中　ΔF、ΔD、N'、E' 和 V'——中间变量。分别由下列式子求得：

$$\Delta F = \sqrt{2(1 - \cos\theta_i)}\,/\,K_i \qquad\qquad (6.31\text{a})$$

$$\Delta D = \sqrt{N'^2 + E'^2 + H'^2} \qquad\qquad (6.31\text{b})$$

$$N' = N'_1 + N'_2 \qquad\qquad (6.31\text{c})$$

$$E' = E'_1 + E'_2 \qquad\qquad (6.31\text{d})$$

$$V' = V'_1 + V'_2 \qquad\qquad (6.31\text{e})$$

在计算时，把测深、井斜角和方位角以及由它们算得的井眼曲率、北向位移、东向位移、垂深和水平位移存储在数组变量中备查。例如，两测点间任意位置的井斜角 α 和方位角 φ 可用下列公式计算：

$$\alpha = \alpha_i + \frac{\Delta\,\alpha_i}{\Delta\,L_i}(L - L_i) \qquad\qquad (6.32\text{a})$$

$$\varphi = \varphi_i + \frac{\Delta\,\varphi_i}{\Delta\,L_i}(L - L_i) \qquad\qquad (6.32\text{b})$$

式中　$\Delta\alpha_i$——井斜角的增量（$\Delta\,\alpha_i = \alpha_{i+1} - \alpha_i$）；

　　　$\Delta\varphi_i$——方位角的增量（$\Delta\,\varphi_i = \varphi_{i+1} - \varphi_i$）；

　　　ΔL_i——测深的增量（$\Delta\,L_i = L_{i+1} - L_i$）。

其他数据可用同样方法得到。

6.2.2.2　三维井眼中连续管轴向和侧向载荷计算

为了建立计算三维井眼中连续管轴向载荷的通用模型，首先考虑两井眼轨迹测点之间的一个连续管单元，如图 6.7 所示，建立轴向载荷和其他因素的关系式。为了便于推导，假设：①连续管单元的曲率为常数；②连续管轴线和井眼轴线重合，此假设隐含连续管单元的曲率和井眼曲率相同；③两测点间的井眼轨迹位于一个空间平面内；④连续管的弯曲变形仍在弹性范围之内。

根据连续管单元的曲率为常数的假设，可根据连续管单元的长度和连续管单元的曲率，由式(6.33)计算连续管单元的全角变化 θ：

$$\theta = K L_s \tag{6.33}$$

式中　K——连续管单元的曲率；

L_s——连续管单元的长度。

根据连续管单元的轴线和井眼轴线重合的假设，连续管单元上端点的单位切向量 $\boldsymbol{\tau}_1$ 可由对应的井眼轨迹测点的井斜角和方位角表示为：

$$\boldsymbol{\tau}_1 = \tau_{11}\boldsymbol{i} + \tau_{12}\boldsymbol{j} + \tau_{13}\boldsymbol{k} \tag{6.34a}$$

$$\tau_{11} = \sin\alpha_1\cos\varphi_1 \tag{6.34b}$$

$$\tau_{12} = \sin\alpha_1\sin\varphi_1 \tag{6.34c}$$

$$\tau_{13} = \cos\alpha_1 \tag{6.34d}$$

式中　α_1——连续管单元的上端点的井斜角；

φ_1——连续管单元的上端点的方位角；

切向分量的第一个下标表示测点的顺序号；

切向分量的第二个下标为："1"表示正北方向，"2"表示正东方向，"3"表示垂直方向。

同理，连续管单元下端点的单位切向量 $\boldsymbol{\tau}_2$ 可表示为：

$$\boldsymbol{\tau}_2 = \tau_{21}\boldsymbol{i} + \tau_{22}\boldsymbol{j} + \tau_{23}\boldsymbol{k} \tag{6.35a}$$

$$\tau_{21} = \sin\alpha_2\cos\varphi_2 \tag{6.35b}$$

$$\tau_{22} = \sin\alpha_2\sin\varphi_2 \tag{6.35c}$$

$$\tau_{23} = \cos\alpha_2 \tag{6.35d}$$

式中　α_2——连续管单元的下端点的井斜角；

φ_2——连续管单元的下端点的方位角。

连续管单元的单位副法向量可以由两端点的切向量的"×"乘并单位化后得到：

$$\boldsymbol{m} = \frac{1}{\sin\theta}\boldsymbol{\tau}_1 \times \boldsymbol{\tau}_2 = m_1\boldsymbol{i} + m_2\boldsymbol{j} + m_3\boldsymbol{k} \tag{6.36}$$

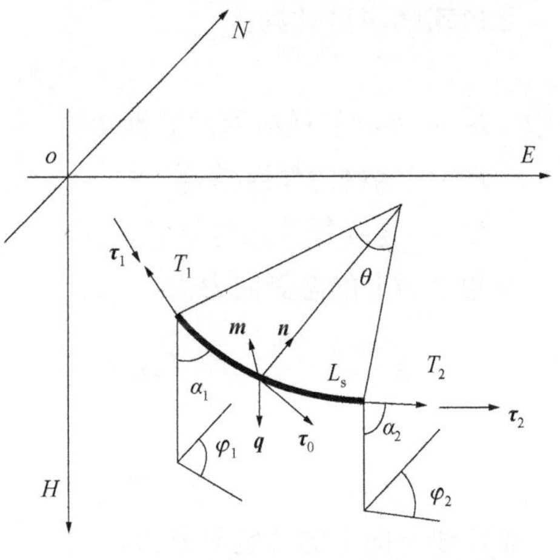

图6.7　三维井眼中的连续管单元图

式中，连续管单元的全角变化的正弦是连续管单元两端单位切向量夹角的正弦，即两单位切向量"×"乘后的模。

连续管单元中点的单位切向量为：

$$\boldsymbol{\tau}_0 = \frac{\boldsymbol{\tau}_1 + \boldsymbol{\tau}_2}{|\boldsymbol{\tau}_1 + \boldsymbol{\tau}_2|} = \tau_{01}\boldsymbol{i} + \tau_{02}\boldsymbol{j} + \tau_{03}\boldsymbol{k} \tag{6.37}$$

连续管单元的单位主法向量可以通过其单位副法向量和中点的单位切向量的"×"乘得到：

$$\boldsymbol{n} = \boldsymbol{m} \times \boldsymbol{\tau}_0 = n_1\boldsymbol{i} + n_2\boldsymbol{j} + n_3\boldsymbol{k} \tag{6.38a}$$

式中：

$$n_1 = m_2 \tau_{03} - m_3 \tau_{02} \qquad (6.38\text{b})$$

$$n_2 = m_3 \tau_{01} - m_1 \tau_{03} \qquad (6.38\text{c})$$

$$n_3 = m_1 \tau_{02} - m_2 \tau_{01} \qquad (6.38\text{d})$$

单位长度连续管的有效重力向量为：

$$\boldsymbol{q} = q\,\boldsymbol{k} \qquad (6.39)$$

当已知连续管单元下端的轴向力 T_2 和单位长度的侧向力 F_n 时，其上端的轴向力 T_1 可由式(6.40)算得：

$$T_1 = T_2 + \frac{L_s}{\cos\dfrac{\theta}{2}} [\, q\cos\bar{\alpha} \pm \mu(F_E + F_n)\,] \qquad (6.40)$$

$$\bar{\alpha} = (\alpha_1 + \alpha_2)/2$$

式中　μ——井眼连续管之间的摩阻系数，连续管向上运动时取"+"，连续管向下运动时取"–"；

F_E——连续管变形引起的侧向力。

它由式(6.41)计算：

$$F_E = 11.3 EI\,K^3 \qquad (6.41)$$

式中　I——连续管横截面的惯性矩；

E——钢材的弹性模量；

K——连续管单元的曲率。

全角平面上的总侧向力为：

$$F_{ndp} = -(T_1 + T_2)\sin\frac{\theta}{2} + L_s\,\boldsymbol{q}\cdot\boldsymbol{n} \qquad (6.42\text{a})$$

$$F_{ndy} = -(T_1 + T_2)\sin\frac{\theta}{2} + n_3 L_s q \qquad (6.42\text{b})$$

副法线方向上的总侧向力为：

$$F_{ny} = L_s\,\boldsymbol{q}\cdot\boldsymbol{m} = m_3 q\,L_s \qquad (6.43\text{a})$$

式中：

$$m_3 = \frac{\sin\alpha_1\sin\alpha_2\sin(\varphi_2 - \varphi_1)}{\sin\theta} \qquad (6.43\text{b})$$

三维井眼中一个连续管单元的总侧向力是全角平面的总侧向力和垂直全角平面的总侧向力的矢量和。由于它们相互垂直，所以可得单位管长侧向力的计算公式如下：

$$F_n = \frac{\sqrt{F_{ndp}^2 + F_{np}^2}}{L_s} \qquad (6.44)$$

由式(6.28)、式(6.40)、式(6.30b)和式(6.42b)可知，如果要计算轴向力就必须要先知道侧向力，另一方面，如要计算侧向力也必须先知道轴向力，因此，侧向力和轴向力之间互相耦合，由于它们的解耦表达式非常复杂，所以我们用迭代法求解。

以井眼轨迹数据点为节点，把连续管划分成单元，即任意两个数据点之间的连续管为一个单元，如图 6.8 所示。由于整个连续管可能由不同种类的连续管组成，管段的上、下端位置可能位于两井眼轨迹数据点之间，因此，在管段分界位置需要增加节点。下面是一段连续管的轴向力的计算步骤。

（1）由管段顶部测深从井眼轨迹模块取回对应的轨迹数据点序号（top）、井斜角和方位角；由管段底部测深从井眼轨迹模块取回对应的轨迹数据点序号（bottom）、井斜角和方位角。

（2）如果管段顶部对应的轨迹数据点序号和管段底部对应的轨迹数据点序号相同，则进入下一步，否则转到第（10）步。

（3）令连续管单元长度等于本段连续管长度。

（4）计算连续管单元的全角变化、井斜角变化、方位角变化、平均井斜角、平均方位角、单位法向量在垂直方向的分量和单位副法向量在垂直方向的分量，查取本单元所在位置的摩阻系数。

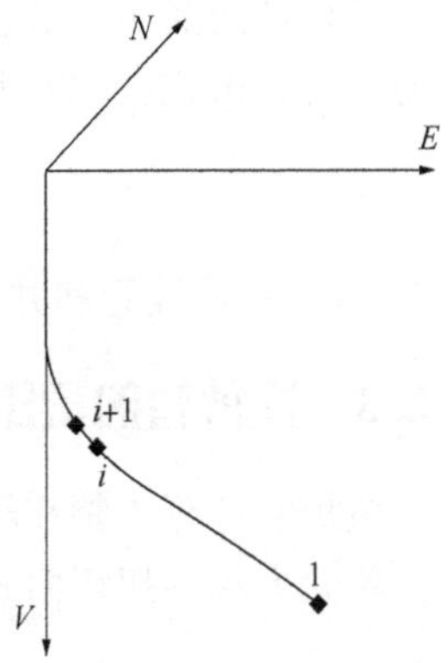

（5）令连续管单元上端的轴向力等于其下端的轴向力。

图 6.8　连续管单元的划分图

（6）由式（6.30b）、式（6.31a）和式（6.32）计算单位管长的侧向力。

（7）由式（6.28）计算连续管单元上端的轴向力。

（8）再次由式（6.30b）、式（6.31a）和式（6.32）计算单位管长的侧向力。

（9）比较在第（6）步和第（8）步算出的单位管长的侧向力，如果它们的差值小于允许值，则结束本单元的迭代；否则返回第（6）步。

（10）把本段连续管分成（bottom-top+1）个单元，连续管单元计算从（bottom+1）到（top+1）循环，循环变量为 KU，增量步长为-1。

（11）如果 KU 等于（bottom+1），则连续管单元是最靠下的一个，单元上端对应的轨迹数据点序号为 bottom，下端的井眼轨迹数据通过插值得到；如果 KU 等于（top+1），则连续管单元是最靠上的一个，单元下端对应的轨迹数据点序号为（top+1），上端的井眼轨迹数据通过插值得到；如果 KU 介于（bottom+1）和（top+1）之间，则单元上端对应的轨迹数据点序号为（KU-1），下端对应的轨迹数据点序号为 KU。

（12）其余步骤为第（4）步至第（9）步。

由下到上即可算得整个连续管的轴向力和侧向力分布。反算摩阻系数是采用二分法多次迭代计算，其中每次轴向力计算同上，只不过要多次计算轴向力，直到由假设的摩阻系数算得的轴向力和实际的轴向力相差达到允许值为止。

6.2.2.3　轴向和侧向载荷计算中连续管屈曲的考虑

连续管轴向压力沿轴向由小到大变化时，连续管上存在稳定段、正弦屈曲段和螺旋屈曲段。由于正弦屈曲段产生的附加摩阻较小，所以在连续管摩阻分析中只考虑螺旋屈曲产生的附加摩阻。

要考虑螺旋屈曲产生的附加摩阻，就要判断连续管何时发生屈曲，当井斜角大于1°时，螺旋屈曲载荷可由式（6.45）计算：

$$F_{\text{hel}} = 2\sqrt{2}\sqrt{\frac{EIq\sin\alpha}{r}} \tag{6.45}$$

当井斜角小于1°时，螺旋屈曲载荷可由式(6.46)计算：

$$F_{\text{hel}} = 5.55(Elq)^{1/3} \tag{6.46}$$

如果轴向受压，还须判断连续管的稳定性，如果发生了屈曲，则侧向力还包括屈曲产生的侧向力，由式(6.47)计算：

$$F_{\text{nhel}} = \frac{r\,T^2}{4EI} \tag{6.47}$$

式中 r——连续管和井眼之间的间隙。

6.2.3 连续管的扭矩计算

扭矩的计算步骤和轴向力类似，计算过程中要先计算轴向力和侧向力，然后再计算扭矩，单元上端的扭矩由式(6.48)计算：

$$M_{T_1} = M_{T_2} + \frac{\mu\,F_n\,L_s\,D_{tj}}{2} \tag{6.48}$$

式中 M_{T_1}——单元上端的扭矩；

   M_{T_2}——单元下端的扭矩。

当连续管提离井底并转动时，转盘扭矩由连续管和井壁之间的摩阻产生。当旋转钻进时，转盘扭矩由连续管井壁间摩阻和钻头扭矩共同产生。

6.2.4 连续管摩阻/扭矩计算需求框图

在连续管屈曲分析的基础上，得到连续管屈曲附加接触计算公式，结合整体受力分析方法，建立由底端轴向力开始自下而上地计算整个连续管轴向力的算法。钻头扭矩导致的反扭矩在连续管的轴向分布也可用类似的方法求得。计算需求框图如图6.9至图6.12所示。

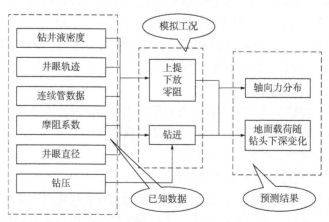

图 6.9 连续管作业过程摩阻预测图

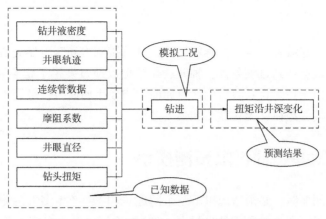

图 6.10 连续管钻井钻进过程反扭矩预测图

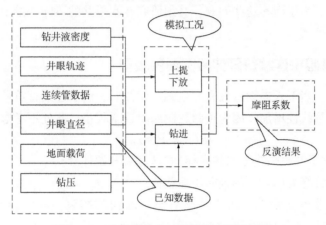

图 6.11 连续管作业过程摩阻系数反演图

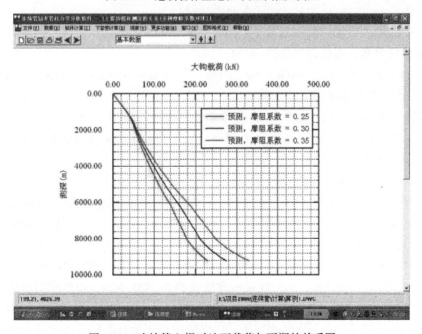

图 6.12 连续管上提时地面载荷与下深的关系图

6.2.5　小结

实例分析表明：连续管一旦发生螺旋屈曲，井壁接触力和摩阻显著增加，严重影响轴向载荷传递；只要还没有达到自锁条件，轴向载荷就可以通过发生了螺旋屈曲的连续管传递；连续管自锁主要是由于在垂直井眼里的严重屈曲；当发生屈曲时，采用本书给出的公式能够预测传递到底部的最大载荷、大钩载荷和最大井深。

6.3　连续管钻井延伸极限预测模型

当连续管发生屈曲时，必须考虑以下三个问题：(1)会产生多大的附加摩擦力；(2)如何预测钻进钻压和封隔器坐封所需的坐封力；(3)在连续管发生自锁之前能够达到的最大水平井段长度是多少。为了回答这些问题，必须研究在水平井的不同井段中屈曲及未屈曲连续管的轴向载荷分布公式。

6.3.1　在水平井眼中连续管延伸极限预测模型

在水平井段中，当下入连续管没有发生螺旋屈曲时，由于连续管重量引起的摩阻仅仅使轴向载荷沿着连续管线性增加。因为正弦屈曲摩阻通常很小，此处不考虑它。

$$F(x) = F_0 + \mu W_{ex} \tag{6.49}$$

式中　x——沿着水平井眼轴线方向的坐标(它从底端开始计量)；

　　　　F_0——开始计算处($x=0$)的轴向压缩载荷。

如果连续管发生螺旋屈曲，由于井眼对螺旋屈曲的约束，从而会产生一个额外的接触力。

$$N = rF^2/(4EI) \tag{6.50}$$

此附加的接触力以轴向压缩载荷平方的速率增加，从而产生一个很大的摩阻。此时，轴向载荷呈非线性分布，而必须采用式(6.51)计算。

$$F(x) = 2(EIW_e/r)^{1/2}\tan(\mu x[rW_e/(4EI)]^{1/2} + \arctan\{F_0[r/(4EIW_e)]^{1/2}\}) \tag{6.51}$$

式中　x——连续管中螺旋屈曲部分的坐标。

当螺旋屈曲部分很长时，轴向压缩载荷分布的非线性增加会导致无限大的轴向压缩载荷。那时，连续管就不能被进一步推入井眼内，钻压和封隔器坐封力也不能通过增加地面释放重量而增加。当下述条件满足时，就发生连续管的自锁：

$$\mu x[rW_e/(4EI)]^{1/2} + \arctan\{F_0[r/(4EIW_e)]^{1/2}\} = \pi/2 \tag{6.52}$$

图 6.13 给出一个将连续管推入 98.425mm 水平井眼内的轴向载荷分布示例。假设在造斜井段末端的推力为 44500N。当摩阻系数为 0.3 且钻压为零时，只能将 44.45mm 连续管推入的水平井段长度约为 2164m，50.8mm 连续管约为 2499.36m，60.325mm 连续管约为 3093.72m。若钻压为 8900N，44.45mm 连续管只能钻出约为 1188.72m 的水平井段长度，50.8mm 连续管约为 1706.88m，60.325mm 连续管约为 2407.92m。由于螺旋屈曲及其导致的摩阻使 50.8mm 和 44.45mm 连续管在靠近顶端的很短井段内轴向载荷降低 17800~26700N。由于 60.325mm 连续管没有发生螺旋屈曲，所以轴向载荷没有明显下降。

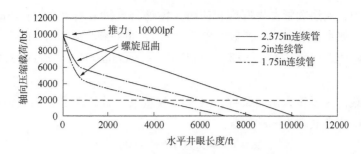

图 6.13　水平井眼中轴向载荷分布举例图

3.875in 水平井眼，钻井液密度 8.6ppg，$\mu = 0.3$

6.3.2　在垂直井眼中连续管延伸极限预测模型

当连续管未发生螺旋屈曲时，在垂直井眼中，理论上不存在摩阻，因而轴向载荷呈线性变化。

$$F(x) = F_0 - W_e x \tag{6.53}$$

其中，x 是沿井眼轴线方向上测量的位置，F_0 是计算起始点（$x=0$）处的轴向压缩载荷。

在垂直井眼中，如果由于在地面释放重量导致连续管发生螺旋屈曲，那么由此产生的摩阻使轴向载荷分布变成非线性的。

$$F(x) = 2\left[EIW_e/(\mu r) \right]^{1/2}\tanh\left(-x\left[\mu r W_e/(4EI) \right]^{1/2} + \text{arctanh}\{ F_0\left[\mu r/(4EIW_e) \right]^{1/2} \} \right) \tag{6.54}$$

其中，x 是连续管螺旋屈曲的坐标。如表 6.1 所示，由于在垂直井眼中螺旋屈曲载荷很小，所以连续管通常发生螺旋屈曲，释放重量不能完全传输到底端。

图 6.14 显示在垂直井眼中由式（6.53）和式（6.54）计算的 1219.2m 连续管轴向载荷分布的算例。起初，不存在底部轴向压缩载荷（静水压力除外），连续管受线性增加的拉力作用。只要在地面上释放重量，就会使连续管下部变成轴向压缩状态。当在地面上释放 22250 N 重量时，连续管就会被轴向压缩，下部 609.6m 就会发生螺旋屈曲，其轴向载荷呈非线性分布。这 22250 N 的释放重量里，只有 17800N 传递到底端。当在地面上释放 1219.2m 连续管的全部重量（47472.6 N）时（即地面大钩载荷为零），此 1219.2m 连续管必定会发生螺旋屈曲，只有 24475N 轴向压缩载荷传递到底端。

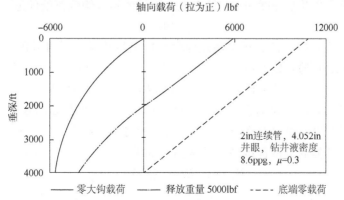

图 6.14　垂直井眼中轴向载荷分布举例图

在垂直井眼中，当连续管发生螺旋屈曲时，传递到连续管底端(水平井的造斜点)轴向压缩载荷是地面释放重量的非线性函数。令 $F_0 = F_{kop}$，重新整理式(6.54)，可得：

$$F_{kop} = 2[EIW_e/(\mu r)]^{1/2}\tanh(x[\mu r W_e/(4EI)]^{1/2} + \mathrm{arctanh}\{F(x)[\mu r/(4EIW_e)]^{1/2}\})$$

(6.55)

把底端轴向载荷为零作为初始条件，只要释放重量，就会使零轴向载荷点(中性点)上移到新的位置，即距离底端为 x 的位置。

$$x = F_s/W_e(\text{且 } F(x) = 0)$$

(6.56)

因为零轴向载荷点(中性点)可用作连续管螺旋屈曲部分的顶端(前面讨论过)，那么连续管下部($0 \sim x$)就是螺旋屈曲部分。将式(6.56)和 $F(x) = 0$ 代入式(6.55)，可得地面释放重量和传递到垂直井眼底端(水平井的造斜点)的轴向压缩载荷 F_{kop} 之间的关系。

$$F_{kop} = 2[EIW_e/(\mu r)]^{1/2}\tanh\{F_s[\mu r/(4EIW_e)]^{1/2}\}$$

(6.57)

在垂直井眼中，采用式(6.57)计算的通过释放重量传递到 1219.2m 连续管底端的轴向压缩载荷如图 6.15 所示。由于螺旋屈曲及其产生的摩阻，地面释放重量不能完全传递到底端，因此，底端的轴向压缩载荷非线性地增加。对于 60.325mm 连续管，当释放全部在钻井液中重量为 57850N(零大钩载荷)，传递到底端的最大载荷只有约 37825 N。对于 50.8mm 连续管，最大底端载荷只有约 26700N(在钻井液中总重量为 48950N)。对于 44.45mm 连续管，最大底端载荷只有约 17800N(在钻井液中总重量为 40050N)。图 6.15 类似于相关技术数据手册中发表的曲线图，此处也给出理论和公式。

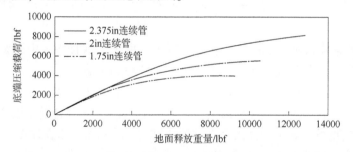

图 6.15　垂直井眼中为传递连续管底端载荷而释放的重量图
4000ft 的 4.052in 垂直井眼，钻井液密度 8.6ppg，$\mu = 0.3$

实际上，在零大钩载荷条件下，能够定义通过地面释放重量传递到垂直井眼底端的最大轴向压缩载荷。若垂直井眼深度为 D，释放全部重量的零大钩载荷条件是：

$$F_s = DW_e$$

(6.58)

将式(6.58)代入式(6.57)，可得通过地面释放重量传递到垂直井眼底端的最大轴向压缩载荷与垂直井深之间的函数关系。

$$F_{b, max} = 2[EIW_e/(\mu r)]^{1/2}\tanh\{DW_e[\mu r/(4EIW_e)]^{1/2}\}$$

(6.59)

采用式(6.59)计算的传递垂直井眼底端的最大轴向压缩载荷如图 6.16 所示。此最大压缩载荷随垂直井眼深度的增加而增加，但对于每种尺寸的连续管，都达到一个极限值，此极限值可使式(6.59)中垂直井眼深度 D 趋于无穷大而得到。

$$F_{lim} = 2[EIW_e/(\mu r)]^{1/2}$$

(6.60)

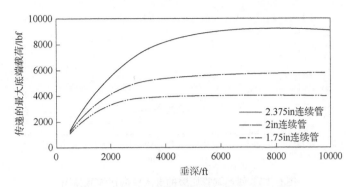

图 6.16　垂直井眼中传递的最大底端载荷图

4.052in 井眼，钻井液密度 8.6ppg，$\mu = 0.3$

6.3.3　在水平井造斜井段中连续管轴向力预测模型

前面讨论过连续管在造斜井段通常不发生屈曲，因此也就没有由于螺旋屈曲而引起的附加摩阻，在造斜点处的轴向压缩载荷 F_{kop} 仅与造斜井段末端载荷 F_{eoc} 存在简单的函数关系。

$$F_{kop} = \left[F_{eoc} - W_e R (1 - \mu^2)/(1 + \mu^2) \right] e^{\mu\pi/2} + W_e R (2\mu)/(1 + \mu^2) \tag{6.61}$$

或

$$F_{eoc} = \left[F_{kop} - W_e R (2\mu)/(1 + \mu^2) \right] e^{-\mu\pi/2} + W_e R (1 - \mu^2)/(1 + \mu^2) \tag{6.62}$$

6.3.4　连续管自锁预测模型

通常，连续管自锁所指的状态是，钻压或封隔器坐封力不能通过地面释放重量而增加，或者不能将连续管进一步推入井眼。由前文可知，连续管螺旋屈曲的发展及其产生的摩阻的增加随水平井井段不同而不同。在水平井眼中，螺旋屈曲从推进顶端开始，而在垂直井眼中，螺旋屈曲开始于底端（造斜点）。如果仅考虑水平井段，根据式（6.52），在推力趋于无穷大之前，连续管不会发生自锁。然而，根据式（6.59），由于传递到垂直井段底端的压缩载荷是有限的，对于整个水平井来说，连续管自锁是一个确实存在的问题。

另外，在螺旋屈曲条件下，连续管也可能发生屈服。螺旋屈曲引起的额外弯曲应力使管材很容易屈服。将轴向压应力和弯曲应力叠加，在螺旋屈曲管材曲线内侧的最大压应力是：

$$\sigma_{max} = F/A_s + d_0 r F/(4I) \tag{6.63}$$

令此最大应力等于管材的屈服强度 $[\sigma]$，在螺旋屈曲条件下，使管材产生永久变形（屈服）的最大压缩载荷是：

$$F_y = [\sigma]/[1/A_s + d_0 r/(4I)] \tag{6.64}$$

采用式（6.64），计算出连续管（屈服强度为 482.65MPa）的最大压缩载荷如图 6.17 所示。定义此最大压缩载荷为螺旋屈服载荷。从图 6.17 可见，随着井眼直径的增加，螺旋屈服载荷降低得很快。在大直径井眼中，连续管一旦发生螺旋屈曲，即使轴向压缩载荷很小，连续管也会发生屈服。

根据式（6.59），由于传递到垂直井段底端的压缩载荷是有限的，所以在水平井段中，钻压或封隔器坐封力也是有限的，同理，可钻达的水平井段长度也是有限的。在零大钩载荷条件下，造斜井段的造斜率为 15°/30m，钻压 4450N，能钻达的最大水平井段长度如图 6.18

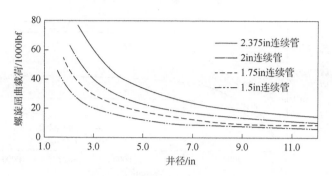

图 6.17　使连续管屈服的最大轴向压缩载荷图

屈服强度（70000psi）

所示。最大水平井段长度也随着垂直井段深度的增加而增加，然而，对所有尺寸连续管，最大水平井段长度都会达到一个极限值。因为连续管外径越大，则释放重量越大，而且屈曲问题越少，所以可达到的水平井段长度就越长。除非减小钻压，否则所钻的水平井段长度不可能超过此最大水平井段长度。由于存在极大的屈曲摩阻，即使在地面施加小于零大钩载荷的轴向压力下推连续管，通常也是无济于事的。

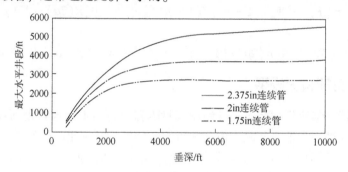

图 6.18　能够钻达的最大水平段长度图

4.052in 井眼，5°/100ft 造斜井段，1000lbf 钻压，钻井液密度 8.6ppg，$\mu = 0.3$

另一种方法是，通过将连续管下入水平井时大钩载荷随钻头下深变化来说明自锁概念，如图 6.19 所示。此关系采用本书给出的公式计算得到，其中摩擦系数为 0.3 及相关文献的连续管和井眼数据。当开始把连续管下入已存在垂直井段时（1524m），大钩载荷线性地增

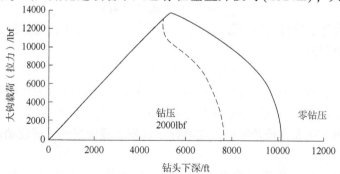

图 6.19　水平井下入或钻进的大钩载荷预测图

2in 连续管；造斜率 25°/100ft；造斜点 5000ft；钻井液密度 8.6ppg

加，然后，当连续管下入到造斜井段和水平井段时，由于摩阻的作用大钩载荷就减小。当钻压为零时，能下入到井深3096.8m，当钻压为8900N时，钻进只能达到井深为2334.8m，最后大钩载荷减小到零。本书给出的结果与相关文献发表的数据很接近。然而，该文献没有发表任何数学模型，相反，本书给出了所有用于制作图6.19的公式。

6.3.5　算例

利用上述轴向力计算模型与算法，以给定的地面轴向力值、传递到连续管底端的钻压值或管材屈服强度为约束，建立了连续管钻井延伸极限预测模型，计算流程如图6.20所示。计算结果如图6.21所示，当摩阻系数为0.35时，下深极限约3000m；当摩阻系数为0.30时，下深极限约3600m；当摩阻系数为0.25时，下深极限约6600m。

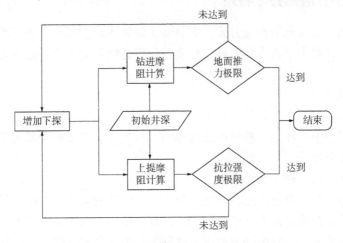

图6.20　连续管钻井延伸极限预测图

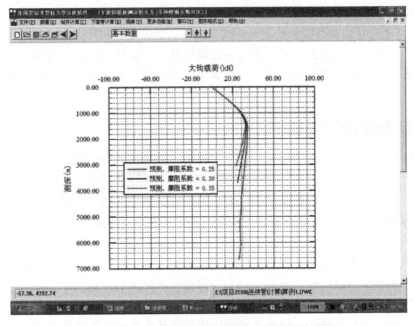

图6.21　连续管下放时地面载荷与下深的关系图

6.3.6　小结

(1) 传递到底部的最大载荷和最大井深受限于零大钩载荷条件。

(2) 在连续管自锁或零大钩载荷条件下，钻压会逐渐减小。

(3) 使用较大尺寸的连续管(或减小连续管与井壁之间的间隙)，可以减少屈曲、屈服和自锁问题，从而增加可达到的最大井深的数值。

6.4　连续管钻井水力特性

6.4.1　连续管钻井流体力学特点

连续管作业是一种特殊的作业方式，它具备了液体流动空间小、环空间隙小等特点。一般情况下是在原有井眼中下入连续管进行作业，所以连续管的水力特性有着与一般井眼不同的特点。

(1) 环空间隙小。

连续管作业环空间隙小，即使是较小的排量，也可以达到较高的返速，这对环空压耗的影响很大。在常规井中，环空压耗只占总压降的10%左右，而在连续管有关作业中，90%左右的压降消耗在环空当中。

(2) 连续管在井眼中存在偏心现象。

连续管作业由于其自身的特点，环空间隙小，连续管的柔性大，在造斜段或水平段，在自身的重力作用下，极易躺在下井壁，形成连续管的偏心。这种偏心现象使环空返速分布不均匀，宽间隙处流速大，窄间隙处流速小，这种偏心极不利于携带固体颗粒，偏心度的增加使得连续管与井眼的接触面积增大，使得起下连续管摩阻增加。

(3) 连续管不旋转。

1997年，连续管钻井数量大约600井次。其中，25%是定向井，大多数是水平井。水平井中钻屑的携带问题一直受到挑战。因为在旋转钻井中，钻柱旋转使钻屑保持悬浮状态，而用连续管钻井，连续管不能旋转。因此，钻井液以及旋转钻井技术对连续管钻井只起到很小的作用。

6.4.2　连续管钻井循环压耗计算

微小井眼钻井以连续管作为钻柱。钻进过程中，由于流体与管壁之间的摩擦力，将会产生摩擦压力损失。连续管循环压耗是水力特性研究的主要组成部分。在连续管钻井中，循环压耗分为两部分：一部分是连续管管内压耗，包括直管中的摩擦压力损失和卷绕在卷筒上的连续管中的摩擦压力损失(简称弯管压力损失)；另一部分是连续管与井筒之间的环空中产生的压耗。

钻井液是一种非牛顿流体。根据钻井液的流变性可分为宾汉流体、幂律流体和卡森流体等不同流型。根据钻井液的流动状态，可分为层流和紊流流动。对循环系统的压力损耗，如果按严格的流体力学理论计算，应首先测定钻井液的流变性，再判断钻井液在各部分流动时的流态，然后根据不同流型和不同流态下的管内流或环空流的压耗计算公式进行计算。

一般认为，在高剪切率下，幂律模式和宾汉模式均能较好地代表实际钻井液的流变性。在低剪切率范围内，幂律模式比宾汉模式能更好地反映实际钻井液的真实流变性。因此，为了既能较好地模拟钻柱内高剪切率下实际钻井液的流变性，又能较好地符合环空内低剪切率下实际钻井液的流变性，本书选择幂律模式作为实际钻井液的流变模式。

6.4.2.1　连续管管内及弯管压耗计算

6.4.2.1.1　连续管管内压耗计算

连续管管内压耗的计算与一般钻柱中的压耗计算模型相似。假设钻井液为幂律流体，管内液体雷诺数 Re 的计算公式为：（$Re > 2000$ 为紊流；$Re \leqslant 2000$ 为层流）

$$Re = \frac{8^{1-n} D_i^n v^{2-n} \rho_d}{K\left(\dfrac{3n+1}{4n}\right)^n} \qquad (6.65)$$

$$n = 3.32 \lg\left(\frac{\theta_{600}}{\theta_{300}}\right) \qquad (6.66)$$

$$K = \frac{0.511 \theta_{300}}{511^n} \qquad (6.67)$$

式中　D_i——连续管内径，m；

　　　v——钻井液流速，m/s；

　　　ρ_d——钻井液密度，kg/m³；

　　　K——钻井液稠度系数，Pa·s^n；

　　　n——钻井液流性指数，无因次；

　　　θ_{600}、θ_{300}——六速旋转黏度计测得 600r/min 和 300r/min 表盘读数。

当圆管内幂律液体做层流运动时，水头损失相应的压降为：

$$\Delta p_i = \frac{4KL}{D_i}\left(\frac{8v}{D_i}\right)^n\left(\frac{3n+1}{4n}\right)^n \qquad (6.68)$$

式中　Δp_i——连续管管内压耗，Pa；

　　　L——连续管总长度，m。

其他参数同上。

关于流动状态，实际上，在常规钻井钻进情况下，钻井液在管内的流动总是紊流，环空流动则可能是层流也可能是紊流。考虑到连续管作业井眼尺寸与常规井眼尺寸相比较小，因而连续管内的流动以紊流为主。当圆管内幂律液体做紊流运动时，连续管管内压耗计算模型如下：

$$\Delta p_i = \frac{32}{\pi^2} \frac{a\, K^b\left(\dfrac{3n+1}{4n}\right)^{nb} \pi^{(2-n)b} \cdot 2^{(5n-7)b}}{\rho_d^{\delta-1}} \frac{LQ^{2-(2-n)b}}{D_i^{(3n-4)b+5}} \qquad (6.69)$$

$$\begin{cases} a = (\ln n + 3.93)/50 \\ b = (1.75 - \ln n)/7 \end{cases} \qquad (6.70)$$

式中　Q——钻井液排量，m³/s。

其他参数意义同前。

6.4.2.1.2 连续管弯管压耗计算

流体流过连续管弯管时受到不断变化的离心力的作用，产生称为 Dean Vortices 的二次涡流，它对流体的阻力更大。因而，与流过连续管直管段产生的压降相比，流过连续管弯管段产生的压降要大得多。流体流过连续管弯管段时对压降的影响以 Dean 数（N_{De}）表示，它与常规雷诺数 N_{Re} 的关系是：

$$N_{De} = N_{Re} \left(\frac{r_0}{R} \right)^{1/2} \tag{6.71}$$

式中，r_0/R 是连续管半径 r_0 与从管体中心线算起的弯曲半径 R 的比值（图 6.22）。对于卷筒最内层连续管，R_1 值等于卷筒芯半径加上 r_0，卷筒上其他层连续管的弯曲半径 R_i 的计算公式如下：

$$R_i = R_{i-1} + 0.875 D_i \tag{6.72}$$

根据同直径圆形物体的叠加方向，卷筒上每层连续管的弯曲半径要增加大约 $0.875D_i$，因而必须分别计算每一层连续管的 r_0/R 值。

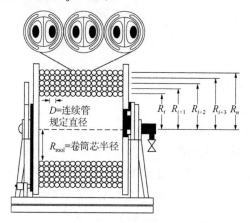

图 6.22 缠绕圈上连续管绕管半径的位置图

（1）Ito 建立的模型。

国内外对于连续管弯管内非牛顿流体的摩擦压力损失研究较少。Ito 建立的非牛顿流体范宁摩阻系数 f 的计算公式为：

$$f = 1.654 \frac{\sqrt{r_0/R}}{\sqrt{D_e}} \left(\sqrt{1 + \frac{1.729}{D_e}} - \frac{1.315}{\sqrt{D_e}} \right)^{-3} \tag{6.73}$$

$$D_e = 2^{3n-3} \left(\frac{3n+1}{4n} \right)^n N_{D_e} \tag{6.74}$$

（2）Mashelkar 和 Devarajan 建立的模型。

Mashelkar 和 Devarajan 建立的非牛顿流体范宁摩阻系数 f 的计算公式为：

$$f = (9.069 - 9.438n + 4.374 n^2) \sqrt{r_0/R} D_e^{-0.768+0.122n} \tag{6.75}$$

确定了连续管弯管的范宁摩阻系数 f 后，可用式（6.76）计算连续管弯管内压耗 Δp_c：

$$\Delta p_c = \frac{2f \rho_d L_{reel} V^2}{D_i} = \frac{2 \rho_d V^2 \left[\sum_{j=1}^{n} (f_j \Delta L_j) \right]}{D_i} \tag{6.76}$$

式中　L_{reel}——绕圈上连续管的弯曲总长度，m；

　　　n——绕圈上连续管的层数；

　　　ΔL_j——绕圈上每层连续管的长度，m；

　　　f_j——绕圈上每层连续管流体的范宁摩阻系数。

6.4.2.2　连续管环空压耗计算

6.4.2.2.1　常规井眼环空压耗计算

常规井眼环空压耗计算模型已在钻井界广泛使用，其主要适用于大尺寸钻具、低转速大井眼钻井法，对这种方法，人们已经积累了大量现场经验，得到了广泛的应用。其采用的方法为：确定钻柱内和环空流体压力损失就是找出雷诺数（Re）和流态有关的摩擦系数（f）间的关系。钻柱内的幂律流体为层流时 Re 与 f 有如下关系：

$$f = \frac{16}{Re} \tag{6.77}$$

紊流时有：

$$f = \frac{a}{Re^b} \tag{6.78}$$

式中：

$$a = \frac{\ln n + 3.93}{50} ; \quad b = \frac{1.75 - \ln n}{7} \tag{6.79}$$

$$Re = \frac{D_i^n v^{2-n} \rho}{K\, 8^{n-1}} \Big/ \frac{3n+1}{4n} \tag{6.80}$$

钻柱内压降公式为：

$$p = 2f \cdot \frac{L}{D_i} \rho\, v^2 \tag{6.81}$$

环空中的幂律流体，紊流时 Re 和 f 关系为式（6.82），层流时有：

$$f = \frac{24}{Re} \tag{6.82}$$

雷诺数为：

$$Re = \frac{(D_o - D_p)^n v^{2-n} \rho}{K \cdot 12^{1-n}} \Big/ \left(\frac{2n+1}{3n}\right)^n \tag{6.83}$$

压耗为：

$$p = 2f \cdot \frac{L}{D_0 - D_p} \rho\, v^2 \tag{6.84}$$

式中　p——全长 L 的压力损失；

　　　v——平均流速；

　　　D_o——井筒内径；

　　　D_p——钻柱外径；

　　　D_i——圆管水力内径；

　　　ρ——钻井液密度；

　　　n——流型指数；

K——稠度系数。

6.4.2.2.2　连续管环空流动特点及影响因素

与常规井眼环空压耗相比，连续管的环空压耗受到自身特点的影响即环空间隙小、连续管存在偏心现象。这两个影响因素在常规井眼中对环空压耗影响不大，因而可以忽略不予考虑。但在连续管中，这些影响因素对压耗贡献很大则不能忽略，相反，必须认真加以分析。

在连续管钻井时，由于连续管不居中而偏心，导致循环压耗减小的现象称为偏心效应（国外称之为"Crescent 效应"），用系数"R"来衡量。研究表明，Crescent 效应与钻井液特性、连续管与井眼几何尺寸有关。在常规钻井中，钻柱直径相对于井眼直径较小，钻柱在井眼出现的偏心效应对环空压耗影响不大。但在连续管钻井时，由于连续管直径与井眼尺寸相差不是很大，连续管偏心效应对环空压耗影响很大。实践与理论证明，连续管越偏心，环空压耗减小越剧烈。

6.4.2.2.3　连续管环空压耗计算

对连续管钻井来说，连续管内的流动压耗与普通直井的计算方法相同。但在连续管与井眼之间环空内的流动压耗，则由于井眼倾斜、连续管偏离井眼中心及岩屑床的存在而与普通直井有很大差别。连续管一般偏离井眼轴心，且可能有岩屑床产生，其环空循环压耗可采用有岩屑床存在时的偏心环空压耗计算方法或无岩屑床存在时的偏心压耗计算方法进行计算。偏心环空过水断面如图 6.23 所示。

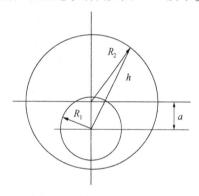

图 6.23　偏心环空过水断面

设内管外径为 d_1（半径为 R_1），外管内径为 d_2（半径为 R_2），偏心距为 e，任一周向角 ω 处的环空宽度 h 为：

$$h = \sqrt{(R_2^2 - e^2 \sin^2 \omega)} + e\cos\omega - R_1 \qquad (6.85)$$

定义偏心度 λ 为：

$$\lambda = \frac{e}{R_2 - R_1} \qquad (6.86)$$

由上述公式可得：

$$
\begin{aligned}
h_{\max} &= (R_2 - R_1)(1 + \lambda) \\
h_{\min} &= (R_2 - R_1)(1 - \lambda)
\end{aligned}
\qquad (6.87)
$$

对于幂律流体在同心环空中的轴向层流情况，可取圆柱坐标系，其本构方程为：

$$\tau = K \left| \frac{du}{dr} \right|^{n-1} \frac{du}{dr} \qquad (6.88)$$

式中　τ——流体层间切应力；

du/dr——速度梯度；

K——稠度系数；

n——流性指数。

幂律流体的速度梯度只是切应力的函数，与时间无关。幂律流体的视黏度不是常数，其值与流体微元的坐标位置有关，幂律流体的视黏度的变化规律可表达如下：

$$\eta = K \left| \frac{du}{dr} \right|^{n-1} \qquad (6.89)$$

对于同心环空流动，考虑黏度不是常数时，流体运动方程为：

$$\frac{\partial^2 u}{\partial x^2} + \frac{\partial^2 u}{\partial y^2} + \frac{1}{\eta}\left(\frac{\partial n}{\partial x}\cdot\frac{\partial u}{\partial x} + \frac{\partial n}{\partial y}\cdot\frac{\partial u}{\partial y}\right) + \frac{1}{\eta}\cdot\frac{\Delta p}{L} = 0 \tag{6.90}$$

式（6.90）可以简化为：

$$\frac{d^2 u}{dr} + \frac{1}{r}\cdot\frac{du}{dr} + \frac{1}{\eta}\cdot\frac{dn}{dr}\cdot\frac{du}{dr} + \frac{1}{\eta}\cdot\frac{\Delta p}{L} = 0 \tag{6.91}$$

式中　L——同心环空流道长度；

　　Δp——L 长度内的压力降。

将式（6.89）代入式（6.91）得：

$$n\frac{d^2 u}{dr^2} + \frac{1}{r}\cdot\frac{du}{dr} + \frac{\Delta p}{KL}\left(\frac{du}{dr}\right)^{1-n} = 0, \quad R_1 \leqslant r \leqslant R_m$$

$$n\frac{d^2 u}{dr^2} + \frac{1}{r}\cdot\frac{du}{dr} - \frac{\Delta p}{KL}\left(\frac{du}{dr}\right)^{1-n} = 0, \quad R_m \leqslant r \leqslant R_2 \tag{6.92}$$

在圆柱坐标下，由于 $r = \sqrt{(x^2 + y^2)}$，在圆柱坐标下式（6.92）可化为伯努利方程，解之可得定解为：

$$\frac{du}{dr} = \left(\frac{\Delta p}{2KL}\right)^{\frac{1}{n}}\cdot\left(\frac{R_m^2}{r} - r\right)^{\frac{1}{n}}, \ R_1 \leqslant r \leqslant R_m$$

$$u\big|_{r-R_1} = 0$$

$$u\big|_{r-R_m} = 0 \tag{6.93}$$

$$\frac{du}{dr} = -\left(\frac{\Delta p}{2KL}\right)^{\frac{1}{n}}\cdot\left(r - \frac{R_m^2}{r}\right)^{\frac{1}{n}}, \ R_m \leqslant r \leqslant R_2$$

$$u\big|_{r-R_2} = 0$$

$$u\big|_{r-R_m} = 0 \tag{6.94}$$

式中　R_m——极值速度半径。

对式（6.93）、式（6.94）求积分可得同心环空幂律流体轴向层流的速度分布为：

$$u = \left(\frac{\Delta p}{2KL}\right)^{\frac{1}{n}}\int_{R_1}^{r}\left(\frac{R_m^2}{r} - r\right)^{\frac{1}{n}}dr, \ R_1 \leqslant r \leqslant R_m \tag{6.95}$$

$$u = \left(\frac{\Delta p}{2KL}\right)^{\frac{1}{n}}\int_{r}^{R_2}\left(r - \frac{R_m^2}{r}\right)^{\frac{1}{n}}dr, \ R_2 \leqslant r \leqslant R_m \tag{6.96}$$

$$\int_{R_1}^{R_m}\left(\frac{R_m^2}{r} - r\right)^{\frac{1}{n}}dr = \int_{R_m}^{R_2}\left(r - \frac{R_m^2}{r}\right)^{\frac{1}{n}}dr \tag{6.97}$$

数值分析表明，当 $n > 0.3$，$R_1/R_2 > 0.3$ 时，极值速度半径为：

$$R_m = \sqrt{\frac{R_2^2 - R_1^2}{2\ln(R_2/R_1)}} \tag{6.98}$$

同心环空流量的计算可根据流量的定义得：

$$Q = \int_{R_1}^{R_2}2\pi ru\,dr \tag{6.99}$$

将式(6.97)、式(6.98)代入式(6.99)，再将式(6.96)考虑进去进行运算。对于钻井中一般都能满足 $n>0.3$，$R_1/R_2>0.3$ 的条件，因此可得流量公式如下：

$$Q = \frac{n\pi}{3n+1}\left(\frac{\Delta p}{2KL}\right)^{\frac{1}{n}}\left\{R_2^{\frac{n-1}{n}}\left[R_2^2 - \frac{R_2^2 - R_1^2}{2\ln(R_2/R_1)}\right]^{\frac{n+1}{n}} - R_1^{\frac{n-1}{n}}\left[\frac{R_2^2 - R_1^2}{2\ln(R_2/R_1)} - R_1^2\right]^{\frac{n+1}{n}}\right\}$$

(6.100)

对于牛顿流体，$n=1$，$K=\mu$，则式(6.100)简化为人们熟悉的公式：

$$Q = \frac{\pi\Delta p}{8\mu L}\left[R_2^4 - R_1^4 - \frac{(R_2^2 - R_1^2)^2}{\ln(R_2/R_1)}\right]$$

(6.101)

同心环空流的流速根据流速的定义有：

$$v = \frac{Q}{\pi(R_2^2 - R_1^2)}$$

(6.102)

将 Q 代入式(6.102)可得：

$$v = \frac{n}{3n+1}\left(\frac{\Delta p(R_2^2 - R_1^2)}{2KL}\right)^{\frac{1}{n}}$$

$$\times\left\{R_2^{\frac{n-1}{n}}\left[\frac{R_2^2}{R_2^2 - R_1^2} - \frac{1}{2\ln(R_2/R_1)}\right]^{\frac{n+1}{n}} - R_1^{\frac{n-1}{n}}\left[\frac{1}{2\ln(R_2/R_1)} - \frac{R_1^2}{R_2^2 - R_1^2}\right]^{\frac{n+1}{n}}\right\}$$

(6.103)

同心环空流压力降公式可从式(3-103)中导出：

$$\Delta p = \left(\frac{3n+1}{n}\right)^n \frac{2KL v^n}{(R_2^2 - R_1^2)}$$

$$\times\left\{R_2^{\frac{n-1}{n}}\left[\frac{R_2^2}{R_2^2 - R_1^2} - \frac{1}{2\ln(R_2/R_1)}\right]^{\frac{n+1}{n}} - R_1^{\frac{n-1}{n}}\left[\frac{1}{2\ln(R_2/R_1)} - \frac{R_1^2}{R_2^2 - R_1^2}\right]^{\frac{n+1}{n}}\right\}^{-n}$$

(6.104)

对于偏心环空流则要引进当量间距的概念，设偏心环空的当量间距 h_a，其定义为：

$$h_a^2 = \frac{1}{2\pi}\int_0^{2x} h^2 d\omega$$

(6.105)

将式(6.85)代入式(6.105)可得：

$$h_a^2 = \frac{1}{2\pi}\int_0^{2\pi}\left[\begin{array}{c} R_1^2 + R_2^2 + e^2 - 2R_1 e\cos\omega - 2e^2\sin^2\omega \\ -2R_1(R_2^2 - e^2\sin^2\omega)^{1/2} + 2e\cos\omega(R_2^2 - e^2\sin^2\omega)^{1/2}\end{array}\right]d\omega$$

(6.106)

由于：

$$\int_0^{2\pi}\cos\omega(R_2^2 - e^2\sin^2\omega)^{1/2}d\omega = 2\int_0^{\pi}\cos\omega(R_2^2 - e^2\sin^2\omega)^{1/2}d\omega$$

$$= 2\int_{-\pi/2}^{\pi/2}\sin\omega\left[R_2^2 - e^2\sin^2\left(\frac{\pi}{2} - \omega\right)\right]^{1/2}d\omega = 0$$

$$\int_0^{2\pi}(R_2^2 - e^2\sin^2\omega)^{1/2}d\omega = 2\int_0^{\pi}(R_2^2 - e^2\sin^2\omega)^{1/2}d\omega$$

$$= 4R_2\int_0^{\pi/2}\left[1 - \left(\frac{e}{R_2}\right)^2\sin^2\omega\right]^{1/2}d\omega = 4R_2 E\left(\frac{e}{R_2}, \frac{\pi}{2}\right)$$

(6.107)

式(6.107)中的 $E\left(\dfrac{e}{R_2},\ \dfrac{\pi}{2}\right)$ 为第二类椭圆积分，即：

$$\int_0^{\pi/2}\left[1-\left(\frac{e}{R_2}\right)^2\sin^2\omega\right]^{1/2}\mathrm{d}\omega=E\left(\frac{e}{R_2},\ \frac{\pi}{2}\right)，\ 其积分值见表 6.2：$$

表 6.2　$E(e/R_2,\ \pi/2)$ 积分值

e/R_2	0	0.1737	0.342	0.5	0.6428	0.766	0.866	0.939
$E(e/R_2,\ \pi/2)$	1.5708	1.5589	1.5238	1.4075	1.3931	1.306	1.2111	1.228

由此可得：

$$h_a=\left[R_1^2+R_2^2-\frac{1}{\pi}4R_1R_2E(e/R_2,\ \pi/2)\right]^{1/2} \tag{6.108}$$

用积分值代入式(6.108)可知，只有当 $e=0$ 时偏心环空退化为同心环空，$h_a=R_2-R_1$；当 $e\neq0$ 时有 $h_a>R_2-R_1$，即偏心环空当量间距总是大于同心环空间距值。

由于偏心环空中的幂律流体轴向层流与同心环空情况的主要区别是速度分布不具有轴对称性。这给定量计算带来了不便，为解决这一问题，前面已经引进了当量间距概念来处理偏心环空中幂律流体轴向流动问题，偏心环空中压力降的计算如下：

环空中：

$$v_a=\frac{4000Q}{\pi(D_h^2-D^2)} \tag{6.109}$$

$$Re=\frac{1000\rho D v_m}{\eta\left(1+\dfrac{\tau_0 d}{60\eta v}\right)} \tag{6.110}$$

当 $Re<2100$ 时为层流，其压力降公式如下：

$$\Delta p_a=0.001\left(\frac{3n+1}{n}\right)^n\frac{2kL v_a^n}{(R_{2e}^2-R_1^2)}\left[\begin{array}{l}R_{2e}^{\frac{n-1}{n}}\left(\dfrac{R_{2e}^2}{R_{2e}^2-R_1^2}-\dfrac{1}{\ln R_{2e}^2-\ln R_1^2}\right)^{\frac{n+1}{n}}\\[3mm]-R_1^{\frac{n-1}{n}}\left(\dfrac{1}{\ln R_{2e}^2-\ln R_1^2}-\dfrac{R_1^2}{R_{2e}^2-R_1^2}\right)^{\frac{n+1}{n}}\end{array}\right]^{-n} \tag{6.111}$$

式中　Δp_a——环空流动压耗，MPa；

　　　L——环空长度，m；

　　　R_1——钻柱半径，m；

　　　R_{2e}——偏心环空当量井眼半径，m；

　　　v_m——环空返速，m/s；

　　　n——流型指数，无因次，$\left(n=3.22\lg\dfrac{\Phi_{600}}{\Phi_{300}}\right)$；

　　　K——稠度系数，Pa·s，$\left(K=5\dfrac{\Phi_{300}}{\Phi_{500}n}\right)$。

当 $Re>2100$ 时则为紊流，其压力降计算公式如下：

$$\Delta p_a = \frac{19.6 f_m \rho_m L v_a^2}{D_{he} - D_{po}} \tag{6.112}$$

$$f_m = \frac{a}{Re^b}; \quad a = \frac{\lg n + 3.93}{50}; \quad b = \frac{1.75 - \lg n}{7}; \quad Re = \frac{0.012^{1-n} (D_{he} - D_{po})^n v_a^{2-n} \rho_m}{K \left(\frac{2n+1}{3n}\right)^n}$$

式中　D_{he}——偏心环空当量井眼直径（$D_{he} = 2R_{2e}$），mm；

　　　D_{po}——钻杆外径，mm；

　　　ρ_m——钻井液密度，g/cm³。

在无岩屑床存在的环空固、液两相流动情况下，环空压耗主要由三部分组成，分别为钻井液本身运动产生的摩擦压降，固相颗粒运动引起的摩擦压降及固相颗粒自重引起的压降，同时环空压耗还受到连续管偏心的影响，其计算公式如下：

$$\Delta p_a = \frac{32 k \, k_1 f_f \rho_d L_a Q^2}{\pi^2 (D_h - D_o)^3 (D_h + D_o)^2} + k \, k_1 (\rho_s - \rho_d) C_a g L_a + \rho_s g C_a L_a \cos\theta \tag{6.113}$$

式中　Δp_a——环空压耗，Pa；

　　　k——修正系数，无因次（由实测数据进行计算）；

　　　k_1——偏心因子，无因次；

　　　f_f、f_s——钻井液和固相颗粒摩阻系数，无因次；

　　　L_a——环空段长度，m；

　　　C_a——环空固相浓度，无因次$\left[C_a = \dfrac{4Q \, C_e}{4Q - \pi (D_h^2 - D_o^2) \, V_s \, C_e \cos\theta} \right]$；

　　　V_s——颗粒下滑速度，m/s。

颗粒下滑速度 V_s 计算方法同上；其他参数意义同上。

（1）f_f 和 f_s 的确定。

假设钻井液为幂律流体，则环空中流体雷诺数 Re 为：

$$Re = \frac{12^{1-n} \rho_m (D_h - D_o)^n}{K \left(\frac{2n+1}{3n}\right)^n} \left(\frac{4Q}{\pi (D_h^2 - D_o^2)}\right)^{2-n} \tag{6.114}$$

$$\rho_m = \rho_f (1 - C_a) + \rho_s C_a$$

式中　ρ_m——环空流体混合密度，kg/m³。

其他参数的单位均为国际单位，同上。

当 $Re < 3470 - 1370n$ 时，环空为层流，此时 $f_f = 24/Re$；

当 $Re > 3470 - 1370n$ 时，环空为紊流，此时

$$\frac{1}{\sqrt{f_f}} = \frac{4}{n^{0.75}} \lg (f_f^{1-0.5n} Re) - \frac{0.395}{n^{12}}$$

（2）偏心因子的确定。

无因次偏心度 $\lambda (0 \leqslant \lambda \leqslant 1)$ 可定义为：

$$\lambda = \frac{2e}{D_h - D_o} \tag{6.115}$$

式中　e——连续管与井眼的偏心距，m。

偏心距示意图如图 6.24 和图 6.25 所示。

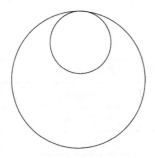
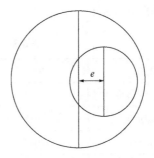

图 6.24　偏心率示意图　　　　图 6.25　偏心率 $\lambda = 1$ 示意图

同心时，$\lambda = 0$；全偏心时（连续管完全贴在下井壁时），$\lambda = 1$；在弯曲环空中，λ 将从 0 连续变化到最大值 λ_{max}，在使用稳定器或外加厚接头时，λ_{max} 的计算公式为：

$$\lambda_{max} = \frac{D_h - D_c}{D_h - D_o} \tag{6.116}$$

式中　D_c——稳定器或外加厚接头的直径，m。

钻具发生正弦或余弦弯曲时，弯曲环空中平均偏心度计算公式为：

$$\bar{\lambda} = \sqrt{\frac{2}{3}\left(\sqrt{\frac{3}{2}\lambda_{max} + 1} - 1\right)} \tag{6.117}$$

把同心环空中的有关理论应用到弯曲环空中，可以得到弯曲环空压降与同心环空压降之比，从而得到偏心因子 k_1 的计算公式为：

层流：$k_1 = 1 - 0.072 \dfrac{\bar{\lambda}}{n}\left(\dfrac{D_o}{D_h}\right)^{08454} - 1.5\,\bar{\lambda}^2\sqrt{n}\left(\dfrac{D_o}{D_h}\right)^{0.1852} + 0.96\,\bar{\lambda}^3\sqrt{n}\left(\dfrac{D_o}{D_h}\right)^{0.2527}$

紊流：$k_1 = 1 - 0.048 \dfrac{\bar{\lambda}}{n}\left(\dfrac{D_o}{D_h}\right)^{0.8454} - \dfrac{2}{3}\,\bar{\lambda}^2\sqrt{n}\left(\dfrac{D_o}{D_h}\right)^{0.1852} + 0.285\,\bar{\lambda}^3\sqrt{n}\left(\dfrac{D_o}{D_h}\right)^{0.2527}$

偏心度实质上是指连续管偏离环空中心线的程度。由于残余变形的存在及重力作用的影响，连续管往往不在环空中心，但偏心度 λ 的具体数值很难确定，在直井内一般假定为 0.5~0.75，水平井中为 0.75~0.95。

有关研究表明：层流状态下，偏心度 λ 对环空压耗的影响十分敏感（偏心度越大，环空摩阻越小）；紊流状态下，偏心度对环空压耗的影响很小。

6.4.3　循环压耗的影响因素分析

6.4.3.1　环空间隙对环空压耗的影响

给定的已知参数见表 6.3。

环空间隙对环空压耗的影响如图 6.26 所示。

从图 6.26 可以看出，环空压耗随着环空间隙的增大而不断减小。

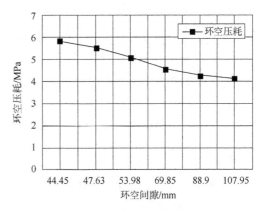

图 6.26　环空间隙对环空压耗的影响图

6.4.3.2 泵排量对环空、管内压耗的影响

给定的已知参数见表6.4。

表 6.3 给定的已知参数

钻井液流性指数	0.67	连续管外径/m	0.0508
钻井液稠度系数/(Pa·s^n)	0.335	环空固相浓度	0.05
钻井液密度/(kg/m³)	1050	井斜角/rad	0
钻井液排量/(m³/s)	0.0053	岩屑密度/(kg/m³)	2750
连续管环空长度/m	2000	偏心度	0.6

表 6.4 给定的已知参数

钻井液流性指数	0.67	连续管外径/m	0.0508
钻井液稠度系数/(Pa·s^n)	0.335	连续管内径/m	0.0428752
钻井液密度/(kg/m³)	1050	环空固相浓度	0.05
连续管环空长度/m	2000	井斜角/(°)	0
修正系数	1	岩屑密度/(kg/m³)	2750
井眼大小/m	0.098425	偏心度	0.6

泵排量对环空、管内压耗的影响如图6.27所示。从图6.27可以看出，随着泵排量的增大，管内压耗和环空压耗都在增大，但管内压耗对泵排量更敏感，增大得更快。

6.4.3.3 偏心度对环空压耗的影响

给定的已知参数见表6.5。偏心度对环空压耗的影响如图6.28所示。

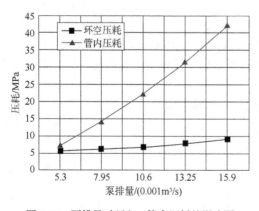
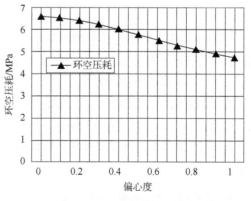

图 6.27 泵排量对环空、管内压耗的影响图   图 6.28 偏心度对环空压耗的影响图

从图6.28可以看出，环空压耗随着偏心度的增大而不断减小，与常规钻井不同，偏心效应在连续管钻井中是不能忽略的。这是因为在常规钻井中，钻柱直径相对于井眼直径较小，钻柱的偏心对环空压耗影响不大，而连续管的直径与井眼直径相差不大，偏心效应对环空压耗影响很大。

表 6.5　给定的已知参数

钻井液流性指数	0.67	井眼大小/m	0.098425
钻井液稠度系数/(Pa·s^n)	0.335	连续管外径/m	0.0508
钻井液密度/(kg/m^3)	1050	环空固相浓度	0.05
钻井液排量/(m^3/s)	0.0053	井斜角/rad	0
连续管环空长度/m	2000	岩屑密度/(kg/m^3)	2750
修正系数	1		

6.4.3.4　管内径变化对管内压耗的影响

给定的已知参数见表 6.6。

表 6.6　给定的已知参数

钻井液流性指数	0.67	钻井液排量/(m^3/s)	0.0053
钻井液稠度系数/(Pa·s^n)	0.335	连续管环空长度/m	2000
钻井液密度/(kg/m^3)	1050		

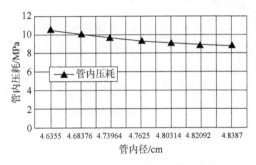

图 6.29　管内径变化对管内压耗的影响图

从图 6.29 可以看出，管内压耗随着连续管内径的增大而不断减小。

6.4.3.5　连续管缠绕和下放前后的循环压耗比较

给定的已知参数见表 6.7。

表 6.7　给定的已知参数

钻井液流性指数	0.67	井眼大小/m	0.098425
钻井液稠度系数/(Pa·s^n)	0.335	连续管外径/m	0.0508
钻井液密度/(kg/m^3)	1050	连续管内径/m	0.0428752
钻井液排量/(m^3/s)	0.0053	卷筒外半径/m	2.286
连续管总长度/m	6522.72	卷筒的宽度/m	1.9304

连续管下放比例与压耗的关系见表 6.8 和图 6.30。

表 6.8　连续管下放比例与压耗的关系

下放比例	管内压耗/MPa	弯管内压耗/MPa	管内总压耗/MPa
0.3	7.16805196	43.2729679	50.44102
0.4	9.55740261	37.8638469	47.42125
0.5	11.9467533	32.4547259	44.40148
0.6	14.3361039	27.0456049	41.38171
0.7	16.7254546	16.227363	32.95282
0.8	19.1148052	10.818242	29.93305
0.9	21.5041559	5.40912099	26.91328
1	23.89351	0	23.89351

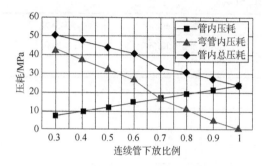

图 6.30　连续管下放比例与压耗的关系图

从图 6.30 可以看出，随着连续管下放比例的增大，滚筒上弯管内压耗在减小，而直管内压耗在增加，管内总压耗在减小。

6.4.4　小结

通过国内外有关文献调研，建立了连续管直管内、弯管内及环空压耗计算的模型，通过实例计算，得出了直管内压耗、弯管内压耗及环空压耗与各影响因素之间的变化规律。实例计算结果表明：

（1）在相同流量下，直管段的压力损耗随井深的增加而增加，随连续管内径的增大而不断减小。

（2）连续管弯管部分产生的压耗远大于直管部分产生的压耗，连续管弯管部分产生的压耗是连续管管内压耗的重要组成部分。

（3）随着井深增加，连续管弯管内压耗降低，直管内压耗增加，管内总压耗降低。

（4）随着流量的增大，管内压耗和环空压耗都在增大，但管内压耗对流量更敏感，增大得更快。

（5）环空压耗随着环空间隙的减小而不断增大。

（6）环空压耗随着偏心度的增大而不断减小。

6.5　连续管钻井底部钻具组合分析

连续管钻井技术同传统钻井技术相比具有很多优越性：它需要的空间小、设备和作业费用低，钻进过程中不需要接单根，起下钻时间短，能够连续循环钻井液，一趟钻能完成很多作业，它能够进行过油管侧钻作业，而不需要起出生产井内现有的生产管柱等。应用这一技术能够在相对较低的作业成本下实现边际油田开发和布井方案的调整，其应用前景广阔。

由于连续管钻井时，它不能旋转，且它的直径比常规钻柱小，所以由其特殊的底部钻具组合结构来控制井眼轨迹。而底部钻具组合的力学分析是井眼轨迹控制技术的基础之一，下面介绍一下具体的力学分析方法。

6.5.1　底部钻具组合受力分析方法研究

除特殊说明之外，本书在分析中采用如下基本假设：

（1）钻头、钻铤和稳定器组成的底部钻具组合是小弹性变形体系；

（2）井壁为刚性体，井眼尺寸不随时间而变化；

（3）稳定器与井壁之间的接触为点接触；

（4）上切点以上的钻柱躺在井眼低边；

（5）不考虑钻井液及动力因素的影响。

6.5.1.1　单跨钻柱受力分析

为分析方便，将底部钻具组合由稳定器处断开，将两稳定器的中心连线作为 x 轴，垂直于 x 轴，指向井眼高边的方向作为 y 轴，将原点设在上稳定器中心上，则每一跨的受力情况如图 6.31 所示。根据权余法，其挠度试函数为：

$$y = \sum_{i=1}^{4} c_i x^i \qquad (6.118)$$

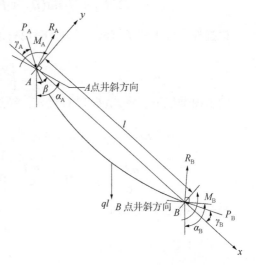

图 6.31　单跨度钻具组合的受力情况简图

对 B 点取矩并整理，可求得 A 点支反力：

$$R_A = \frac{M_B - M_A + P_A \cdot l \cdot \sin(-\gamma_A) + \dfrac{q}{2} l^2 \sin\beta}{l \cdot \cos(\alpha_A - \beta)} \qquad (6.119)$$

式中　R_A——A 点支反力，方向为与 A 点井斜方向垂直，N；

　　　M_A、M_B——A、B 两点处弯矩，N·m；

　　　P_A——A 点所受轴向力，方向为 A 点处钻柱的切线方向，以压力为正，N；

　　　l——A、B 两点间钻柱的长度，m；

　　　q——单位长度钻柱浮重，N/m；

　　　α_A——A 点井斜角；

　　　γ_A——A 点钻柱切线方向与 x 轴夹角，$\gamma_A = \arctan K_A$；

　　　K_A——钻柱在 A 点的切线斜率；

　　　β——x 轴与铅垂方向夹角。

令：$\begin{cases} P_a = R_A \cdot \sin(\alpha_A - \beta) + P_A \cdot \cos\gamma_A \\ R_a = R_A \cdot \cos(\alpha_A - \beta) + P_A \cdot \sin\gamma_A \end{cases}$ 　　　(6.120)

则钻柱上任一点处的弯矩为：

$$M_x = M_A + R_a \cdot x - P_a \cdot y - \frac{q}{2} \cdot \sin\beta\, x^2 \qquad (6.121)$$

由于钻柱是弹性小变形，所以

$$M_x = EI \frac{\mathrm{d}^2 y}{\mathrm{d}x^2} \tag{6.122}$$

将式(6.118)、式(6.119)和式(6.122)代入式(6.121)，化简得：

$$M_A - 2EIc_2 + (R_a - 6EIc_3 - P_ac_1)x$$
$$- (12EIc_4 + \frac{q}{2}\sin(\beta) + P_ac_2)x^2 - P_a c_3 x^3 - P_a c_4 x^4 = 0 \tag{6.123}$$

根据权余法中的子域法，令式(6.123)的左端等于 R_1，则可由

$$\int_0^l R_1 \mathrm{d}x = 0$$

消去内部残值，将式(6.123)代入，经过计算并化简可得：

$$EI(2 c_2 + 3 c_3 l + 4 c_4 l^2) + P_a\left(\frac{c_1 l}{2} + \frac{c_2 l^2}{3} + \frac{c_3 l^3}{4} + \frac{c_4 l^4}{5}\right)$$
$$+ \frac{q l^2}{6}\sin \beta - M_A - \frac{R_a l}{2} = 0 \tag{6.124}$$

每一跨的边界条件如下：

$$y(0) = 0 \tag{6.125}$$
$$y(l) = 0 \tag{6.126}$$
$$EI y'(0) = M_A \tag{6.127}$$
$$EI y'(l) = M_B \tag{6.128}$$

式(6.125)自然满足。由式(6.126)得：

$$c_1 l + c_2 l^2 + c_3 l^3 + c_4 l^4 = 0 \tag{6.129}$$

由式(6.127)得：

$$2EI c_2 - M_A = 0 \tag{6.130}$$

由式(6.128)得：

$$EI(2 c_2 + 6 c_3 l + 12 c_4 l^2) - M_B = 0 \tag{6.131}$$

联立式(6.129)、式(6.130)、式(6.131)和式(6.124)，可求得 c_1、c_2、c_3、c_4 的表达式如下：

$$c_1 = \frac{\dfrac{q\sin\beta l^3}{12} + \dfrac{M_A + M_B}{24EI} P_a l^3}{\dfrac{P_a l^2}{5} - 2EI} - \frac{2M_A + M_B}{6EI}l \tag{6.132}$$

$$c_2 = \frac{M_A}{2EI} \tag{6.133}$$

$$c_3 = \frac{M_B - M_A}{6EIl} - \frac{\dfrac{q\sin\beta l}{6} + \dfrac{M_A + M_B}{12EI}P_a l}{\dfrac{P_a l^2}{5} - 2EI} \tag{6.134}$$

$$c_4 = \frac{\dfrac{q\sin\beta}{12} + \dfrac{M_A + M_B}{24EI} P_a}{\dfrac{P_a l^2}{5} - 2EI} \tag{6.135}$$

切线斜率公式为：

$$K = y' = c_1 + 2c_2 x + 3c_3 x^2 + 4c_4 x^3 \tag{6.136}$$

假设已知 A 点的弯矩 M_A 和切线斜率 K_A，则由 A 点的如下切线斜率公式：

$$K_A = y'(0) = c_1 \tag{6.137}$$

将式(6.132)代入式(6.136)，经过计算和化简，得：

$$(-3EI K_A - M_A l) \cdot (8 P_a l^2 - 80EI) +$$
$$(5 P_a M_A l^3 + 10EIq\sin\beta\, l^3) + M_B(P_a l^3 + 40EIl) = 0 \tag{6.138}$$

将式(6.119)代入式(6.138)并整理得：

$$[l^2 \cdot \tan(\alpha_A - \beta)] M_B^2 + \{-P_A l^3 \cdot [\sin(-\gamma_A) \cdot \tan(\alpha_A - \beta) + \cos(\gamma_A)]$$
$$- \frac{q\sin\beta \cdot l^4}{2}\tan(\alpha_A - \beta) - 40EIl - 24lEI K_A\tan(\alpha_A - \beta) -$$
$$4M_A l^2\tan(\alpha_A - \beta)\} M_B - 80EI(3 K_A EI + M_A l) - 10EIq\sin\beta \cdot l^3 \tag{6.139}$$
$$+ \{(M_A + \frac{q\sin\beta}{2} l^2)\tan(\alpha_A - \beta) +$$
$$P_A l \cdot [\sin(-\gamma_A) \cdot \tan(\alpha_A - \beta) + \cos\gamma_A]\} \cdot (24lEI K_A + 3M_A l^2) = 0$$

令
$$\begin{cases} A = l^2 \cdot \tan(\alpha_A - \beta) \\[2mm] B = -P_A l^3 \cdot [\sin(-\gamma_A) \cdot \tan(\alpha_A - \beta) + \cos(\gamma_A)] - \dfrac{q\sin\beta \cdot l^4}{2}\tan(\alpha_A - \beta) \\[2mm] \qquad - 40EIl - 24lEI K_A\tan(\alpha_A - \beta) - 4M_A l^2\tan(\alpha_A - \beta) \\[2mm] C = -80EI \cdot (3 K_A EI + M_A l) - 10EIq\sin\beta\, l^3 + \cdot (24lEI K_A + 3M_A l^2) \\[2mm] \qquad \{(M_A + \dfrac{q\sin\beta}{2} l^2)\tan(\alpha_A - \beta) + P_A l \cdot [\sin(-\gamma_A) \cdot \tan(\alpha_A - \beta) + \cos\gamma_A]\} \end{cases}$$

则可用二次方程求根公式求得 M_B：

$$M_B = \frac{-B - \sqrt{B^2 - 4AC}}{2A} \quad (\text{另一根被舍去}) \tag{6.140}$$

进而求得 B 点切线斜率 K_B：

$$K_B = y'(l) = c_1 + 2c_2 l + 3c_3 l^2 + 4c_4 l^3 =$$
$$- \frac{\dfrac{q\sin\beta}{12} + \dfrac{M_A + M_B}{24EI} P_a}{\dfrac{P_a l^2}{5} - 2EI} \cdot l^3 + \frac{M_A + 2M_B}{6EI} l \tag{6.141}$$

在 B 点，由 x 轴方向的合力为零得：

$$R_A \sin(\alpha_A - \beta) - P_A \cos(\gamma_A) + R_B \sin(\alpha_B - \beta)$$
$$+ P_B \cos(\gamma_B) - q \cdot \cos(\beta) \cdot l = 0 \tag{6.142}$$

式中　R_B——B 点支反力，方向为与 B 点井斜方向垂直，N；

P_B——B 点所受轴向力，方向为 B 点处钻柱的切线方向，以压力为正，N；

α_B——B 点井斜角；

γ_B——B 点钻柱切线方向与 x 轴夹角，$\gamma_B = \arctan(K_B)$。

由 y 轴方向的合力为零得：

$$R_A \cos(\alpha_A - \beta) + P_A \sin \gamma_A + R_B \cos(\alpha_B - \beta)$$
$$- P_B \sin \gamma_B - q \cdot \sin\beta \cdot l = 0 \tag{6.143}$$

联立式(6.142)和式(6.143)可求得 P_B：

$$P_B = \frac{\sin(\alpha_B - \beta[R_A \cos(\alpha_A - \beta) + P_A \sin \gamma_A - q \cdot \sin\beta \cdot l]}{\sin \gamma_B \cdot \sin(\alpha_B - \beta) + \cos \gamma_B \cdot \cos(\alpha_B - \beta)}$$
$$- \frac{\cos(\alpha_B - \beta)[R_A \sin(\alpha_A - \beta) - P_A \cos \gamma_A - q \cdot \cos\beta \cdot l]}{\sin \gamma_B \cdot \sin(\alpha_B - \beta) + \cos \gamma_B \cdot \cos(\alpha_B - \beta)} \tag{6.144}$$

式中，R_A 由式(6.119)算得。

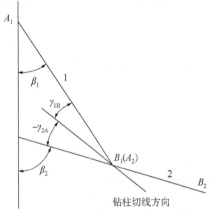

图 6.32　上、下跨间几何关系简图

6.5.1.2　上、下跨间几何关系

设相邻两跨钻柱(跨 1 和跨 2)的 x 轴与垂直方向的夹角分别为 β_1 和 β_2，则由图 6.32 所示的几何关系得：

$$\beta_2 - \beta_1 = \gamma_{1B} - \gamma_{2A} = \arctan K_{1B} - \arctan K_{2A} \tag{6.145}$$

式中　γ_{1B}——1 跨钻柱的 B 点切线方向与其 x 轴夹角；

γ_{2A}——2 跨钻柱的 A 点切线方向与其 x 轴夹角；

K_{1B}——1 跨钻柱的 B 点切线斜率；

K_{2A}——2 跨钻柱的 A 点切线斜率。

则由式(6.145)可求得：

$$K_{2A} = \frac{K_{1B} - \tan(\beta_2 - \beta_1)}{1 + K_{1B} \cdot \tan(\beta_2 - \beta_1)} \tag{6.146}$$

6.5.1.3　上切点处边界条件

$$\gamma_T = \alpha_T - \beta_T \tag{6.147}$$

式中　γ_T——上切点处转角；

α_T——上切点处井斜角；

β_T——含上切点一跨 x 轴与垂直方向的夹角。

$$M_T = EI / \rho_T \tag{6.148}$$

式中　M_T——上切点处弯矩，N·m；

ρ_T——井眼曲率半径，m。

6.5.1.4　钻头处井斜力的计算

对第一稳定器取矩，可求得钻头处的井斜力计算公式为：

$$F_B = \frac{M_0 - M_1 + P_0 \cdot l_1 \cdot \sin(\alpha_0 - \beta_1) + \dfrac{q_1}{2} l_1^2 \sin\beta_1}{l_1 \cdot \cos(\alpha_0 - \beta_1)} \tag{6.149}$$

式中　F_B——钻头处井斜力，N（以增斜力为正）；

　　　M_0——钻头处弯矩，N・m；

　　　M_1——第一稳定器处弯矩，N・m；

　　　P_0——钻压，N；

　　　q_1——钻头与第一稳定器之间钻柱的浮重，kN/m³；

　　　l_1——钻头与第一稳定器之间长度，m；

　　　α_0——钻头处井斜角；

　　　β_1——含钻头一跨 x 轴与垂直方向的夹角。

6.5.1.5　对带弯接头结构的处理

对于有弯接头的结构的钻具组合，弯接头处的转角应用式（6.150）表示：

$$\begin{cases} \gamma'_{B1} = \gamma_{B1} + \gamma_s \cdot \cos w \\ \gamma'_{B2} = \gamma_{B2} - \gamma_s \cdot \sin w \end{cases} \tag{6.150}$$

式中　γ'_{B1}、γ'_{B2}——弯接头膝部下端在井斜和方位平面的转角分量；

　　　γ_{B1}、γ_{B2}——弯接头膝部上端在井斜和方位平面的转角分量；

　　　γ_s——弯接头结构弯角；

　　　w——弯接头工具面角。

6.5.1.6　弯接头和稳定器在井眼中的位置

对于弯接头和稳定器在井眼中的位置，可用试算的办法来确定。即先假设它与井壁接触，计算出此点的支反力：如支反力大于 0，表示这一点确与井壁接触；如支反力小于 0，表示这一点不与井壁接触，可不断调整它在井眼中的位置，直到支反力趋于 0。

6.5.1.7　底部钻具组合计算过程

由于底部钻具组合的上切点处边界条件已知（需要假设轴向力），所以先从这里算起，即先由式（6.139）、式（6.140）和式（6.143）算得此跨 B 点的受力变形情况。如无稳定器，则所算得结果就是钻头处的情况。如有稳定器，则根据稳定器处的连续条件，所算得上一跨 B 点的弯矩 M_B 和轴向力 p_B 就是下一跨 A 点的弯矩 M_A 和轴向力 p_A，算得的上一跨 B 点的切线斜率 K_B 代入式（6.145）就算得下一跨 A 点的切线斜率 K_A。将所算得值再代入式（6.140）、式（6.141）和式（6.144），又算得这一跨的 B 点的受力变形情况。如此不断地代入式（6.140）、式（6.141）、式（6.144）和式（6.146），就可求得钻头处的弯矩和切线斜率。不断调整上切点的位置，直到满足钻头处的边界条件，就算出了最终结果，再代入式（6.149），就可求得钻头处井斜力。方位力的计算只要令各公式中的重力分量为零即可。

6.5.1.8　程序框图

计算钻头处受力的程序框图如图 6.33 所示。

6.5.1.9　计算软件

计算软件界面如图 6.34 所示。只要输入相关信息，按计算按钮即可计算出结果。

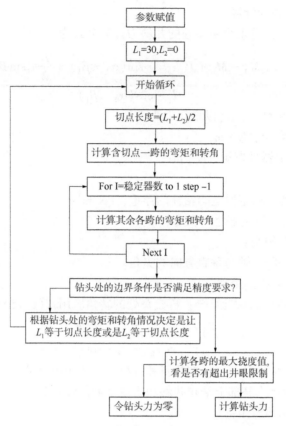

图 6.33　计算钻头力的程序框图

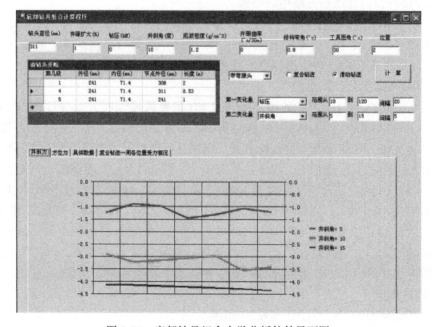

图 6.34　底部钻具组合力学分析软件界面图

6.5.2　连续管钻井典型底部钻具组合结构及力学特性分析

典型连续管底部钻具组合结构如图 6.35 所示，其各工具的功能如下：

（1）连续管连接器：将底部钻具组合与连续管连接在一起；

（2）上部连接接头：与连续管连接器连接；

（3）下部连接接头：与上部连接接头连接；

（4）传输短节：实现井下与地面的数据传输；

（5）分离工具：钻井过程中，钻具遇卡时该工具可使连续管与其下部钻具分离；

（6）循环短节：用来在钻头不转时保持循环；

（7）钻压和环空压力测量短节：测量钻压和环空压力；

（8）井斜和 Gamma 测量短节：测量井斜角、方位角、工具面角及地层 Gamma 值；

（9）液压控制器：为液压定向工具提供液压源；

（10）液压定向工具：通过液压力来改变弯接头的工具面角；

（11）浮阀：防止钻井液倒流；

（12）马达：使钻头产生旋转，在定向时带有弯接头结构，一般为容积马达。

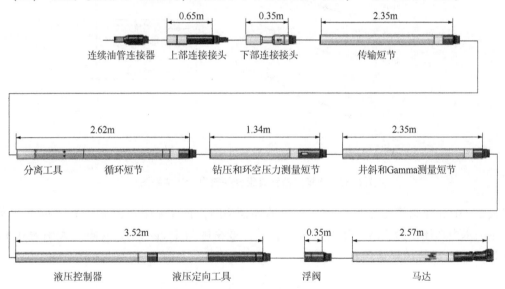

图 6.35　典型连续管底部钻具组合示意图

6.5.2.1　定向时连续管底部钻具组合力学特点

钻具组合为：ϕ88.9mm 钻头+ϕ60.3mm 马达（带弯角）+ϕ60.3mm 浮阀等其他工具（这些工具的外径相同，长度见图 6.35）+ϕ60.3mm 连续管。设马达的水力加压值为 5kN，井斜角为 5°，钻井液密度为 1.2g/cm^3，井眼扩大率为 0.5%，工具面角为 0°，计算结果如图 6.36 所示。

6.5.2.2　稳斜钻进时连续管底部钻具组合力学特点

（1）无稳定器结构：除马达没有弯角为，其他与 6.5.3.1 节钻具结合结构相同。设马达的水力加压值为 5kN，钻井液密度为 1.2g/cm^3，井眼扩大率为 0.5%，计算结果如图 6.37 所示。

（2）单稳定器结构：ϕ88.9mm 钻头+ϕ60.3mm 马达（无弯角）+ϕ60.3mm 钻铤+ϕ88mm 稳

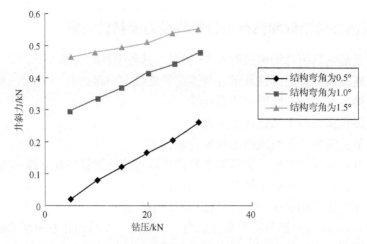

图 6.36　马达带弯角钻具组合井斜力计算结果图

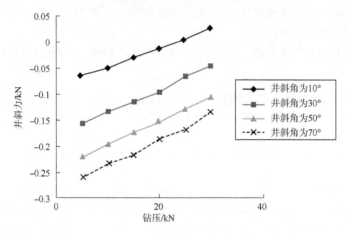

图 6.37　无稳定器钻具组合井斜力计算结果图

定器+ϕ60.3mm 浮阀等其他工具(这些工具的外径相同,长度见图 6.35)+ϕ60.3mm 连续管。设马达的水力加压值为 5kN,井斜角为 5°,钻井液密度为 1.2g/cm³,井眼扩大率为 0.5%,钻压为 20kN,计算结果如图 6.38 所示。

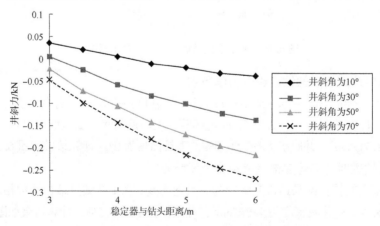

图 6.38　单稳定器钻具组合井斜力计算结果图

分析前述计算结果，可以得出如下结论：

（1）从图 6.36 可以看出，带弯角结构的钻具结合，随着钻压的增加和结构弯角的增加，造斜力会增加。

（2）从图 6.37 可以看出，无稳定器钻具组合，随着钻压的增加，降斜力在减小，且井斜角越大，降斜力越大。

（3）从图 6.38 可以看出，单稳定器钻具组合，降斜力会随着钻头与稳定器间长度的增加而增加，且井斜角越大，降斜力也越大。

6.5.3　小结

连续管通常在水平井的垂直井段发生屈曲，有时在水平井段发生屈曲，但在造斜井段几乎不会发生屈曲；当施加轴向压缩载荷并超过临界屈曲载荷时，连续管首先发生正弦屈曲，当载荷继续增加，达到螺旋屈曲载荷时，就发生螺旋屈曲；在垂直井眼中，连续管从底部开始屈曲并向上发展；然而，在水平井眼里，屈曲从受推力的顶部（造斜段下端）开始并向下发展。

连续管一旦发生螺旋屈曲，井壁接触力和摩阻显著增加，严重影响轴向载荷传递；只要还没有达到自锁条件，轴向载荷就可以通过发生了螺旋屈曲的连续管传递；连续管自锁主要是由于在垂直井眼里的严重屈曲；当发生屈曲时，采用本书给出的公式能够预测传递到底部的最大载荷、大钩载荷和最大井深。

传递到底部的最大载荷和最大井深受限于零大钩载荷条件；在连续管自锁或零大钩载荷条件下，钻压会逐渐减小；使用较大尺寸的连续管（或减小连续管与井壁之间的间隙），可以减少屈曲、屈服和自锁问题，从而增加可达到最大井深的数值。

在相同流量下，直管段的压耗随井深的增加而增加，随连续管内径的增大而不断减小；连续管弯管部分产生的压耗远大于直管部分产生的压耗，连续管弯管部分产生的压耗是连续管管内压耗的重要组成部分；随井深增加，连续管弯管内压耗降低，直管内压耗增加，管内总压耗降低；随着流量的增大，管内压耗和环空压耗都在增大，但管内压耗对流量更敏感，增大得更快；环空压耗随环空间隙的减小而不断增大；环空压耗随着偏心度的增大而不断减小。

带弯角结构的钻具结合，随着钻压的增加和结构弯角的增加，造斜力会增加；无稳定器钻具组合，随着钻压的增加，降斜力在减小，且井斜角越大，降斜力越大；单稳定器钻具组合，降斜力会随着钻头与稳定器间长度的增加而增加，且井斜角越大，降斜力也越大。

第 7 章　连续管疲劳寿命预测及软件开发

7.1　连续管疲劳寿命预测技术

连续管在卷筒和导向拱上多次反复运动，重复弯曲会产生大于连续管屈服强度的交变应力。油管内的工作压力也会产生周向应力而加速油管的变形。随着油管工作行程次数的增加，油管的直径逐渐增大，加上连续管表面的刮伤，导致连续管发生塑性变形，最终因发生疲劳破坏而失效。

根据连续管疲劳测试中的低周应变与寿命(S–N)疲劳曲线特性，可以得到连续管的机械特性(Mansion-Coffin)方程。

$$S = GN^b + FEN^c \tag{7.1}$$

式中　S——循环名义应力；

　　　N——疲劳寿命；

　　　G——与弹性相关的疲劳强度系数；

　　　FE——与塑性相关的疲劳强度系数；

　　　b——与弹性有关的疲劳强度指数；

　　　c——塑性有关的疲劳强度指数。

G、FE、b、c 为试验特定的材料常数。

方程右边第一项表示总应变中的弹性部分，第二项表示总应变中的塑性部分。

因为连续管是在塑性应力范围之内进行反复弯曲，所以方程右边第二项是主要影响因素，因此 S–N 疲劳曲线可以简化和定义成如下式子：

$$S = FEN^c \tag{7.2}$$

当 $c = -0.5$ 并且假设用于可靠性评估的寿命满足 Logweibull 分布，就有下面的公式(Avakov 等人，1994)：

$$\frac{N}{N_m}\left(\frac{S}{S_m}\right)^2 = K_Q \tag{7.3}$$

式中　K_Q——可靠性指数；

　　　N_m、S_m——经验的连续管循环寿命中值和油管疲劳强度中值(由测试数据得到)。

当 $K_Q = 1$ 时，中值疲劳曲线变为如下式子：

$$NS^2 = N_m S_m^2 = 1 \tag{7.4}$$

通常 K_Q 由如下公式得到：

$$K_Q = 11.47^{\frac{\ln\frac{1}{15}Q}{\ln 0.5} - 1} \tag{7.5}$$

式中　Q——可靠性水平。

Q 和 K_Q 之间的关系可以参考表 7.1。

表 7.1　Q 和 K_Q 之间的关系

Q	K_Q值	Q	K_Q值
0.50	1.00	0.98	0.5991
0.80	0.8373	0.99	0.5488
0.90	0.7498	0.999	0.4222
0.95	0.6779		

本书第 3 章在开发连续管疲劳实验装备的基础上，开展了一系列全尺寸疲劳测试，相关实验数据说明中间疲劳线（$Q=0.5$）可以通过式（7.6）计算：

$$N_m = 130$$
$$S_m = 1000 \tag{7.6}$$

对更高的可靠度（$Q>0.5$），油管寿命从 N_m 下降到 N_R：

$$N_R = K_Q \left(\frac{S_m}{S_R}\right)^2 N_m = K_Q N_m \tag{7.7}$$

为了模拟疲劳破坏程度，定义油管全尺寸单轴交变应力：

$$S = S_a + S_t^{1.895}$$
$$S = 0 \quad 当 S_a \leqslant S_Y \tag{7.8}$$

对卷筒上的弯曲，式（7.8）变为：

$$S_r = S_{at} + S_t^{1.895} \tag{7.9}$$

对导向拱上的弯曲，则为：

$$S_g = S_{ag} + S_t^{1.895} \tag{7.10}$$

$$S_{at} = \frac{D_o E}{2R_r} \tag{7.11}$$

$$S_{ag} = \frac{D_o E}{2R_g} \tag{7.12}$$

$$S_t = \frac{2 D_i^2 p_i}{D_o^2 - D_i^2} \tag{7.13}$$

式中　S_a——施加在卷轴或导向拱处结构上的径向应力；

　　　S_t——内压在外表面产生的周向应力；

　　　S_r——卷筒上结构的总应力；

　　　S_{at}——卷筒上结构的径向应力；

　　　S_g——导向拱上结构的总应力；

　　　S_{ag}——导向拱上结构的径向应力；

　　　D_o——连续油管外径；

　　　E——弹性模量；

　　　R_r——缠绕连续油管的卷轴半径；

　　　R_g——导向拱半径；

　　　D_i——连续油管内径；

　　　p_i——连续油管内压。

对连续管的一次行程操作，在卷筒上有一次弯曲-拉直循环，而在导向拱上有两次弯曲-拉直循环。油管的一次行程操作中总的循环数，转换成油管中等疲劳强度经验值 S_m 为：

$$N_1 = 1\left(\frac{S_r}{S_m}\right)^2 + 2\left(\frac{S_g}{S_m}\right)^2 \tag{7.14}$$

在给定的可信度水平下，油管一次行程的疲劳破坏或耗损寿命百分比为：

$$FD_1 = \frac{N_1}{K_Q N_m} \times 100\% \tag{7.15}$$

累计疲劳破坏或耗损寿命即各个行程之和。累计疲劳破坏或耗损寿命达到 100% 时，将会发生疲劳失效。

$$TFD = \sum FD_1 \tag{7.16}$$

影响连续管寿命的因素较多，在预测模型的推导过程中考虑了连续管工作环境、应力集中等因素的影响。

7.1.1　工作环境的影响

在连续管操作中的腐蚀性环境，如酸性或含硫化氢环境中，将会对连续管产生严重的损害，并且降低它的使用寿命。

腐蚀性环境中，连续管一次行程的疲劳损耗变为：

$$FD_1 = \frac{1}{K_c} \frac{N_1}{K_Q N_m} \times 100\% \tag{7.17}$$

式中　K_c——工作环境影响因子。

酸化作业时，$K_c = 0.66$；含硫化氢环境时，$K_c = 0.5$。

通过式(7.17)可以看出，与无腐蚀环境相比，在酸性环境中连续管的寿命(总失效行程)会降低 34%，在含硫化氢的井中会降低 50%。

7.1.2　应力集中的影响

由于在焊接处会产生应力集中，因此会降低连续管在此处的寿命。用表 7.2 的应力集中因子来评估寿命的降低程度。

表 7.2　应力集中对疲劳寿命的影响因子

焊接方式	K_s 值	焊接方式	K_s 值
无焊接油管段	1.0	手工焊接油管段	0.35
斜焊接油管段	0.9	自动锥形斜焊接油管段	0.2
锥形斜焊接油管段	0.6	手工锥形焊接油管段	0.15
自动焊接油管段	0.45		

如果焊接没有修整，应力集中因子可能会更低。

油管一次行程的疲劳损耗变为：

$$FD_1 = \frac{1}{K_c K_s} \times \frac{N_1}{K_Q N_m} \times 100\% \tag{7.18}$$

因此，将焊接处修整平滑，以及粗略修整和没有修整的情况，连续管的寿命（总失效行程）会分别降低 30%、50%、69%，并且连续管疲劳失效会首先发生在焊接段。

7.1.3　最终强度校正因子的影响

连续管的最终屈服强度越高，每次行程中产生的疲劳损坏就越小。基于实验数据，用最终强度校正因子来计算不同材料的疲劳线：

$$K_{us} = \left(\frac{\ln(1 - R_A)}{\ln(0.47)} \right)^2 \tag{7.19}$$

式中　R_A——面积缩减量。

R_A 用分数表示为：

$$FD_1 = \frac{1}{K_c \, K_s \, K_{us}} \times \frac{N_1}{K_Q \, N_m} \times 100\% \tag{7.20}$$

考虑径厚比（直径与壁厚之比）后，可以对连续管循环寿命中值进行修正：

$$N_m = 130 \times \left(\frac{0.32}{A_t} \right)^{1/2} \tag{7.21}$$

式中　A_t——连续管壁（金属）面积。

考虑了这些影响因素之后，可以得到连续管的疲劳寿命计算模型：

$$CTL = \frac{K_c \, K_s \, K_{us} \, K_Q \, N_m}{N_1} \times 100\% \tag{7.22}$$

式中　CTL——连续管的疲劳寿命，次。

7.2　影响因素分析

为了讨论疲劳寿命的影响，我们计算了以下实例。计算条件为：（1）连续管外径为 50.8mm；（2）连续管壁厚为 3.175mm；（3）连续管卷轴半径为 1270m；（4）油管导向器半径为 1778m；（5）连续管的钢级为 700；（6）工作内压为 10MPa；（7）连续管无焊接，且处于无腐蚀性环境；（8）可靠性水平为 0.999。

7.2.1　工作环境因素对连续管疲劳寿命的影响

工作的环境越恶劣，其工作环境影响系数越小。假设工作环境影响的范围为：0.5～1.0，则可以得到工作环境对疲劳寿命的影响情况，如图 7.1 所示。从图中可以看出，随着工作环境影响系数的增大（工作环境变好），连续管的疲劳寿命变长。

7.2.2　可靠性水平对连续管疲劳寿命的影响

假设可靠性水平范围为 0.5～1.0，则可以得到可靠性水平对疲劳寿命的影响情况，如图 7.2 所示。从图中可以看出，随着可靠性水平的增大（即要求连续管具有较高的可靠性），则连续管允许的疲劳寿命越短。

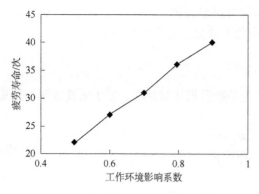

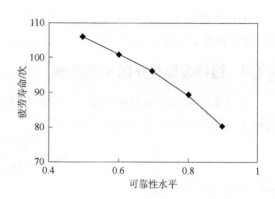

图 7.1　工作环境对疲劳寿命的影响图　　　　图 7.2　可靠性水平对疲劳寿命的影响图

7.2.3　连续管壁厚对疲劳寿命的影响

　　假设油管壁厚的范围为 1~5mm，则可以得到连续管壁厚对疲劳寿命的影响情况，如图 7.3 所示。从图中可以看出，当连续管壁厚在 1~3.5mm 之间时，其疲劳寿命随着连续管壁厚增加而变长；当连续管壁厚为 3.5~5mm 时，其疲劳寿命变化不大。

7.2.4　连续管外径对疲劳寿命的影响

　　假设连续管外径范围为 30~70mm，则可以得到连续管外径对疲劳寿命的影响情况，如图 7.4 所示。从图中可以看出，随连续管外径的增大，疲劳寿命变短。但在连续管外径较小时，在 30~45mm 之间时，其疲劳寿命的下降速度比外径较大(45~70mm)时快。

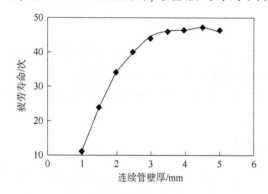

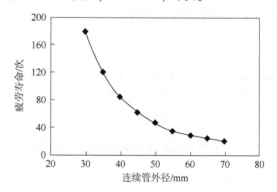

图 7.3　连续管壁厚对疲劳寿命的影响图　　　　图 7.4　连续管外径对疲劳寿命的影响图

7.2.5　内压对疲劳寿命的影响

　　假设连续管所受内压的范围为 0~50MPa，则可以得到连续管所受内压对疲劳寿命的影响情况，如图 7.5 所示。从图中可以看出，随连续管所受内压的增大，疲劳寿命变短。

7.2.6　连续管卷轴半径对疲劳寿命的影响

　　假设连续管卷轴半径的范围为 1000~1500mm，则可以得到连续管卷轴半径对疲劳寿命的影响情况，如图 7.6 所示。从图中可以看出，随连续管卷轴半径的增大，疲劳寿命变长。

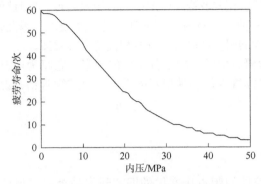

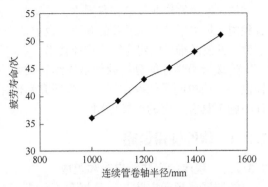

图 7.5 内压对疲劳寿命的影响图　　　　图 7.6 连续管卷轴半径对疲劳寿命的影响图

7.2.7 连续管导向器半径对疲劳寿命的影响

导向拱弯曲半径对连续管疲劳寿命的影响与卷筒直径的影响类似，即连续管的疲劳寿命随导向拱弯曲半径的增大而增大。假设连续管导向器半径的范围为 1500~2500mm，改变连续管的导向拱弯曲半径，计算连续管的疲劳寿命，结果如图 7.7 所示。从图中可以看出，随油管导向器半径的增大，连续管弯曲程度变小，疲劳寿命变长。

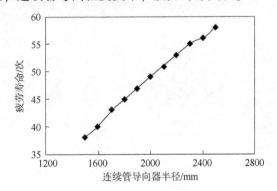

图 7.7 连续管导向器半径对疲劳寿命的影响图

7.3 连续管力学分析及疲劳寿命预测软件开发

7.3.1 软件开发的意义

连续管是一项正在引起油气工业界高度重视的新技术。我国引用连续管作业技术的时间较早，但多年来，由于技术交流不够，国内目前对这项技术及其工艺掌握得并不十分透彻，这项技术在我国的实际应用情况也并不理想，这必然会影响连续管作业技术在实际生产中的普及和推广应用。

随着我国东部油田增产挖潜工作的深入，需要采取在套管内侧钻水平井的方法对一批复杂断块油田井采剩余油，以及对待废井、事故井、停产井进行挖潜复产或增产。我国西部油田的开发也以大量的深井、超深井及水平井、丛式井为主。可以说，随着我国侧钻井需求的不断增加，连续管作业技术在我国水平井钻井、测井、完井及修井作业中大有用武之地，并且随着我国大量水平井、丛式井的开发，也迫切需要一种行之有效的配套新工艺、新技术。因此，研究、开发及推广应用连续管作业技术，更好地为油田生产服务，具有积极的现实意义。

连续管力学性能分析软件是连续管钻井力学研究中的一项十分重要的内容，它将为用户提供一个简单明了的操作平台，为研究和使用连续管提供一种很好的手段，对连续管钻井设计与施工具有一定的指导作用。

7.3.2 软件使用说明

7.3.2.1 程序的安装、启动和组成

按照屏幕提示安装，一旦屏幕提示要复制控件的版本比本机的旧，问你是否需要保留时，选择全部保留，如果提示文件正在使用，如果是控件，点击重试，如果是动态库，点击忽略，忽略后进一步选择继续，直到程序安装结束。

安装的程序如果不能执行，可以通过控制面板删除未安装成功的软件，重新启动计算机后，重新安装即可。

安装成功以后，可以通过 Windows 的"程序"菜单，启动软件系统。

启动连续管力学特性分析系统，首先显示的是软件基本属性的 Splash 窗体，该窗体如图 7.8 所示。

图 7.8　程序启动界面图

点击 Splash 窗体程序继续执行，如果不点击，该窗体在显示几秒钟后自动消失，程序继续执行。

整套软件系统由连续管常用计算、温度场预测、作业过程力学特性、管具手册、连续管使用情况记录等几个模块组成。

连续管常用计算模块主要包括：(1)根据连续管的几何尺寸、管材屈服强度等参数计算连续管的抗挤强度、抗内压强度、抗拉强度；(2)连续管的疲劳强度；(3)连续管的弯曲分析；(4)连续管的直径增长；(5)连续管的卡点计算。

温度场预测模块主要是根据输入井下管串结构、管内流体和管材、水泥环的传热特性等参数，预测井下温度分布，为作业过程管柱的载荷分布和变形情况提供基础数据。

作业过程力学特性模块主要包括：(1)井名管理；(2)井眼轨迹；(3)井身结构；(4)管具组合；(5)测试作业过程力学特性；(6)酸化过程力学特性。其中，轨迹设计：主要是为测试管的力学分析提供详细的井眼轨迹数据，以免用户重新输入大量的轨迹数据。计算设计

轨迹井眼内管柱受力和变形分析，此时使用的管柱一定是设计的管柱组合，主要目的是在大位移井设计阶段对连续管在测试过程中的工作状态进行可行性分析。测试作业和酸化过程力学特性强度校核：在用户计算出连续管在不同工况下的受力状态后，考虑管内、外压力的情况下，通过第四强度理论对管柱进行强度校核，以判断连续管工作是否安全。三维应力分析：其功能与连续管强度校核相似，所不同的是，三维应力分析是分别校核管柱的抗拉强度、抗挤强度和抗内压强度。在这个模块中，已经考虑了轴向力、内外压力对抗拉强度、抗挤强度和抗内压强度的影响。管柱热应力分析：对于井下存在封隔器的情况，计算由于温度变化造成的轴向力的变化，以此判断机械式封隔器是否会自动解封。

程序的主窗体如图7.9所示。

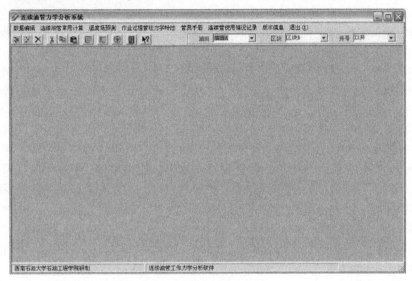

图7.9　软件总界面图

最上部是主菜单，主菜单下是工具条，窗口组合框是当前处理井的基本数据，一般情况下处于显示状态，提示用户正在处理的是哪一口井。

以下分别介绍每项功能的使用。

7.3.2.2　数据编辑

数据编辑主要是采用网格进行数据录入的编辑过程，通过在编辑数据表中单击鼠标右键，激活数据编辑菜单。数据编辑菜单主要功能如下：

（1）增加行：在具有焦点的数据行（通过鼠标或定位方向键改变焦点位置）的下一行增加一空行，以便添加一行新的数据。

（2）删除行：首先选定需要删除的数据行，执行此菜单可以删除选定的数据行。可以删除一行，也可删除多行。

（3）删除数据：将选定的数据全部删除，但保留网格。

（4）剪切：将选定的数据送至剪切板中，并删除原网格中的数据。

（5）复制：将选定的数据送至剪切板中，并保留原网格中的数据。

（6）粘贴：将剪切板中的数据粘贴到以网格焦点为起始点的网格数据表中。

通过剪切、复制、粘贴可以很方便地在同一表和多张表间传递数据。有三种方式可以激活数据编辑功能：从主菜单中进入、从工具条中的图标进入、单击右键弹出编辑菜单。

特别提示：

（1）在上述数据表编辑过程中，采用剪切、拷贝、粘贴等手段所形成的表中，有时在最后一行会存在空数据行，但有序号，此时存盘时会存储一个空行，为避免计算出错，在存盘前，首先删除有序号而无数据的行。如果最后一行既无序号又无数据，则无须删除。

（2）通过拷贝和剪切的数据是存在剪切板中的，这就意味着可以将剪切和拷贝的内容粘贴到基于 Windows 的任何接受剪切板内容的应用程序，如 Word 和 Excel 等，借助于 Word 可以制表和打印输出，借助于 Excel，可以绘图输出。

7.3.3　软件功能设计

本软件设计了三大功能模块，包括轴向载荷分析模块、力学特性分析模块、疲劳寿命预测模块。

（1）轴向载荷分析模块。主要运用三维刚杆和三维软杆模型研究了连续管所受轴向力，同时考虑了管柱屈曲的影响。

（2）力学特性分析模块。包括四个子程序模块：弯曲分析模块、抗内压（外挤）分析模块、直径增长模块、疲劳寿命预测及卡点计算模块。弯曲分析模块计算了最小弯曲半径、井口处轴向安全压缩载荷、井眼临界屈曲载荷；抗内压（外挤）分析模块计算了连续管的抗内压强度、外挤压力，其中外挤压力计算考虑了理想圆管、无内压作用椭圆管、内外压同时作用椭圆管三种情况；直径增长模块分析了连续管在内压作用下的直径增长率。测试、酸化作业过程中的力学特性分析，考虑了连续管的温升效应、鼓胀效应、螺旋变形等因素的影响。

（3）运用最新的模型分析计算了连续管的疲劳寿命，并对影响疲劳寿命的因素（连续管外径、连续管壁厚、导向拱半径、卷筒直径、杨氏模量、抗拉强度）进行了敏感性分析。

7.3.3.1　管柱强度特性分析

根据连续管的几何尺寸、管材屈服强度等参数计算连续管的抗挤强度、抗内压强度、抗拉强度，如图 7.10 所示。

7.3.3.2　疲劳寿命预测

输入连续管外径、壁厚、卷轴半径、连续管导向器半径、连续管钢级、应力集中系数等参数，预测连续管的疲劳寿命，为连续管的安全使用提供基础数据，如图 7.11 所示。

图 7.10　井名管理图

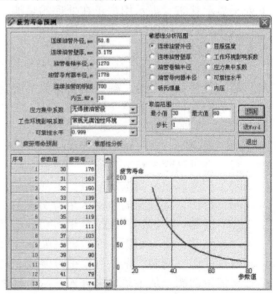

图 7.11　疲劳寿命预测图

7.3.3.3　连续管弯曲特性

主要是预测连续管的最小弯曲半径和井口处轴向安全压缩载荷，需要输入的基础参数有连续管的内径、外径、连续管的屈服强度、弹性模量等参数，如图 7.12 所示。

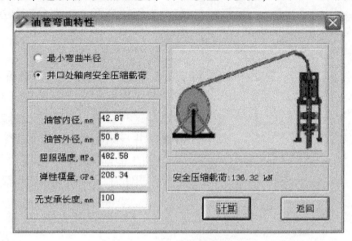

图 7.12　连续管弯曲特性图

7.3.3.4　连续管直径增长预测

主要是根据连续管的外径、壁厚、内压等参数预测直径增长情况，如图 7.13 所示。

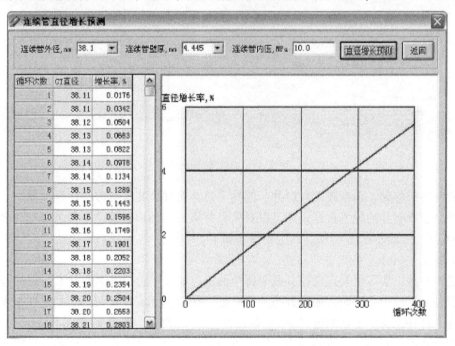

图 7.13　连续管直径增长图

7.3.3.5　卡点计算

主要是根据连续管最大上提力、最小上提力、连续管长度变化等参数，预测管柱在井下的卡点位置，如图 7.14 所示。

图 7.14　卡点计算图

7.3.3.6　温度场预测

根据井身结构、管串传热特性、流体特性、地层原始温度场等参数预测井下温度分布，为管柱变形、应力分布情况计算提供基础数据，如图 7.15 所示。

7.3.3.7　作业过程力学特性

7.3.3.7.1　井的基本数据的输入

基本数据主要为轨迹设计和分析提供基本参数，这些参数包括轨迹设计基本数据、测斜数据、井身结构数据、连续管、标准数据等。

井的基本数据的核心模块是井名管理。软件专门开发了一个井名管理模块，以便对软件

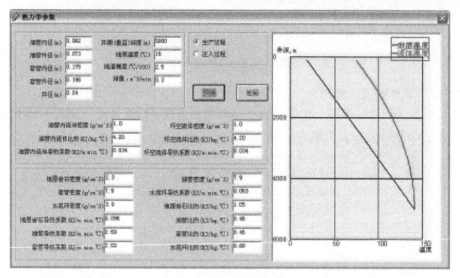

图 7.15　温度场预测图

中所有的井进行管理，包括新建一口井、删除一口井数据，甚至可以一次性地删除一个油田和一个平台上所有井的相关数据。还可以对原有井所属的油田名称、平台名称和井名进行重命名（即编辑）。如图 7.16 所示。其主要操作如下：

（1）新建一口井。

新建一口井，实际上是定义该井属于哪个油田、哪个平台、井名是什么，以便在下面的基本数据输入窗口中可以输入如该井的井口坐标、靶点坐标等设计所必须的设计基本数据。

新建一口井是在基本数据窗口中"井名管理"的一项功能，操作如下：

添加新油田：在树状结构的油田一级，单击鼠标右键，弹出添加、删除、编辑菜单，选择添加/新油田，程序在油田一级树状结构下添加一缺省名称为"新油田 1"的油田名称，用户可直接输入油田名称，如"××油田"等。程序还自动为该油田增加一个"非丛式井"平台名称。

添加新平台：此处的平台可以是真正意义上的丛式井平台，也可以是油田的某个构造名

称。选择平台所属油田，单击鼠标右键，选择"添加"/"新平台"，程序在油田结构下添加一缺省名称为"新平台 1"的平台名称，用户修改此平台名称为自己所需的名称，如"PADTEST"等。此时不能再添加新油田。

添加新井：选择新井所属的平台，单击鼠标右键，选择添加/新井。在该平台下的任一口井下单击鼠标右键也可添加新井。添加新井完成后，按  确认添加或修改。

（2）删除一口井。

在如图 7.16 所示的井名管理窗口中，用鼠标定位需要删除的选项，然后单击鼠标右键，选择"删除"可以删除选定的项，若选定的项是一口井，

图 7.16　油气井管理图

则删除的内容是一口井的相关数据；若选定的项是一个平台名称，则删除该平台下所有井的相关数据；若选择的项是一个油田名，则删除该油田上所有井的相关数据。删除的数据是不可恢复的，因此，在删除前一定要慎重，特别是删除平台和油田名称时需要特别小心，因为该项操作涉及多口井的数据。

（3）编辑一口井。

在井名管理窗口中，单击鼠标右键，按"编辑"可以编辑当前鼠标选定的项。即修改选定的内容，如油田名称、平台名称、井名。该功能主要用于对井名进行重命名。

单击带有"+""-"号的小方框，可以展开和压缩下一级的有关内容，也可采取在油田名称或平台名称上双击的方式展开，并可着手进行编辑，但此时因为是编辑选定内容的方式，不能再进行添加、删除等操作，如果需要添加、删除等操作，移开鼠标即可。

7.3.3.7.2　井眼轨迹数据

打开井眼轨迹数据输入时，可以根据测斜数据或者分段轨迹数据预测井眼轨迹。调入在基本情况窗体中选定的井的测斜数据，如果希望编辑其他井或其他平台上的井的测斜数据，可以通过在窗体上部的两个选择性下拉框选择平台和井名。

测深的单位：m，井斜角的单位：°，方位角的单位：°（图 7.17）。

以网格为基础的数据编辑，可以使用方向键、鼠标定位需要输入数据的网格，可以直接键入数据或字符，也可按回车键对已有数据进行修改。依据程序要求，输入的内容可以是字符、文字、数字等，编辑时，可以利用菜单或工具条上的增

图 7.17　测斜数据输入图

加行、删除行、删除数据、剪切、复制、粘贴图标对编辑的网格数据进行编辑操作，也可单击右键弹出常用的编辑菜单。通过剪切、复制、粘贴操作，可以在不同数据表间传递数据，

对于单个数据，可以在文本框和单元格间进行数据传递。

有关数据编辑功能，详见"数据编辑"部分。

（1）保存输入数据。

按  图标，即将数据存盘，但不退出编辑窗口。也可直接单击工具条上的  图标，凡是当前窗体为活动可以编辑的数据录入窗体，都可以采用此方法。本软件所有编辑数据的存储都是针对当前活动窗体的。

（2）取消，不存盘退出。

按 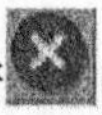 图标。

（3）退出。

按 图标。

上述数据编辑操作适合于本软件所有的编辑操作工作。

7.3.3.7.3　井身结构

井身结构为管柱受力分析模块提供基础数据，如套管的内径、尾管的悬挂深度等。录入时为方便起见，可以采用数据拷贝的方法，然后作少量修改即可。使用拷贝时，存盘之前，删除有序号而无数据的行。

套管层次、井眼直径、套管外径、套管鞋层位由用户通过下拉框选定。井眼直径、套管外径的单位：mm，其他的深度的单位：m。

井身结构数据的录入窗口如图 7.18 所示。

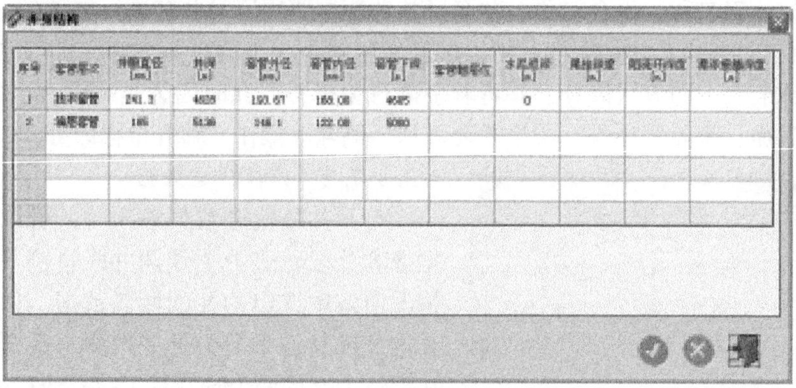

图 7.18　井身结构编辑图

编辑和存盘的方法同数据编辑操作。

窗口上的三个图标分别为保存、不存盘退出、退出。

7.3.3.7.4　连续管组合

连续管是摩阻分析的必备数据。可以在本模块输入，也可在摩阻分析模块输入，如图7.19 所示。

在数据编辑时，管柱名称是可选的，除钻杆和油管外，其他管柱的型号及类型可以为空，但管柱的外径、内径、长度必须输入。钻铤、钻杆、加重钻杆、油管可以在输入管具的外径后，将焦点(光标)在同一行中向左移动一格，然后单击鼠标右键，弹出编辑菜单，选

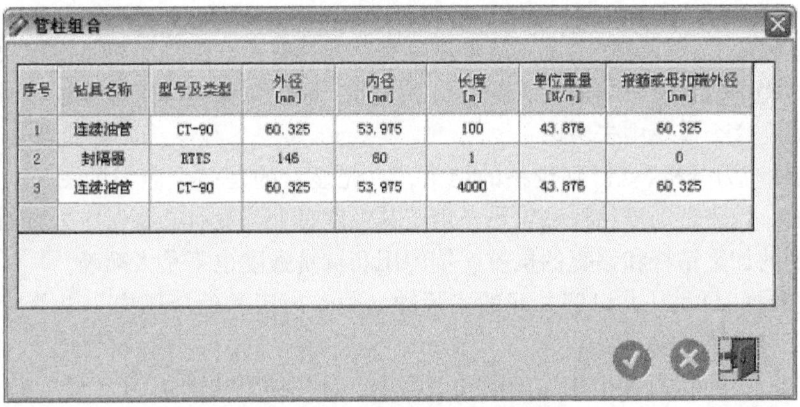

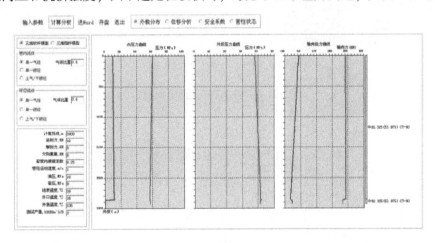

图7.19 连续管组合的编辑图

择最后的规格数据，弹出与输入的外径相同的管柱供选择，双击其中的某种管具，其外径、内径、单位重量、钢级就会自动加入到连续管输入表中的有关对应列。如果不想改变当前标准数据的值，可以在连续管编辑窗口的任意位置单击即可。注意不要忘记输入所选管柱的长度。

7.3.3.8 测试作业过程力学特性

连续管三轴应力分析类似于管柱强度校核，所不同的是三轴应力分析是分别校核管柱的抗拉、抗内压和抗挤强度，只不过是在校核时，考虑了三维应力问题，如图7.20所示。

图7.20 连续管三维应力校核

与管柱强度校核一样，管柱三维应力分析的基础是管柱力学分析，因此，在进行三维应力分析之前，必须进行管柱的力学分析。

管柱校核时，缺省的井名是在基本参数输入窗体中选定的井，当然也可以通过油田、平台和井名后的下拉框选择另外需要进行强度校核的井。

接着依次选择轨迹类型和钻柱组合编号，以及工况，如果在选择轨迹类型时，无法选择管柱组合编号和工况，管内、管外液体密度皆为空，说明尚未进行管柱力学的分析计算，暂时不能做强度校核。此时，需要先启动连续管力学特性分析系统模块，再进行管柱三维应力分析。

　　管内液体密度、管外液体密度和液垫高度是从连续管力学特性分析系统模块的输入参数中得到的，这些参数直接影响连续管的受力和变形，因此在做连续管强度校核时只显示不能修改。热应力在这个模块中未考虑。

　　单击"三轴应力分析"就得到校核的结果，首先显示的是三个应力的图形，图中如果强度线是灰色的，代表是加重钻杆和钻铤，由于其强度过大，没有必要做应力方面的校核。由计算公式得到的加重钻杆和钻铤的抗拉、抗内压和抗挤强度也不是太准确。

　　按"强度数据"显示从井口到井底的实际轴向力、内压和外挤压力，以及与之相对应的抗拉、抗内压和抗挤强度。

　　单击"打印"，可以打印出相应的图和数据表。计算结果如图 7.21、图 7.22 所示，管柱状态如图 7.23 所示。

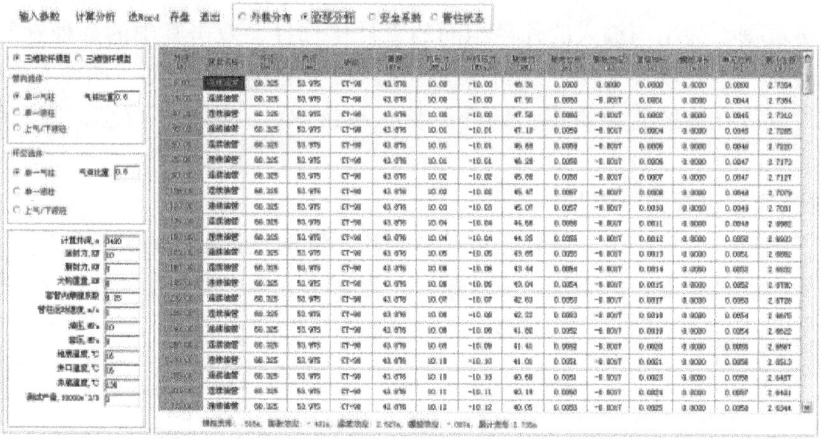

图 7.21　计算结果(变形情况)图

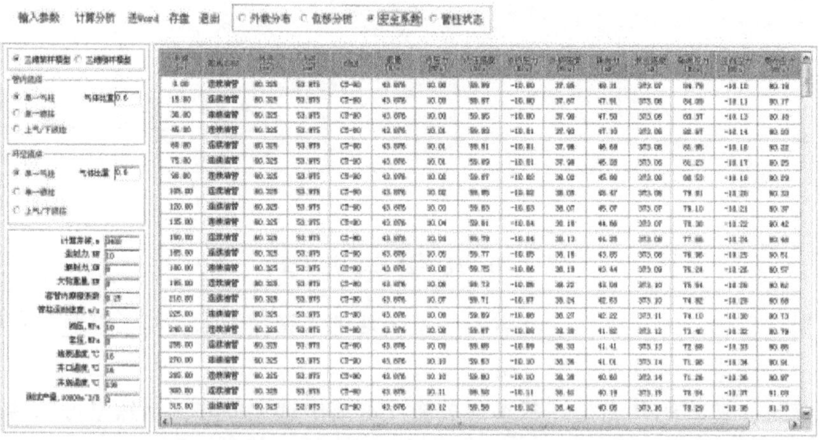

图 7.22　计算结果(安全系数分布)图

7.3.3.9　酸化作业过程力学特性

　　酸化过程模拟如图 7.24 所示。

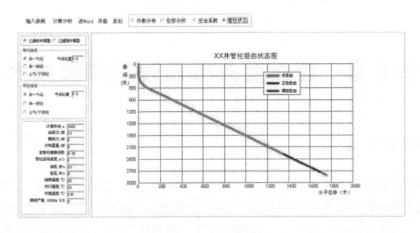

图 7.23　管柱状态图

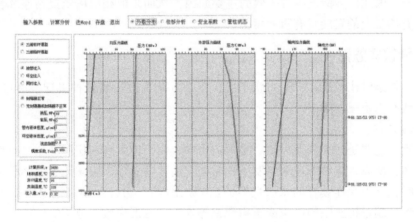

图 7.24　酸化过程模拟(外载分布)图

7.3.3.10　连续管使用情况记录

连续管使用情况记录如图 7.25 所示。

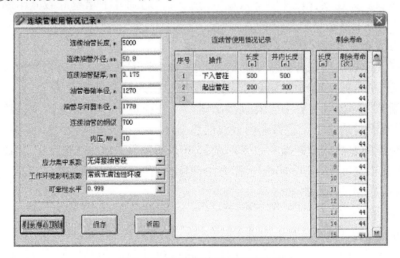

图 7.25　连续管使用情况记录图

第8章 连续管失效及现场接续技术

8.1 连续管失效

连续管是连续管作业技术中用量大、质量要求高的管材。现场调查表明，连续管作业机目前不能国产化的根本原因在于不能生产出国产的连续管。而在作业数量不大的情况下，每台作业机平均每年都要消耗 4000m 左右的连续管。据国外资料，世界上每年连续管的用量为近 500 万 m。因此，弄清连续管失效的主要原因，从而采取相应措施提高连续管的使用寿命，对促进石油工业的发展具有重要意义。

8.1.1 连续管失效形式

连续管工作条件比较恶劣，受力状态比较复杂，其失效形式多种多样，通过失效分析，归纳起来大致有以下三大类型。

（1）变形失效。

对连续管，主要是塑性变形失效。实际应用中，由于连续管的实际使用半径要比许用弯曲半径小得多，所以，连续管通常要发生瞬时的塑性弯曲变形。当实际弯曲半径远远小于许用弯曲半径时，会引起连续管的永久性弯曲（俗称死弯）。另外，超过连续管抗拉极限的拉伸颈缩性变形，超过抗压限的压瘪或压扁现象等均属于变形失效的范围。

（2）断裂失效。

在连续管的失效中，断裂占的比例较大，特别是疲劳断裂，危害也较严重。主要断裂形式有：

① 过载断裂。如连续管在井中下入速度过快时，遇到井下堵塞导致其卡断，或在起出作业过程中由于井下落物导致其拉断等。

② 低应力脆断。如连续管焊缝的脆性断裂。

③ 应力腐蚀断裂。如在含硫量较高的油气井中工作时，硫化物应力腐蚀开裂。应力腐蚀断口一般有三个区域，即断裂源区、裂纹扩展区、快速拉断或撕裂区。

④ 氢脆断裂。当油管材料中含有过多的氢时，在拉应力作用下易产生氢脆。氢脆断口的宏观特征是在断口边缘上可观察到白点或白色亮环。

⑤ 疲劳断裂和腐蚀疲劳断裂。由于连续管要不断地导入或绕下滚筒，并通过弯曲形导向架，因而会受到交变循环应力作用，而井中往往又有腐蚀介质的侵蚀。所以，连续管受到疲劳或腐蚀疲劳作用的工况最多。

（3）表面损伤失效。

表面损伤主要包括三个方面：

① 腐蚀。包括均匀腐蚀（如连续管在长时间存放过程中的锈蚀）、小孔腐蚀（即点蚀，如连续管在使用或存放过程中内、外表面的点蚀）和缝隙腐蚀（如连续管的焊缝与连续管材

料之间的腐蚀）。

②磨损。连续管在井下与生产油管或套管之间的磨损，以及连续管与导向架和注入头上鞍形夹紧块之间的磨损等。

③机械损伤。连续管在运输途中表面碰伤，在清蜡作业中受到落入井下的刮蜡器的划伤；在注入过程中由于夹持过紧而在表面留下压痕等。

8.1.2　连续管失效原因

（1）连续管本身质量问题。

①连续管壁厚不均匀。一方面，连续管在制造时壁厚就不均匀；另一方面，在使用过程中，由于弯曲疲劳的作用，在曲率半径小的一侧受压，壁厚基本不变，而在曲率半径大的一侧受拉，壁厚变薄。现场取样测量也发现，外径31.75mm的连续管，平均壁厚2.2089mm，而实测最大壁厚为2.23mm，最小仅2.18mm。腐蚀性泄漏与连续管的壁厚不均有关系。

②现场焊接质量差。一盘连续管长度为2000~4000m，当进行深井作业时，需要将两段连续管焊接在一起使用。由于我国焊接技术上的差距，使得焊接达不到要求。即便使用国外焊机和工艺，往往也达不到要求的水平。失效分析发现，焊缝失效一般表现为脆性断裂失效，其主要原因是焊接及焊后热处理选择不当，在焊缝产生了未熔合或灰斑缺陷。并且焊缝及热影响区强度低，冲击韧性差，造成大量失效事故。现场发现，除辽河油田外，其他油田的连续管均存在焊接质量不过关的问题。

③材料性能低，制造工艺复杂。国内使用的主要是从美国优质管公司引进的QT-700材料连续管，属ASTM-606-4钢的改进产品，而目前国外已经在生产和使用其改进后的QT-800和QT-1000材料。另外，连续管在生产制造过程中，工艺过程比较复杂。一般要经过多次热处理过程，如轧制管材前的加热，管材环卷焊接，高频感应退火，成形后的水冷与空冷，消除应力退火等。任何一个工艺处理不当，都会给连续管留下缺陷。失效分析表明，有相当一部分连续管失效是由内部缺陷引起的。

④划痕得不到及时修补。连续管在使用过程中，当表面出现部分划伤痕迹时，不能及时采取措施进行修补，使得被划伤表面成为人为的壁薄部分，在腐蚀介质的作用下，形成腐蚀凹坑，使局部的腐蚀电流急剧增大，因而加快了连续管的腐蚀速度，使连续管首先在划伤痕迹处出现腐蚀泄漏失效。

（2）连续管使用管理问题。

①存放不当。连续管作业机在作业完成后，很少进行防锈处理，因此，腐蚀严重，特别对连续管，易产生锈蚀，使其寿命大大缩短。如某油田的作业机年作业十几次，作业过程受到雨淋，在库中明显看到在滚筒外层的连续管全部生锈变黄。某油田在引进作业机的同时，进口了十几盘连续管，由于长期存放，管体氧化出现腐蚀麻点和凹坑；也有的因木制滚筒腐烂导致连续管缺少支撑而产生挤压皱褶或折断。

②下井前检验不严。包括对连续管的检验和对井下情况的检验。某些井下作业队使用质量低劣或有大量蚀坑、裂纹及其他缺陷的连续管下井，造成连续管在使用中出现事故；另外，连续管在下井前，如果对井下情况不了解或井下有落物等，在连续管作业过程中都会出现意想不到的失效，如井下落物对连续管表面的磨损和划痕；井下落物将连续管堵塞或卡

住，导致在起下连续管过程中卡断等。

③ 注入头夹紧部分咬伤连续管。连续管下入井中时，需注入力的作用。如果注入头对连续管夹持不紧，则造成连续管打滑，不能顺利完成注入作业。反之，如果夹持过紧，又容易造成管体表面咬伤。现场也发现有相当一部分连续管的表面有咬伤痕迹。

（3）连续管工作性质问题。

① 循环弯曲疲劳作用与连续管直径胀大。

对于典型的连续管作业过程，连续管至少循环起下一次。连续管柱起出或下入井内时都包含三个弯曲动作：

连续管通过注入头牵引拉离滚筒，滚筒液压马达施加一定的反向拉力将油管拉直，这是最基本的一次弯曲动作。

当连续管进入导向架时，连续管沿导向架的弯曲半径发生弯曲。

通过导向架后进入牵引链条总成，连续管重新被拉直。

因此，对于一次完整的起下作业，总共包含了 6 个弯曲动作。连续管在内压条件下循环弯曲时，连续管会发生膨胀现象，管径增大，管壁变薄。随内压和循环次数的增加，连续管直径会很快胀大或破裂。

② 腐蚀性作业。

连续管抗腐蚀能力一般较低，在增产作业中，常使用酸性介质或其他腐蚀性化学药品，虽然加入一定量的缓蚀剂，但仍然存在腐蚀。另外在生产流体中，常有硫化物存在，而高强度管材对于硫化物是相当敏感的，会缩短连续管的使用寿命。

8.1.3 避免连续管失效建议

连续管正常失效的主要原因：一是连续管本身的质量问题；二是连续管作业过程中的循环弯曲疲劳作用。而造成连续管早期失效的主要原因有腐蚀性作业和人为操作失误引起的连续管机械损伤。

为防止连续管的早期失效，应做到以下几点：

（1）选用高强度的连续管材料；

（2）尽量减少腐蚀性作业次数，或作业后立即采取清洗防护措施；

（3）尽量减少误操作和井下情况不明的作业，以防止连续管的机械性损伤，如有划伤等缺陷时，应及时采取涂镀或其他修补措施。

8.1.4 提高连续管使用寿命方法

连续管的失效主要由内压作用下的弯曲疲劳所致。连续管每起下一次总共包含 6 个弯曲动作，下入井内时，连续管由注入头牵引拉离滚筒，滚筒液压马达施加一定的反向拉力将连续管拉直；当进入导向架时，连续管沿导向架的弯曲半径发生弯曲；通过导向架后进入牵引链条总成，连续管重新被拉直；起出井口时，产生上述 3 个反向弯曲动作。针对上述形变所产生的屈服，井口段管串载荷最大，以及局部高压等情况，采取合理、有效的控制措施，对提高连续管使用寿命，消减连续管作业风险具有重要意义。

（1）软件跟踪疲劳寿命。

软件跟踪系统将作业参数输入电脑，实时监测下入深度、下入速度、运行方向、质量、井口压力和泵压、管柱内压等参数，然后软件通过一系列计算对这些数据进行处理，确定管段上产生的疲劳值。

（2）截断法。

连续管操作人员可选择任何一种截断法来控制连续管的疲劳。第一种方法是标准"延英尺"（累计运行英尺数）法。操作人员可以用这种方法跟踪测定工作管柱在一个方向上的累计运行英尺数，并在达到预先设置的极限时更换工作管柱。"延英尺"法因在许多方面有缺陷，目前已不通用。例如，在很浅的井中过度循环连续管可能反馈出错误信息——管柱运行状况良好，而实际上管柱可能已经快要断裂；相反，在深井中作业的管柱可能出现延英尺所示值超过实际值，从而可能提前报废管柱。目前，由于已经有疲劳跟踪软件，因此"延英尺"法已过时。

另一种更有效的连续管疲劳控制是"常规截断"法。使用这种方法时，操作人员在每次作业后要从连续管下井端截断 6~15m 管柱。这种预先确定连续管长度的"常规截断"法可使连续管的累计疲劳分散在较宽的区域，尤其是重力检测点上的疲劳。一般来说，操作人员在第一次起下管柱时，每隔 305m 检查一次连续管的重量。如果不对管柱进行控制，连续管疲劳峰值会在工作管柱的寿命剖面上。

"常规截断"法能很好地控制连续管疲劳，尤其是连续管初次在大多数井井深相同的油田作业时。这种方法有助于将连续管的疲劳分布在较宽区域，从而避免疲劳峰值出现在重复作业段。

最有效的截断法为"具体作业截断"法。当连续管在井深基本相似的作业区进行多次作业时，这种方法最有效。即使连续管在井深不同的作业区作业，这种方法也是有效的。

使用这种方法时，操作人员每次作业后必须不断修正工作管柱的疲劳剖面，然后根据下次作业的参数决定截断多长管柱。这种方法有助于避免现场疲劳，且可使连续管管柱的投资回报率最大。在有些情况下，如用连续管工作管柱处理水平段，上述截断法都无效，操作人员必须采用其他连续管疲劳控制法来延长管柱的寿命。

（3）使用变径连续管。

连续管悬挂在井内时，井口段有效力最大，累计疲劳相应最大，一盘连续管采用从内层到外层管壁由厚变薄的变径连续管，将克服连续管区别于常规油管、钻杆的连续性引起的弱点。

通过连续管泵注工作液时，由于滚筒上内层连续管盘绕直径小，承受泵压高，管内压力对内层管串的影响更严重。1991 年，美国西南管材公司曾设计了一套模拟实验装置，使用壁厚 2.21mm、直径 31.75mm 经冷轧、回火处理，管材材质 A-606 的连续管，分别施加内压 17.22MPa 和 34.45MPa。实验结果证明，管内压力为 34.45MPa 时，连续管起下 150 次达到疲劳极限；管内压力为 17.22MPa 时，连续管起下 500 次达到疲劳极限，采用变径连续管，当管内压力一定时，壁厚的增加可降低管壁周向应力。

变径连续管外径较大时，当连续管从滚筒上释放，经过注入装置入井后，由于滚筒上内层连续管和井口段连续管管壁较厚，将大大提高抗疲劳能力，提高连续管的使用寿命。1998年，四川石油管理局井下作业处从美国 Hydra Rig 公司引进了外径 31.75mm、长 5000m 和外径 38.1mm、长 3200 m 的两套变径连续管。使用效果表明，变径连续管从滚筒上释放，经过连续管导向器，最后下入井中时，累计疲劳要小于同样内压下等径连续管循环下入井中的累计疲劳，提高了连续管的使用寿命。

（4）反转使用连续管。

由于滚筒上连续管距滚筒内层越近，盘绕直径越小，承受内压越高，下入井内负载也越大，因此内层连续管比外层连续管疲劳累积更快，使用一段时期将管串反转后，将内层最疲劳端反转到外层，盘绕直径增大，屈服得到释放，承受内压减小，入井深度增加有效力减小，因此可降低整盘连续管的疲劳累积速度。用直径 60.3mm 的两盘连续管在同一深度范围内进行模拟作业，结果表明：第一盘连续管进行 11 次作业后达到了累计疲劳极限。第二盘连续管先进行 10 次作业后，反转使用连续管又进行了 5 次作业才达到累计疲劳极限，反转使用连续管后使总累计运行距离增长了 32.7%。

（5）防止连续管损伤。

产生疲劳裂缝的主要原因是连续管外壁的机械损伤，连续管在自封铜衬套、导向器滑动轴承、井口设备和匀绕器上造成的挤压、磨损，以及由于冰堵或在寒冷地区的连续管在上述位置冻结，不合理的焊接方式，部件及连续管外壁不干净，施加的内压力过大都会造成连续管机械损伤。另外，轴向载荷增加会引起连续管抗挤毁能力下降，一旦达到管材疲劳极限载荷，管串会超过弹性形变持续伸长，直到在最大应力点发生"缩颈"现象和断裂。管串发生"缩颈"，管子就会失去原有的强度，即使达不到理论计算的载荷极限也会引起油管损坏。应针对以上原因对设备进行维护保养，制定规程，正确检查、操作设备，以防止连续管损伤。

适当降低连续管工作时的内压，可以提高连续管的疲劳寿命，减少连续管现场断裂的机会，降低作业成本。由于连续管内径小，工作液泵注排量受到限制，要想既能满足泵注排量要求，又能提高连续管的疲劳寿命，就要开发研究降阻性能好的工作液，降低连续管泵注工作液时的摩阻损失，降低连续管工作时的内压。四川石油管理局井下作业处于 1999 年 11 月 26 日至 29 日在蜀南气矿合 30 井洗井作业过程中做了工作液的降阻实验，发现使用聚丙烯酰胺水溶液，在排量 150L/min 时，泵压为 28MPa，而使用清水时相同排量下，泵压为 55MPa，摩阻降低了 27MPa。

除连续管机械损伤外，由于连续管长期接触腐蚀性工作液、含硫油气，暴露在大气中，连续管腐蚀也是管串损伤的重要原因。对管内腐蚀可将适量的缓蚀剂加入工作液，使工作液对连续管的腐蚀降低到最低程度，泵注工作液后，要立即泵注至少一管柱体积清水清洗连续管内壁，在作业中还应尽量减少连续管与井内腐蚀介质接触的时间。起出连续管时，要对连续管外壁进行冲洗、涂油，以减缓大气对连续管外壁的腐蚀。作业结束后，用惰性气体将管内液体吹尽，密封，保护连续管内壁。

（6）合理配置设备。

在成本允许的前提下，应优先选用抗拉强度高的连续管材料；在满足使用要求的前提下，应优先选用小直径的连续管；在地理环境允许的情况下，应配置直径最大的导向器和滚筒。

导向器和滚筒直径越大，连续管的弯曲程度越小，屈服变形也越小。配置在平原或沙漠地区作业的设备，导向器和滚筒可选择最大圆弧直径和滚筒中心直径。据国外研究资料介绍，使用直径 3.05m 的导向器与使用直径 2.45m 的导向器相比，能使外径 60.3mm 管柱的疲劳寿命延长 11%；滚筒中心直径 3.3m 与 2.8m 的滚筒中心直径相比，能使外径 60.3mm 的连续管的疲劳寿命延长 16%；而采用直径 3.05m 的导向器和中心直径 3.3m 的滚筒能使

60.3mm 的连续管的疲劳寿命延长约 28%。

在控制管串疲劳的方法中,最有效的方法是实际作业截断法,它利用连续管软件进行疲劳寿命计算,跟踪管柱的疲劳,结合管串寿命曲线进行评价,确定应截断管串长度,以使管串累计疲劳最小,且节约管材。合理配置设备、采用变径连续管,反转使用连续管,可以有效地控制管柱疲劳,防止连续管的机械磨损和腐蚀磨损,可以更有效地使用工作管柱。另外,由于连续管管径小,内压对连续管的疲劳寿命损害大,要尽量减少连续管在高内压下工作,也要研究开发降阻性能好的工作液,以延长连续管的使用寿命、降低作业风险。

8.2　现场连接技术

各种类型的焊缝都是连续管的一个重要部分,并且是和连续管相关联的;这是因为某种焊缝的循环寿命的重要性小于管体。目前,它是链条中较弱的一个链环,因此,焊缝的性能,对于在井下油管柱的工作情况来讲是非常重要的。

(1) 纵向(焊缝)焊接。

连续管上的整条纵向焊缝,是在工厂中用带钢卷制成管状后经焊接而成的。

这种焊缝的缺陷在工厂的制造中,或后来的水压实验中都可以被发现。沿着焊缝的失效在油田中是很罕见的。在评述连续管的疲劳寿命时,焊缝的方向相对于弯轴来讲影响不是很大,在管子降级时纵向焊缝的影响一般都被轻视。

(2) 斜线(或 C/W)焊接。

斜线(或 C/W)焊接是将带钢焊接在一起,带钢一般的长度为 914.4~1219.2m(3000~4000ft),在轧制成管子之前形成所需长度的带钢的一种方法。平直的带钢被切成 45°角并焊接在一起,当管子制成之后,这些焊缝在管子的纵长方向上呈螺旋形分布。

由于焊接是在一种全由几何学控制和焊透的情况下完成的,所以焊缝较高并具有相同的质量,再加上焊缝位于连续管轴的纵长方向,在疲劳实验中斜焊缝呈现出很好的结果。实验结果表明,斜焊缝接近管体的寿命,并且从一条焊缝到另一条焊缝的变化相对较小。

(3) 环焊。

环焊是将两根油管连接成一根的一种方法。先将管子的两端切成直角,并仔细地对接在一起,然后用钨惰性气体(TIG)保护焊沿圆周焊接在一起。在这种焊接方法中,焊缝垂直于连续管轴(不像斜焊),由于焊接是在外面进行穿透油管管壁的,焊缝质量是十分重要的。

下面叙述了两种经常会遇到的环焊形式。

① 自动(工厂)环焊。在带钢斜焊方法出现之前,所有的连续管都是在制造厂内,将几种不同长度的预先制成的连续管采用自动焊接机环焊在一起,因此被命名为工厂环焊。在制造时旋转状态被仔细地控制,再加上自动操作的优势,因而焊接的质量是非常好的,但和斜焊相比质量仍然是很差的。自动焊接机很昂贵,并且在油田相对来讲还是较少的,因此在油田修理中手工环焊还是首选的方法。

② 手工(油田)环焊。油管也可以采用钨惰性气体(TIG)保护焊炬,用手工方法环焊在一起,但仅在油田修理时才采用。好的手工环焊需要很高的技能水平。油田环焊的连续管的焊接质量很多都存在问题,而且质量也存在着潜在的可变性,因此建议先进行一些尝试性的焊接实验,以减少油田环焊的次数。

参考文献

［1］Stanley R K et al. NDE inspection of used coiled tubing［J］. NDT and E International，1997，30（1）.

［2］郑伟. 连续油管的主要失效形式及原因分析［J］. 科学技术创新，2019（11）：32-33.

［3］胡权. 井下作业中连续油管技术的应用现状分析［J］. 中国石油和化工标准与质量，2019，39（01）：229-230.

［4］邓国辉，鲍磊. 连续油管的应用与发展前景探析［J］. 化工管理，2018（30）：27.

［5］段晓军，马新东，牟松，等. 连续油管技术在井下作业中的应用及前瞻问题研究［J］. 化学工程与装备，2018（10）：192-193.

［6］Liu Shaohu，Xiao Hui，Guan Feng，et al. Coiled tubing failure analysis and ultimate bearing capacity under multi-group load［J］. Engineering Failure Analysis，2017.

［7］焦文夫，张宏强，艾白布·阿不力米提，等. 连续油管技术在井下作业中的应用现状及优化策略［J］. 工程技术研究，2020，5（01）：91-92.

［8］祖健. 海上油田连续油管装备应用现状分析［J］. 天津科技，2020，47（12）：33-34.

［9］Cao Yinping，Pan Ying，Mi Hongxue，Wang Jianxing，et al. Analysis of the running capacity of coiled tubing in three-dimensional curved borehole［J］. IOP Conference Series：Earth and Environmental Science，2021，804（2）.

［10］Cao Yinping，Chen Zetian，Pan Ying，et al. 2021. Sensitivity analysis of coiled tubing erosion wear based on FLUENT［J］. Journal of Physics：Conference Series，1985（1）.

［11］石锦坤，张西伟，王超，等. 连续油管的海上应用及疲劳寿命分析［J］. 石化技术，2019，26（11）：28-29+48.

［12］贺海军，韩璐，窦益华，等. 滚筒处连续油管疲劳寿命有限元分析［J］. 机械设计与制造工程，2017，46（09）：31-34.

［13］刘小龙，王朝阳，马忠岩，等. 连续油管疲劳寿命与压力的关系探讨［J］. 中国石油和化工标准与质量，2020，40（14）：133-134.

［14］Yiwei Zhang，Qiang Luo，Haibao Wang，et al. Residual Life Study of Coiled Tubing for Erosion Wear［J］. Journal of Failure Analysis and Prevention，2020.

［15］Zhu Zhao Liang，Hu Gang，Fu Bi Wei. Buckling behavior and axial load transfer assessment of coiled tubing with initial curvature in constant-curvature wellbores［J］. Journal of Petroleum Science and Engineering，2020.

［16］呼焕苗，曹银萍，韦亮，等. 缠绕弯曲多次循环下连续油管疲劳寿命仿真分析［J］. 机电工程技术，2021，50（04）：94-96+205.

［17］Shaohu Liu，Hao Zhou，Hui Xiao，Quanquan Gan A new theoretical model of low cycle fatigue life for coiled tubing under coupling load[J]. Engineering Failure Analysis，2021.

[18] 刘月明. 不同钢级连续油管疲劳性能的差异[J]. 化学工程与装备，2020(11)：120-121.

[19] 万夫，周兆明，张健，等. 基于在线检测数据优化连续油管疲劳寿命预测[J]. 钻采工艺，2020，43(06)：9-12+6.

[20] 黄锟，张炎，刘爽，等. 浅议连续油管无损检测技术及其应用[J]. 中国石油和化工标准与质量，2020，40(17)：52-53.

[21] 王立敏，宋志龙，常家玉. 连续油管电磁无损检测试验分析及应用[J]. 石油矿场机械，2015，44(07)：60-63.

[22] 廖城. 连续油管在线检测系统的研制[D]. 南昌：南昌航空大学，2014.

[23] 李绪宜. 国内连续油管设备技术的发展研究[J]. 中国石油和化工标准与质量，2011，31(07)：103.

[24] 周兆明，万夫，李伟勤，等. 连续油管检测技术综述[J]. 石油矿场机械，2011，40(04)：9-12.

[25] 李文彬，苏欢，王珂，等. 连续油管无损检测技术的应用发展[J]. 无损检测，2010，32(06)：475-478.

[26] 李文彬，苏欢，李斌，等. 连续油管检测技术的现状和发展[J]. 辽宁化工，2009，38(12)：875-878.

[27] 李文彬. 连续油管无损检测技术及其应用研究[D]. 西安：西安石油大学，2010.

[28] 熊江勇，王伟佳，赵铭，等. CoilScan连续油管在线检测仪在页岩气开发中的应用[J]. 长江大学学报(自科版)，2015，12(14)：94-96+9.

[29] 黎丽丽，张炎，秦世勇，等. 连续油管电磁无损检测试验分析及应用探究[J]. 中国石油和化工标准与质量，2020，40(22)：60-62.

[30] 李伟，张展，张永军，等. 基于交流电磁场的连续油管缺陷的在线检测[J]. 无损检测，2020，42(01)：17-22.

[31] 孙燕华，康宜华，石晓鹏. 基于单一轴向磁化的钢管高速漏磁检测方法[J]. 机械工程学报，2010，46(10)：8-13.

[32] 武新军，康宜华，吴义峰，等. 连续油管椭圆度在线磁性检测原理与方法[J]. 石油矿场机械，2001(06)：12-14.

[33] 熊革，康宜华，周立人. 连续油管缺陷综合检测传感器的磁路设计[J]. 石油机械，2000(11)：13-15+32-3.

[34] 韩兴，康宜华，李雪辉. 连续油管椭圆度恒磁检测技术及装置研究[J]. 石油机械，2000(10)：17-19+2.

[35] 范磊，樊建春，李晓秋，等. 内压和弯曲载荷下连续管磁记忆信号特征研究[J]. 中国安全科学学报，2013，23(09)：112-115.

[36] 李晓秋，樊建春，赵坤鹏，等. 连续油管疲劳损伤的磁记忆检测试验研究[J]. 中国安全生产科学技术，2013，9(06)：54-57.

[37] 吴家风. 连续油管疲劳损伤磁记忆检测试验及剩余寿命预测方法研究[D]. 北京：中国石油大学(北京)，2018.

［38］钟守炎，杨永详．挠性油管及其在油气工业中的应用［J］．石油钻探技术，1998，26（4）：35-37．

［39］黄志潜，刘天民，陈秉衡，等．连续管作业技术文集［M］．北京：石油工业出版社，1998．

［40］刘海浪，柯仲华，赵振峰．小井眼和连续管技术的进展与应用［M］．北京：石油工业出版社，1998．

［41］张嗣伟，王优强．1999．对我国连续管作业技术应用现状的思考［J］．石油矿场机械，28（1）：4-6．

［42］傅阳朝，李兴明，张强德，等．连续管技术［M］．北京：石油工业出版社，2000．

［43］郭志勤，蒋新，强杰．连续管钻井技术［J］．石油钻采工艺，1999，21（1）：16-20．

［44］张伯英．连续管的机械性能和使用方法［J］．钻采工艺，1995，18（2）：60-61．

［45］杨刚．连续管钻井扭矩对屈曲与摩阻影响的研究［D］．成都：西南石油学院，1999：37-42．

［46］何东升，徐克彬，魏广森，等．连续管在水平井中作业的力学分析［J］．石油钻采工艺，1999，21（3）：61-64．

［47］刘亚明，于永南，仇伟德．连续管最大下入深度问题初探［J］．石油机械，2000，28（1）：9-12．

［48］蔡亚西，施太和，王幼金．连续管柱振动分析［J］．西南石油学院学报，1998，20（1）：59-61．

［49］吕德贵，马小茂．连续管屈服极限分析［J］．石油机械，1994，22（9）：35-41．

［50］张运翘．连续管的应力和寿命分析［J］．石油矿场机械，1995，24（1）：21-25．

［51］李宗田．连续管技术手册［M］．北京：石油工业出版社，2003：60-64．

［52］王优强，张嗣伟．连续管的挤毁压力分析［J］．石油矿场机械，1999，28（2）：37-40．

［53］钟守炎，刘明尧，等．连续管在内压作用下直径增长模型的建立［J］．石油机械，1999，27（2）：34-37．

［54］钟守炎，等．用 Table Curve 3D 软件预测连续管的直径增长［J］．石油机械，1999，27（10）：21-23．

［55］李枫，刘彩玉，刘新荣，等．液流对连续管作业深度的影响［J］．国外石油机械，1999，10（5）：28-34．

［56］张和茂，张伟，徐梅，等．连续管作业时的摩阻压降计算［J］．新疆石油科技信息，1998，18（4）：59-65．

［57］谢和平．可增加下入深度的变径连续管柱［J］．石油机械，2005，33（12）：66-67．

［58］吕勇，刘淑霞，等．2005，锥形连续管可达到超深的下井深度［J］．国外油田工程，2005，21（8）：28-29．

［59］张和茂，等．一种改进的预测连续管环空摩阻压降的计算方法［J］．新疆石油科技信息，1999，20（1）：22-29．

［60］王优强，张嗣伟，方爱国．连续管的失效形式与原因概述［J］．国外油田工程，

1999, 28(4): 15-18.

[61] 徐梅, 等. 连续管工作管柱的有效控制[J]. 国外油田工程, 2001, 17(1): 17-20.

[62] 王优强, 张嗣伟. 连续管疲劳寿命预测模型的建立[J]. 青岛建筑工程学院学报, 2001, 22(1): 1-5.

[63] 王优强, 张嗣伟. 连续管疲劳可靠性分析的新方法[J]. 石油机械, 2000, 28(1): 5-8.

[64] 朱小平. 连续管卷绕弯曲寿命分析[J]. 钻采工艺, 2000, 23(6): 51-53.

[65] 朱小平. 连续管在弯曲和内压共同作用下的疲劳寿命分析[J]. 钻采工艺, 2004, 27(4): 73-75.

[66] 赵宏敏, 等. 连续管使用寿命模拟[J]. 江汉石油学院情报, 1992, 33(4): 43-49.

[67] 韩兴, 康宜华. 2000, 连续管累积损伤疲劳分析[J]. 石油机械, 2000, 28(增刊): 88-90.

[68] 王优强, 张嗣伟. 影响连续管疲劳寿命的因素分析[J]. 石油机械, 2001, 29(4): 19-21.

[69] 董志华, 等. 影响连续管寿命的因素[J]. 国外石油机械, 1995, 6(3): 43-47.

[70] 徐艳丽. 提高连续管使用寿命的方法[J]. 石油机械, 2002, 30(11): 43-45.

[71] 徐梅, 等. 连续管钻井过程中钻屑的携带问题及其解决方法[J]. 国外油田工程, 2000: 9-15.

[72] J. Misselbrook, G. Wilde, K. Falk. The Development Use of a Coiled-Tubing Simulation for Horizontal Applications[C]. SPE 22822, 1991.

[73] Salim Said Al-Harthy, Mohammed Zubair Kalam. Coiled Tubing Application in the Sultanate of Oman[C]. SPE 38396, 1997.

[74] Stefan Miska, Weiyong Qiu, J. C. Cunha. An Improved Analysis of Axial Force Along Coiled Tubing in Inclined/Horizontal Well bores[C]. SPE 37056, 1996.

[75] K. R. Newman. Coiled-Tubing Pressure and Tension Limits[C]. SPE 23131, 1991.

[76] A. McSpadden, K. R. Newman. Modified CT Limits Analysis for Practical Well Intervention Design[C]. SPE 74828, 2002.

[77] Andrew S. Zheng Willem P. Van. A New Approach to Monitor Tubing Limits[C]. SPE 60738, 2000.

[78] Edgar Paul R. Acorda, Stephen P. Engel, Joanne L. J. Chu. Pushing the Limit with Coiled Tubing Perforation[C]. SPE 80456, 2003.

[79] Y. S. Yang. Understanding Factors Affecting Coiled-Tubing Engineering Limits[C]. SPE 51287, 1998.

[80] Jiang Wu., Hans C. Juvkam-Wold. Coiled Tubing Buckling Implication In Drilling and Completing Horizontal wells. [C]. SPE 26336, 1993.

[81] Jiang Wu., Hans C. Juvkam-Wold. Helical Buckling of Pipes In Extended Reach and Horizontal Wells. Journal of Energy Resources Technology, 1993, September.

［82］Stefan Miska, J. C. Cunha. An Analysis of Buckling of Tubing Subjected to Axial and Torsional Loading in Inclined Wellbore［C］. SPE 29460, 1995.

［83］Xiaojun He, Age Kylling stad. Helical Buckling and Lock－Up Conditions for Coiled Tubing in Curred wells［C］. SPE 25370, 1993.

［84］R. F. Mitchell. Buckling Analysis in Deviated Wells：A Practical Method.［C］. SPE 36761, 1996.

［85］Vladimir Avakov. Collapse Data Analysis and Coiled Tubing Limits［C］. SPE 46004, 1998.

［86］K. R. Newman. Collapse Pressure of Oval Coiled Tubing［C］. SPE 24988, 1992.

［87］K. R. Newman, U. B. Sathuvali, S. Wolhart. Elongation of Coiled Tubing during its Life ［C］. SPE , 38408, 1997.

［88］Y. S. Yang, C. Gao. Development of a Coiled Tubing Diameter Growth Model［C］. SPE 55624, 1999.

［89］K. R. Newman. Coiled－Tubing Strech and Stuck－Point Calculations［C］. SPE 54458, 1999.

［90］Roderic K, John R. Continuously Tapered Coiled Tubing［C］. SPE 68881, 2001.

［91］Mark Kalman, Bob Doman, Randy Rosine, et al. Tapered OD Coiled Tubing System ［C］. SPE 89335, 2004.

［92］L J Leising, E C Onyia, S C Townsend, et al. Extending the Reach of Coiled Tubing Drilling (Thrusters, Equalizers, and Tractors)［C］. SPE 37656, 1997.

［93］B M Gregor, R Cox, J Best. Application of Coiled Tubing Drilling Technology on a Deep Under pressured Gas Reservoir［C］. SPE 38397, 1997.

［94］M C Gunningham, B Coe, et al. Coiled Tubing Drilling Case History, Offshore the Netherlands［C］. SPE 38395, 1997.

［95］高德利. 油气井管柱力学与工程［M］. 东营：中国石油大学出版社, 2006.

［96］高德利, 刘希圣, 徐秉业. 井眼轨迹控制［M］. 东营：石油大学出版社, 1994.

［97］Jiang Wu, Hans C. Juvkam－Wold. Coiled Tubing Buckling Implication in Drilling and Completing Horizontal Wells. SPE Drilling & Completion, 1995.

［98］C A Johansick. TorqueandDrag in Directional Wells Prediction and Measurement, IADC, SPE 11380, 1984.

［99］Ho H S. An Improve Modeling Program for Computing the Torque and Dragin Directional and Deep Wells, SPE 18047, 1988.

［100］杨姝, 高德利, 徐秉业. 定向井钻柱摩阻问题的有限差分解［J］. 石油钻探技术, 1992, 20(3).

［101］阎铁等. 大庆水平井摩阻力分析［J］. 大庆石油学院学报, 1995, 19(2)：1-5.

［102］高德利, 覃成锦, 李文勇. 南海西江大位移井摩阻和扭矩数值分析研究［J］. 石油钻采工艺, 2003, 25(5)：7-12.

［103］高德利, 覃成锦, 唐海雄, 等. 南海流花超大位移井摩阻/扭矩及导向钻井分析 ［J］. 石油钻采工艺, 2006, 28(1)：9-12.

[104] 马连山，赵威，谢梅. 连续管技术的应用与发展[J]. 国外石油机械，2000，28(9)：57-60.

[105] 王峻乔. 连续管技术分析与研究[J]. 石油矿场机械，2005，34(5)：34-36.

[106] 陈立人，张永泽，龚惠娟. 连续管钻井技术与装备的应用及其新进展[J]. 石油机械，2006，34(2)：59-63.

[107] 贺会群. 连续管技术与装备发展综述[J]. 石油机械，2006，34(1)：1-6.

[108] 赵炜，古小红. 连续管工艺技术持续快速发展[J]. 国外石油机械，1999，10(1)：20-32.

[109] Spears & Associates, Inc. US DOE Microdrill Initiative Initial Market Evaluation[R]. www. spearsresearch. com, 2003：1-16.

[110] Roy Long. DOE's microhole program could spur revolutionary approach to U. S. oil well drilling. E&P Foucs, 2005, 1(1)：1-7.

[111] 樊洪海，谢国民. 小井眼环空压力损耗计算[J]. 石油钻探技术，1998，26(4)：48-50.

[112] 刘海浪，何仲华，赵振峰. 小井眼和连续管技术的进展与应用[J]. 北京：石油工业出版社，1998.

[113] 崔继明，何世明，等. 小井眼环空循环压耗计算[J]. 河南石油，2005，19(6)：59-61.

[114] 宋执武，高德利. 底部钻具组合二维分析新方法[J]. 石油大学学报，2002，26(3)：34-36.

[115] 唐志军，刘正中，熊继有. 连续管钻井技术综述[J]. 石油天然气工业，2005，25(8)：73-75.

[116] 贺会群. 连续管技术与装备发展综述[J]. 石油机械，2006，1(34)：1-6.

[117] Mel Rixse, Mark O Johnson. High Performance Coil Tubing Drilling in Shallow North Slope HeavyOil; paper IADC/SPE 74553; presented at the SPE/IADC Drilling Conference in Dallas Texas, 2002.

[118] P. C. Crouse, W. B. Lunan, Inc. Coiled Tubing Drilling-Expanding Application Key to Future; paper IADC/SPE 60706; presented at the SPE/IADC Drilling Conference in Houston, TX, 2000, 5-6 April.